JN253937

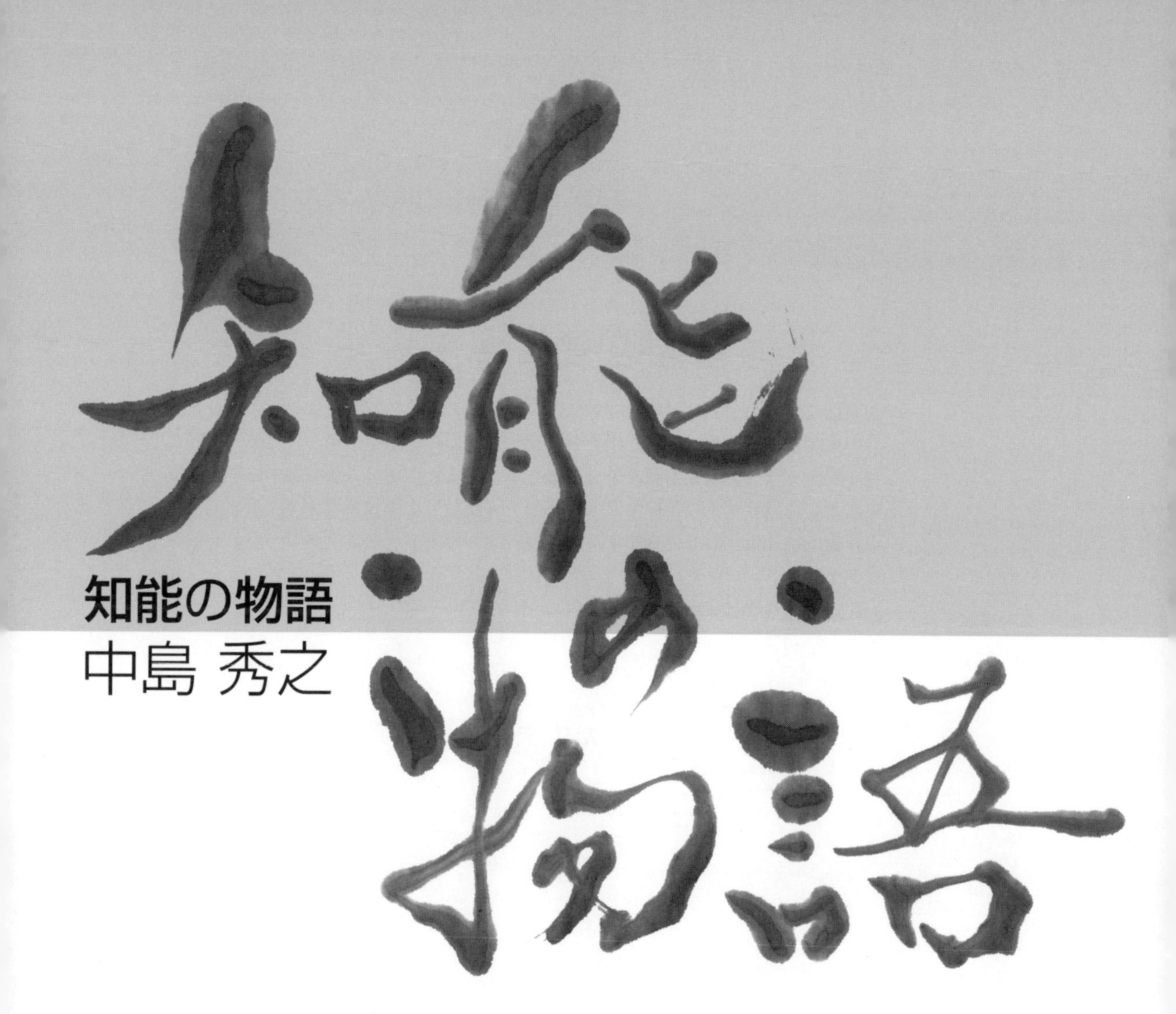

知能の物語

中島 秀之

刊行にあたって

公立はこだて未来大学出版会 FUN Press は，公立はこだて未来大学からの出版として，オープンな学舎と校風にふさわしい未来へ開かれた研究・教育・社会貢献の活動成果を発信します．またシステム情報科学を専門とし情報デザインを擁する大学として，新しい出版技術やデザインを積極的に具現化していきます．出版会のシンボルマークは，ユニークな知をコレクションし「知のブックエンド」にアーカイブしていくという，出版会の理念を表現しています．

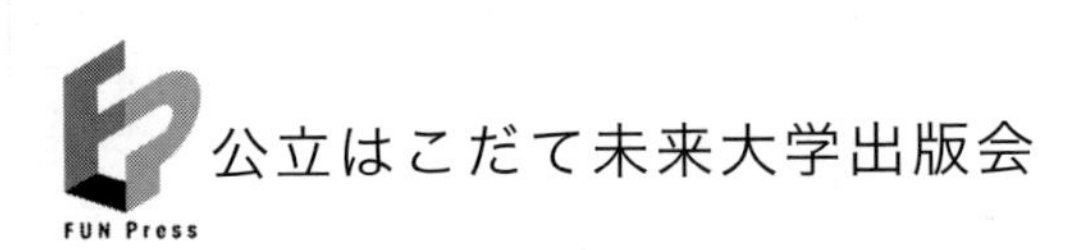

題字（書）：今野翠花　カバーデザイン：原田 泰
編集協力　冨髙琢磨・高山哲司（近代科学社）

まえがき

忙しいときには良い思いつきは少ない．過去の経験では，暇で暇でしょうがないというときに良いアイデアが浮かんでくる．もちろん，そのためには忙しいときに問題を仕入れておかねばならないのだけれど．

クルマやオートバイで移動することが好きなので，長距離フェリーに乗ることも多い．天候の良い日の船旅は考え事をするのに適している．他にどこへも行けないのだし，のんびりした気分で色々考えることができる．

舞鶴から小樽に向かうフェリーのカフェでホーキンスの書いた『考える脳 考えるコンピュータ』[HB04] を読みながら，ふと本書の構想がまとまった．ホーキンスの主張は，脳はパターンのシーケンスを蓄える装置だという点にあり，デジタルコンピュータのような記号処理装置でも，あるいはニューラルネットワークのようなパターン認識装置でも人間のような知能は実現できないというものである．

私がこれから語る物語は，彼が攻撃の対象としている（つまり彼とは異なる）知能へのアプローチに他ならない．しかし，そこには膨大な研究の集積があり，脳がシーケンスでしか記憶を呼び出せないのと同様に，これらを通らずして知能に迫ることはあまり効率の良い方法ではないと考えている．

だからこそ，本の表題を『知能の物語』に決めた．それと同時に，何をどの順序で語れば良いかがはっきりとしてきた．

ここでは「物語」を二つの意味で使っている．一つは人工知能の分野の研究の発展や変遷の歴史を物語ることである．そしてもう一つは，人工知能の研究自身が知能に関する物語の生成を目指しているという，私の主張を述べることである．

いや，もう一つあった．人間と類人猿を分けるもの――それは言語の使用である．その意味で私は言語を扱う能力が，知能の究極に位置するのではないかと考えている．言語はパターンとは異なる性質をたくさん有している．私は，ホーキンスとは違う物語を語りたいのだ．

これは人工知能の教科書ではない．物語である．だから，すべての項目を網羅することはしない．物語にとって重要なプロットだけを記述する．知能に関する重要なトピックスではあるものの，物語の筋に入らなかった項目は囲みコラムとして随所に配置し，同時に参考文献を示しておくことにする．

平成 27 年 3 月

中島秀之

目　次

5 学習

6 知識表現と推論

7 チューリングテスト再考

8 環境と知能

9　自然言語と対話

10　複雑系と知能

11 知能の未来の物語

12 おわりに

1 知能の探求

1.1 人工知能の立場

私は長い間，人工知能の研究をしてきた．研究すればするほど，人間が遠のいていく気がしている．人間の知能，いやそもそも生物の知能について理解すればするほど，それがいかに巧妙にできており，機械でなどとても真似ができないように思えてくる．

このような感覚を持った人は多い．しかし，そこから先は人様々である．一見とてつもないように見える知能であるが，その原理は案外簡単なところにあると考え，是非ともそれを実現しようとする人たち．もう一方で，人間のような高度の知能は決して人工的には実現できないと言いきってしまう人たち．前者は工学者に，後者は哲学者に多いように思う．

知能の実現を試みる工学者の一人にジェフ・ホーキンスがいる．しかし，彼は現在のコンピュータでは知能の実現は不可能であり，全く異なったハードウェアが必要であると主張する [HB04]．少しホーキンスの主張を追ってみたい．要点は以下である：

1. 新皮質はパターンのシーケンスを記憶する．あるパターンの想起が次のパターンの想起をうながす．そうやってパターンを順に思いだすことができる．音楽や詩の記憶がその典型例だ．頭から順にたどることは容易でも，突然途中から思い出すことは困難だったりする．
2. 新皮質はパターンを自己連想的に呼び戻す．これはパターンの一部から全体が復元できるということである．よく知っている形の一部からその全体を思い出すことができる能力がそれである．
3. 新皮質はパターンを普遍の表現で記憶する．視覚や聴覚といった入力のモダリティによらない，普遍の表現を持っているはずだという主張である．それによってモダリティを超えた記憶や連想が可能になる．

4. 新皮質はパターンを階層的に記憶する．パターンは階層的である．音楽を例にとれば，個々の音，フレーズ，曲の全体という階層がある．人の顔なら，目や鼻といった部品と顔全体の階層がある．これらの階層間のトップダウン，ボトムアップ両方向の想起が可能になっている．

これらの点に立脚し，彼は知能の本質とは予測にあるとしている．過去の似たパターンを想起し，そのシーケンスに沿って未来を予測する能力の有無こそが，新皮質を持つ動物とそうでない動物を分けていると考える．新皮質を持たず，予測のできない動物は環境の変化に機械的に反応することしかできない．

最近では映画やドラマで“人工知能を装備した”機械やロボットの活躍を見ることが多くなった．*AI* という，鉄腕アトムの筋をまねた映画も作られた．「AI」とはいうまでもなく，「人工知能」の元となっている英語の Artificial Intelligence のことだ．警備システムなどのようにビル全体が知能化されている場合もある．いずれにしても「人工知能」というのは人工的に造られた，知能を持つ実体を指している．

しかしながら，本書で述べる人工知能はそのような機能や完成品のことではなく，知能を研究する分野としての人工知能の話題である．人工知能に関しては様々な教科書に異なる定義が示されているが，共通項は概ね以下の 2 点に絞ることができる [中島 13b]：

1. 知能の解明を目的とする学問分野
2. 知的な振舞いをするプログラムの構築を目的とする学問分野

私としては，これらを独立にではなく，両方一緒にやりたいと思っている．

知能って何なんだろう？というのが本書の中心的話題．知能を研究する学問分野には人工知能の他に認知科学というのがある．“認知科学における世界で最初のハンドブック”である『認知科学ハンドブック』[安西 92] によると，認知科学とは

> 心（あるいはそれに代表される認知系）の総合的探求

となっている．さあ大変だ．今度は「心」の登場である．

ちなみに，広辞苑には「こころ」の語源として以下のような面白いことが書いてある：

> 禽獣などの臓腑のすがたを見て，コル（凝）またはココルといったのが語源か．転じて．人間の内臓の通称となり，さらに精神の意味に進んだ．

「意味」のほうは：

> 人間の精神作用のもとになるもの．また，その作用．知識・感情・意思の総体．

人工知能や認知科学はこのような，心の働きを解明しようとしている．両者の違いは，人工知能が“造る”ことに重点を置くのに対し，認知科学は“知る”ことに重点を置いていることだろうか．人工知能は認知科学の一分野であるという考え方も成り立つ．

この本では，人間は機械（ただし，大変良くできた機械）であるという立場に立って，様々な問題の工学的分析を試みる．工学というと，何でもよいから動くもの，あるいは人間の役に立つものを作るのだという認識があるかもしれないが，ここでいう工学とは「動作原理」を追求するという意味において,「説明原理」を追求する科学と対立するものである．

説明原理とは，ある現象がなぜ起こるのか？どういう仕組みになっているのか？という疑問に答えてくれるものである．科学（だから，ある意味で認知科学も部分的に）はこの良いお手本である．たとえばニュートンの万有引力の法則がこれに当たる．この法則を用いて惑星の軌道やロケットの弾道などを計算し予測することができる．しかし，この法則を用いても引力を生み出すことはできない．動作原理とはそのような引力を生み出すことのできる仕組み（まだない）のことで，これは工学に属する．もちろん，両者の境界は厳密ではない．引力にしても，重い物体を持ってくれば生み出せるという程度なら科学でわかる．

したがって，ここで考える人工知能は，役に立つ人工知能（人間の知的活動を支援，増幅するという意味で intelligence amplifier と呼ぶ人もいる）とは一線を画するものであることを強調しておきたい．鳥を研究するのか，飛行機を作るのかという分けかたをした場合にはあくまで，鳥を研究するという文脈での発言である．ただし，鳥を記述しただけではだめで，鳥を作ろうという趣旨である．まあ，それが飛行機の形になってしまうのは仕方がないとしても，最初から飛行機を目指しているのでもなければましてや鳥の飛行補助装置を作ろうとしているのでは決してない．もちろん，そのような試みが間違っているというつもりは毛頭ない．Intelligence amplifier を作るのは重要な研究である．ただ，それは「知能」の研究としての人工知能とは異なるものであると言っているだけである．

本書はこのような観点から，どのようにすれば知能の様々な現象を生み出すことができるのかについての考察を書いた．残念ながら実際に知能を生み出すところまでは行っていないが，それを目標に進んでいるつもりである．

この本では，このような知能の探求の物語について述べたいと思う．[1)]

1) 本文においては，教科書的な網羅はしないつもりである．お勧めの教科書は最後の文献紹介に示しておく．

1.2 意識

イーガンの『順列都市』[Ega99] という SF に興味深いことが書かれている．これは人間の脳の活動パターンをコンピュータシミュレーションで置き換えることができるようになった未来の話である．肉体を捨て，コンピュータ内に移住することによって永遠の生命が得られる．ただし，生きていたときにあまりお金を持っていなかった人は CPU 時間があまり買えなくて，タイムシェアリングの方式で，CPU が空いている時間にゆっくりとシミュレートされる．つまり，10 秒分の計算を行ったら，1 時間後に次の 10 秒分の計算を続けるといった具合だ．外から見ればその間本人の意識は変化しないのだが，シミュレートされている側の意識はこの時間が飛んでいるということがわからない．つまり，いくらゆっくり計算しても，本人にとっては自覚がないわけである．だとしたら，シミュレーションの順序を入れ替えると意識はどうなるかという実験が小説の中では行われる．つまり，通常のシミュレーションは時間軸に沿って行われるのだが，先に未来の状態を計算し，その後で現在の状態を計算した場合に，シミュレートされている人間の意識は順序が逆転するのだろうか？

小説の中では順序を入れ替えても，シミュレートされている人間には意識されないことになっている．しかし私は違うと思う．理由は二つ．一つ目の理由は，意識がホーキンスのいうようにパターンのシーケンスなのだとしたら，そのシーケンスを飛ばして次を計算することは不可能である．もうひとつの理由は，脳の働きが複雑系であるとしたら，これもやはり逐次計算しかできないことになる．単純な差分方程式でもカオスが生まれることは知られているが，その差分方程式は解析的には解けず，逐次計算するしか次の状態を知る方法がない．1 万ステップ先の状態を知るには 1 万ステップを逐次たどるしか手段がないのである．

ところで，意識がコンピュータソフトでシミュレートできるとなると，色々と面白いことが起こる．小説中にも出てくるのだが，元の人間とシミュレートされている人間と両方に自我が存在することになる．果たして自分はどちらに居るのか（つまりソフトなのか，実体なのか）という疑問が生まれても，本人には確認しようがない．また，ソフトはコピーできる．いくらでも自我が分裂増殖できるのである．

このような話題は *The Mind's I* [HD85] に豊富に登場するので，興味のある人には一読をお勧めする．解決困難な哲学的問題の宝庫である．

仏教に輪廻という概念がある．死んでも別の個体として生まれ変わるというものだが，新しい個体にはもちろん過去の生の記憶は無いことになっている．記憶が無いのに同一の意識だというのはどう考えてもおかしい．朝起きて昨日の自分と同じだと思うのはその記憶があるからであろう．意識の同一性とは記憶の上にしか成立しないように思う．輪廻の前の個体はもちろん次の個体のことは知らない．次の個体も前の個体のことは知らない．輪廻の概念自体が成立しないように思う．

我々が持っている意識的感覚の一つに「クオリア」[茂木 97] がある．クオリアを短いことばで表現するのはむずかしいが，我々の日常的感覚の臨場感のことである．たとえばワインを飲んだときに感じる味，味の言葉による表現ではなく，味そのもの．これは私とあなたで同じなのだろうか？私の「青」はあなたの「赤」に近い色だったりしないだろうか？

エーデルマン[2] [Ede06] はクオリアについて以下のように述べている：

> 正常な意識状態にある人はみな，クオリアを感じている．「クオリア」（単数形はクオレ）というのは，暖かさ，痛み，緑の色といったわれわれが感じている特有の質感のことである．いつごろからか，クオリアを生む脳のしくみとは別に，“われわれが実際に感じているクオリア” をそのまま直接説明できるような理論的記述が要求され，それに対して多くの議論が交わされている．しかし，クオリアというのは，各々の個体，すなわち唯一無二の身体と脳をもっているからこそ，感じることができるものである．それを考えれば，そういった理論的記述はどだい無理なのだ．
>
> クオリアとは，意識を構成している高次元の差異，あるいは識別なのである．そしてクオリアの違いが生まれる背景には，神経系のさ

[2] 1972 年にノーベル医学・生理学賞を受賞．

> まざまな部分における配線や活動の違いがあることを忘れてはならない．もう一つ忘れてならないのは，クオリアは常に，ひとまとまりの統合された意識シーンの部分として，感じ取られているということだ．実際，意識的な出来事にはさまざまなクオリアが複雑に絡みあっている．通常，ただひとつのクオリア（すなわちクオレ）—たとえば「赤」—だけを独立して感じることなどできない．（ [Ede06], pp.23–24）

実はこのクオリアの問題は人工知能だけではなく，科学的研究の方法を哲学的に論じる科学論でも重要視されている．村上陽一郎 [村上 79] は，自然科学における「客観性」を問題にしている（どのように問題にしているかは本書では立ち入らない）．たとえば「赤」や「青」といった色が，言語としてはお互いに共通している（たとえば信号が青であるか赤であるかは見た人によって異なることはない）が，個人のセンス・データとしてどのように見えているのか（私に見える「青」はあなたの「青」と同じなのか，あるいはあなたの「赤」と同じなのか）は知りようがないと言っている：

> 正確にいえば，わたくしのセンス・データは依然として，絶対的にわたくしのものだということです．先に出てきた例が示すように，たとえ,「停まれ」の信号の色としてわたくしがもつセンス・データが，実は通常の人のもつ「青」のセンス・データと同じだったとしても，そのことは，原理的に言って，どんなことをしても公共の場には登場できないからです．わたくしがことばを通じて行うのは「青」なり「赤」なりということばを，ある社会的に定められたルールに従って使うということであり，またそれに従って行動するということでしかないはずです．（ [Ede06], p. 157）

とは言え，意識やクオリアの問題は人工知能の文脈で捉えるにはまだむずかしすぎるので，問題を指摘するにとどめ，それ以上の考察はしばらくは脇に置いておきたい（ちなみに村上もそうしている）．

1.3　知能

知能とは何か？これには様々な立場があり，完全に定義された概念ではない（だからこそ探求するのであるが）．我々，人間には知能があると考えられている．そして路傍の石には知能がないと考えられる．では，知能は人間のみに与えられた能力であろうか？そうではない．犬や猫にも，人間には劣るがそれでも立派に知能はあると考えたほうがよい．少し前によく話題になったチンパンジーの愛ちゃんは記号が使えるし，数も数えられることがわかっている．

最低線の知能を持った動物とは何だろうか？人間から始めよう．人間に知能があることは間違いがない．我々が人間の持つこの特性を知能と名付けたのだから．類人猿にも，その名のとおり，人間に類似した知能があると考えられる．では，ずっと下がって魚には知能があるだろうか？昆虫には？アメーバには？きっちりとした線を引くことは困難である．

では，知能の最低要素は何だろうか？言葉の使用だろうか？道具の使用だろうか？学習することだろうか？推論することだろうか？あるいはもっと別のものだろうか？

ここではちょっと別の角度から考えてみよう．知能とは以下のような能力の総体だと考えてみるのである：

1. 環境に適応し自己を保存する能力
2. 環境を自己に有利に変更する能力
3. 学習能力
4. 未来予測能力
5. 計画立案能力
6. 伝達能力
7. 抽象的記号操作を行う能力

たとえば，アメーバは周囲の環境に反応し，食物の多いほうに移動することができる．これは，食物があれば食べるという単なる反応ではなく，食物のある場所をある意味で予測して行動しているというように考えることも可能である．この予測能力は，進化の過程でアメーバの DNA に組み込まれたものであり，学習や推論によって変更することはできないので，あまり高度な知能とは言えないが，それでも知能の一側面として“環境に適応し自己を保存する能力”を持っていると言わねばなるまい．

木村 [木村 02] は記憶の存在が意識（心）の起源だとしている．彼は記憶を３種類に分類している：

1. 遺伝子による固定され，変更できない記憶
2. 「刷込み」（傍注 25，39 ページ）のような，書込みのみの記憶
3. 通常の読み書きのできる記憶

この，第一レベルの記憶[3] はアメーバにもあるということであろう．

[3] 記憶という言い方に抵抗のある方は過去の様々な活動の痕跡と呼べばよいだろうか？進化によって生き残ってきた経歴が結果的に遺伝子に残っているのである．

さらに “環境を自己に有利に変更する能力” を持っていればよりよい．人間は家を建てて寒さ・暑さや雨から身を守ることができるだけでなく，ダムを作り植林をし，自分に都合の良いように環境を変更（破壊？）する能力を持っている．しかし，ビーバーもダムを作るし，巣を作る動物は多い．巣を作ることに関しては昆虫やミミズあたりからこの知能を持っていると言える．[4] ダーウィンはミミズの巣の作り方を詳細に調べている [Dar94] が，かなり高度である．彼が注目したのはミミズがその穴を落ち葉でふさぐ際の行動である．ヨーロッパのミミズは，自分が掘った穴の入口を落ち葉などでふさぐ．そうしないと身体が乾燥して死んでしまうからだ．ダーウィンはミミズの穴ふさぎがデタラメではなく，落ち葉の形などに適した方法を用いていることを発見した．

[4] ブルックスらは昆虫型ロボットといわれる，環境に素早く反応するロボットを造っている．この技術は掃除機 roomba に実装され，販売されている．ただし，これは巣を作らないのでアメーバ程度の知能と考えたほうがよいかもしれない．

しかし，いかに巧妙であろうと，あらかじめ決められたプログラム（遺伝子のコード）を再現しているだけだと思う．新しい巣の作り方を考案したり，他の動物の巣の作り方をまねたりはできないと考えられる（少なくともそのような事例は報告されていない）．巧妙さの源泉は環境にある．ミミズをその生態系とまったく異なる環境に置くと，そこで創意工夫をすることなく死んでしまうと思われる．ミミズの生息地の環境に適した形で行動が進化してきたに違いない．

昆虫には発見したり学習したりする能力がないが，ネズミは迷路の学習能力を持っていることが実験で示されている（実際，この実験は一世代前の心理学の中心課題のようなものであった）．ただし，ダンゴムシはごく単純な迷路なら学習をするという報告もある [森山 11]．粘菌が迷路を解くという研究 [中垣 10] も有名になったが，これも我々がここで考えている意味での学習や計画能力ではない．環境への反射行動が結果的に人間にはそのように見えるだけのことである．

「未来予測能力」はホーキンス [HB04] が知能の中心に据えた能力である．この予測能力が最も重要であるということには私も賛成である．過去の経験から未来の危険を予測することによって，生き残る能力が格段に増大する．

少し脇道に逸れるが，我々のカーナビに関する研究 [YIKN05] でも予測の

重要性は示された．現在使われているVICS[5]対応カーナビによる渋滞情報を利用した第二世代のカーナビは，その装着率が100%に近くなると効率が下がることが示されている．これはすべてのクルマが“現在”の渋滞情報を利用していることが原因である．混んだ道路を皆が避け，空いた道路には皆が流れ込むことにより，実際にその空いているはずの道を走る時点ではすでに他のクルマが流入して混雑が始まっているのである．これを避けるには，“未来”の混雑状況を予測し，それに従ったルートを選ぶ必要がある．

[5] Vehicle Information Communication System

自分が学習したことを仲間に伝達する能力も必要である．

人間はさらに言葉という“抽象的記号操作を行う能力”を持っているが，この能力はコンピュータにもある．人間の場合，この能力は“予測能力”の延長線上にあると考えてもよいかもしれない．過去の経験の直接的延長ではないような事態に対し，様々な記憶を組み合わせ，その結果を推論する能力がやがて記号操作へと発展したと考えることは自然である．

ここまでの知能の分類はある意味で生存能力に関するものであった．それ以外の知能というのは考えられるであろうか？身体性を持たない純粋知能のようなものは存在しうるのであろうか？

1.4 考えるということ

> “機械は考えられるか？”と質問することは，ちょうど“潜水艦は泳げるか？”と質問するようなものだ．
>
> — ダイクストラ

本節では機械[6]は考えるかという問いに対して人工知能の立場から考察してみたい.「考える」という述語は人間あるいは少なくとも高等な生物に対し定義されてきた言葉である．それをドメインの外の，機械に対して適用するためには何等かの拡張が必要である．ちょうど「泳ぐ」という言葉を拡張しなければ潜水艦には適用できないように．

では,「考える」という言葉の拡張定義を示すことができるかというと，ことはそう簡単でもなさそうである．例として，有名なチューリングテストを考えてみよう．

チューリングは,「考える」と，ほとんど同義語としてもよい「知能を持つ」

[6] 実は「機械」というイメージは時代とともに変化している，特に近年では映画に知的ロボットが登場したり，ナノテクによる従来とは異なる動作原理の機械（たとえば2014年に封切られた『トランセンデンス』において，ナノテク3Dプリンタで再構築された人体）が登場したりするので，機械の定義も曖昧で，イメージ的なものと言わざるをえない．

という言葉に対して半ば客観的な（？）定義を示した．これは，簡単にいうと，次のようなものである．テレタイプを 2 台用意する．1 台は他のテレタイプにつながっており，他の人間が座っている．もう 1 台はコンピュータに接続されている．このコンピュータのプログラムは人間の反応をシミュレートするようにできている．そして，この 2 台のテレタイプのどちらが人間でどちらがコンピュータか判らなければ，このコンピュータプログラムは知能を持っていると言ってよいというものである．

チューリングテストでは人間はどんな質問をしてもよい．詩を作らせてもよいし，文学作品の感想を聞いてもよい[7]．プログラムのほうも，人間をまねるためにあらゆる努力をする．たとえば計算問題に関しては，時間をかけたり，ときどき計算を間違えたりするわけである．

7) ディックの『アンドロイドは電気羊の夢を見るか』の映画化である『ブレードランナー』で，このチューリングテストをアンドロイドに対して行うシーンが興味深い．様々な普通の食べ物の話題の後で「犬を食べた」という発言に対する相手の反応をみるのである．

ありとあらゆることが可能であるが，テレタイプの交信に限定されているところがみそである．そうでなければ見かけや行動能力が効いてくる．

このような，純粋に知能や思考をとりだして議論する試みにも関わらず，議論は一向に収まりそうもない．チューリングテストの定義が問題なのではなく，機械はチューリングテストにとおりうるかが次の問題になっている．結局どのように定義してみても，機械は考えるかという議論は続くであろう．

機械は考えるかということが問題になるのはなぜだろう．これには様々な理由があろうが，大別すると以下のグループに分類できるのではなかろうか：

1) 直感的にすら,「考える」ということがよくわかっていない．人間より機構のよく解っている機械の上で議論することにより,「考える」という言葉の意味がより正確になる．
2) 今の機械は馬鹿である．最新のコンピュータですらプログラムされたことしかできない．どうすれば機械にちょっとは考えさせることができるのか？
3) 人間は特別なものである．なにしろ万物の霊長なのだから，機械などと同じことをしているはずがない．機械には考えてほしくない．
4) 機械が考えているところを想像できない．

今後の議論では少なくとも上記の 3), 4) の立場は排除することにする．3) は“科学”的思考とは無縁のものであるし，4) は機械が考えるための必要条件ではない．

そこで残った，1) と 2) の立場が多くの人工知能研究者の立場であろう．人工知能には 2 種類の定義がある：

a) 機械を使って人間のモデルをつくる,
b) 機械を知的にする.

前記の1) がa) に，2) がb) にそれぞれ対応する．最初に引用したダイクストラの言葉には，もう一つの意味が含まれているように思う．つまり，それが「泳ぐ」という言葉に相当するか否かとは無関係に潜水艦はその機能を果しているということである．機械（コンピュータ）も，同様に,「考える」という言葉とは無関係にその機能を果してくれればよい．これはb) の意味には合致するが，a) には合致しない．

ここでは1) もしくはa) の立場に立って議論を進めることにする．混同を避けるために，a) の立場を認知科学と呼ぶこともあるが，これは人工知能よりは広い範囲をカバーする言葉と，私は考えている．人工知能は認知科学のうちコンピュータを道具とするものという限定の仕方も可能である．人工知能の研究にとって機械すなわちコンピュータの存在は不可欠であるが，認知科学にとっては必ずしもそうではない．人工知能と認知科学の関係については次の章でじっくりと考察する．

“機械は考えるか？” という問いは，“考えるとはどういうことか” を考えるための1ステップである．目標はあくまで人間の理解である．この意味で，機械は考えるか？という問いにすぐに答えるのはむずかしい．今の機械は考えるか？という問いに対する答えはおそらく（条件付きだが）no である．いずれ機械は考えるようになるか？という問いに対しては yes で答えたい[8)].

[8)] カーツワイル [Kur07] のように，近い将来人間を超えると予測するものもあり，近年話題になっている．

ちょっと見方を変えて，“人間は機械か？” という問いを考えてみよう．ここでいう機械とは物理的な構成に還元して，あるいはもう少し抽象的なシステムとして説明可能であることを意味すると定義する．一般に機械には考える能力を与えることができないと主張する人は，非還元論を取ることが多い．すなわち人間はその生物学的メカニズム以上の存在であるという考え方（前記の3）に近い）で，思考は物理現象（例：脳，コンピュータ）や記号処理のシステム（例：アルゴリズム，コンピュータプログラム）には還元できないとするものである．

逆に，脳生理の研究者には，すべての知的活動は神経細胞の言葉で表現できるという還元主義をとる人もいるようだが，これは説明のレベルを混同した意見であると思う．知的活動は神経細胞の働きによって実現されているということと，神経細胞のレベルで説明できるということとは別である．量子力学の言葉で天体の運動を説明するようなものである．

人工知能の研究者は物理的還元主義はとらないことのほうが多い．むしろ，知的活動は抽象的な記号操作などのモデルを使って説明できると考える．そのモデルを計算機上のプログラムとして実現しようというのである．これが原理的に可能であるという証明はないが，これを作業仮説として研究を行うのである．

人間は機械であるという立場に積極的根拠があるわけではない．ただ科学的な態度（説明や理論は単純なほうが良いという態度）として，他の総ては機械であるときに，人間も機械であると考えるほうが合理的であると考えている．哲学者がよくやるような精神世界 [PE81] などを持ち出さずに済むならそれにこしたことはないと思う．「オッカムの剃刀」原理である．

少なくとも，機械は考えることができないという論理的な証明あるいは説明を聞いたことがない．今のコンピュータは考えていないという理論を展開し，だから機械は考えられないという結論へと飛躍するパターンが多いが，この論理の展開に難があるのは明白であろう．将来も機械は考えられないという証明になっていない．（もちろん，将来機械が考えられるという証明もないのだが．）

1.5 考える機械に向けて

人間が機械であるということと，直ちに考える機械が作れるということとは全く別である．その理由は，現状では以下のような困難があるからである．

1. 考える機構が不明である．とにかく，我々自身がどのようにものを考えているのかがわからない．これでは機械を作りようがない（コンピュータをプログラムしようがない）．
2. 機械には意識がない．いかに目的を巧妙に実行する機械であっても，自分が何をしようとしているのかを知らない．また，目的意識もない．したがって，通常は“考えている”と呼ぶのに近い動作をするプログラムであっても，突発現象に対応できない．そのような際に“プログラムされたことしかやっていない”ことをあらわにしてしまう．
3. 入出力が極端に貧弱である．我々は外界からの豊富な入力チャンネルを持っている．視覚，聴覚，触覚，嗅覚だけではなく，“積極的に外界に働きかけ，その変化を観察する”という手段を持っている．これは今のコンピュータとの決定的な相違である．この，外界とのチャンネルが細いことにより，コンピュータは非常に単純化されたモデルしか持つことができない [WF86]．しかし，これらは本質的な障害ではなく，いずれ克服できるものである（と信じたい）[9]．以下で順に考察する．

まず，思考の機構が解らないという点であるが，これは，ひょっとすると考える機械を作ろうとすることによってしか解明できないかもしれない．思考には，自意識に登る部分とそうでない部分がある．後者に関してはいくら自分で考えてみてもその機構はわからない．科学実験の場として機械を考えるのである．様々なプログラムを作り，その動作を観察することにより，思考の仕組みが徐々に明らかになると思われる．

次に，意識について考えてみたい．意識とは何か？この言葉も人間だけに対して定義されてきた言葉であるから，機械に適用するには拡張が必要である．ここでは，意識＝自分の思考に関する思考＝メタレベルの思考と定義してみたい（未定義の「思考」によって定義している点はご容赦ねがいたい）．この意識をどうすれば機械に持たせられるか．当面，このようなことが可能な機械はコンピュータだけである．

コンピュータではいくつかのプログラムを並列に走らせることができる．一つのプログラム P は問題を解いているのだが，もう一つのプログラム M は P の動作を監視している．時間がかかりすぎていないかとか，同じところで堂々巡りをしていないかなどをモニターするのである．最近，将棋プログラムが大変強くなっているが，将棋や囲碁の勝負では持ち時間という時間制限があるため，どこで時間をどれくらい使うのかを考える必要がある．これもメタレベルの問題解決である．

人間の持っている，システムからの脱出の能力，すなわち，何かを考えている最中に過去の似た事例を思いだしたり，考えること自身に飽きてしまったりする能力は，上記のような並列に走るモニタプログラムとして実現できるのではなかろうか？同じ頭の働きではあるが，突如メタレベルに移行するのである．同じプロセスがこのような行動をするのであって，上のレベルからの割込みのようなものを考える必要はない．

最後に，入出力の問題である．知能には周りの環境の認識が重要である．これのない現在のプログラムは，たとえば画像認識の場面などで弱点をさらけだす．単に立方体を認識するような場合でも，それには無数の角度がありうるし，光の具合いでは影もできる．人間の子供は，その立方体を手に取って

[9] ウィノグラードら [WF86] が批判した 1986 年と現在ではコンピュータの入出力が格段に変化している．ロボット技術の進歩とユビキタスコンピューティングの発展により，現在ではコンピュータが豊富な入出力を持つと考えてよいと思う．

様々な角度にまわして調べることにより立方体の概念を習得するが，受身一方の画像処理プログラムではそれができない．

また，航空写真から道を探すような処理では，道の何たるかや，川との関係など多くの知識を必要とする．これらには実際に生活してみて初めてわかる事柄も多い．道の定義を，実際に移動することのないプログラムに教えるのは至難の技というよりは不可能に近い．様々な例外が存在し，それを全部網羅することはできないからである．これに対し，実際に移動できる問題解決系が，自分が楽に移動できるかどうかを基準に道を判断すること（少なくとも道の概念を学習すること）は比較的容易であろう.「思考」を持つ機械はロボットのような自立行動系でないと実現できないかもしれない．

知能にはそのような常識は不要であるとの立場もありうる．TV や映画の『スタートレック』に出てくるバルタンじゃなかった，バルカン星人のスポックなどは，ときどき常識がないことにより知的さを強調している場面もあるくらいである．TV シリーズ『ナイトライダー』に登場するナイト 2000[10] なども，人間がなぜ炭素の結晶体をあのように尊重するのかというような問いを発したりしているが，それによって彼（?）の思考が疑われることは決してない．ただし，それらは程度問題であって，周りの環境の認識が彼らにまったく欠けているわけではない．ナイト 2000 は，ちゃんと移動手段を持ち，外界に働きかけることもできるからこそ知能があると認められているのである．

ただし，これらはチューリングテストに対する反例になりうる．相手が人間でないことが歴然としていても，そこに人間並の知能を認めることはありうるのだ．

10) Knight 財団が作った，知能を持ち，自ら話し，走ることのできるスーパーカーである．Knight Industry Two Thousand の頭文字 KITT を愛称としている．http://knight-rider.wikia.com/wiki/K.I.T.T._(2000) 参照．
ちなみに，炭素の結晶体とはダイヤモンドのことである．

1.6 人工知能研究者の知能観

人工知能研究者の間で考えられている知能という機能の本質とは何か？これに関してはおおまかに分けて以下の三つの立場や考え方がある：

1. 知能の本質は記号処理にある
   これは人工知能という分野の創始者たちがとった立場である.「物理記号仮説」とも呼ばれている．知識の表現と推論が中心的研究課題であった．
2. 知能の本質は環境認識にある
   これは環境の生データを記号に分類（分節化）することこそが知能の

本質であるとする立場である．記号主義とパターン主義は人工知能の方法論の双璧をなす考え方であるが，この後者がより重要であるとする考え方である．

3. 知能の本質は環境との相互作用にある

　前記の二つは，知的システムを外界と区別し，その内部の機構について論じるものであったが，これは，そのような境界分けは無意味あるいは不可能とする立場である．オートポイエシス [MV80] に代表されるように，環境を含む系として捉えたり，あるいは，環境とシステムの相互作用の中に知能の本質を見ようとする．

これらの立場は，ほぼこの順で発展し，研究者に受け入れられてきた．

2 知能に関する七つの不思議

本書で考察する問題点をまず提示しておく．内容の詳細と人工知能における取扱いは次の章以降で順次述べたい．

2.1 自意識はなぜ必要か

2.1.1 意識とは何か？

意識というのは認知科学における重要な研究対象の一つである．それ以前の心理学ではできるだけ客観的な研究態度をとろうとするあまり，実験や観察の対象とならない「意識」を排除していた時期もある．しかし，人間の心の働きを本当に理解しようとすれば意識は避けて通れない現象のように思われる．

私達は自分の存在や自分が考えているということを感じることができる．このような自分に関する意識というのは何だろうか？他の生物，たとえば犬は自意識を持っているのだろうか？我々の生存にとって有利な機能なのだろうか？意識とは単なる随伴的現象，つまり脳の働きをモニタしているだけのものなのだろうか？それとも脳の働きに積極的に関与し，意識を持つ主体の行動を変えているのだろうか？

エーデルマン[11)] によると意識は以下の特徴を持っている（ [Ede06] p.19）:

- 意識は個人の内にのみ生じる（すなわち主観的・私秘的である）
- 意識は常に変化しながらも，連続している
- 意識は志向性をもつ（通常,「〜について」の意識であるということ）
- 意識は対象のすべての面に向けられるわけではない

精神病理学者のフロイト (Freud) や人工知能研究者のミンスキー (Minsky)

11) 免疫抗体の化学的構造に関する研究により 1972 年にノーベル医学・生理学賞を受賞している．欧米ではエックルス（1963 年に抑制性シナプス後電位の発見によりノーベル生理学・医学賞を受賞．2.2 節（24 ページ）参照）等，ノーベル賞受賞を期に意識や自由意志について述べ始める研究者が多いのは，それまでは危ない話題として自重していたということだろうか？

は人間の心にはたくさんの，必ずしも意識されないプロセスが多数にあると考えている．我々の持っている自意識というのは，そのような数多くある心のプロセスの一つにすぎない．では，なぜこのようなプロセスが生まれてきたのであろうか？そして，そのプロセスは知能にとってどのような働きをしているのだろうか？

自分をモデルに含める必要性は進化論的な立場から説明することができる．つまり，そういった自己モデルを持たないと生存に不利になる[12]という考え方である．つまり，自己モデルを持った個体は，そうでない個体に比べて生きのびて子孫を残す可能性が高い．

知的な個体が初めて生まれ出たとき（たとえば人間の赤ん坊が生まれたとき）にはおそらく自分と外界との区別が存在しないと思われる．実際に，世界が乳児にどのように見えていたのか覚えている人はいない（あるいはいてもごく小数の例外である）ので確認はできないが．心理学では，幼児は，母親が自分とは異なる個体であるという認識すらなく，父親が別の個体として認識される最初のもののではないかといわれている．幼児は母親に保護されているからよいが，成長しても，自分とそれ以外を区別できないということは生存にとってあまり有利なことではないだろう．たとえば，料理している肉は炎でこんがり焼けてほしいが，一方で，自分の手がキャンプファイアの炎に触れているのを認知できなければ手は火傷を負ってしまう．自分が食べる肉と自分の手の区別がつかない生物は長生きできそうもない．これはもちろん自己モデルの例ではないが，わかりやすいと思うので使ってみた．“痛みを感じる神経” も自己と他人を区別する役にたっているとも考えられる．

同じことが精神活動に関しても言えるのではないだろうか．自分が考えていることと他人が考えていることの区別がつかなければ，やはり日常生活に不便であろう．

また，自意識は単一のプロセスであることも重要な気がする．私達は同時にたくさんの仕事をこなすことができる．クルマを運転しながら，ラジオのニュースを聴き，同時に景色を楽しむことができる．あるいは料理をしながら歌を唱える．しかし，意識はそれらのうちのどれかにしか集中できない．短時間のうちにあちこち意識を移すことは可能であるが，ある瞬間にはどこか一つに注目しているはずである．（意識が直列であることに関する考察は 4 ページでも，『順列都市』[Ega99] を例として述べた．）なお，前野 [前野 10] はこの自意識のことを〈私〉，それを含む自分の精神活動のことを「私」と呼んで，〈私〉の由来と機能を議論している．

12) 進化論的にものごとを説明する場合に，このように「生存に有利／不利」という言い方を使うことが多いが，これには注意が必要だ．遺伝子あるいは生物がこのような目的の下で方向性を持って変異していると考えるのは間違いである．変異はあくまでもランダムである．それらのうちたまたま生き残ったものがその遺伝子を次世代に伝えていくだけである [Daw91]．つまり,「適者生存」という言い方はたまたま生き残ったものを適者と呼んでいるだけのことだと理解したい．

2.1.2　フロイトの教え

フロイト (Freud) というと "夢判断で何でもセックスに結び付けた人" というのが一般的印象かもしれない．しかし，それはあまりにも表層的な見方である．実際，彼が心理学や人工知能に与えた影響は非常に大きなもので，特に人工知能の父と呼ばれる MIT のミンスキー (Minsky) の考え方にはフロイトの人間精神の見方が大きく反映されている．私も基本的にはフロイトの考え方に賛成である．

心理学科が現在でも文学部にあることからもわかるように，フロイト以前の心理学は文学的・哲学的なものであったようだ [小泉 11]．それをフロイトは自然科学にしようと試みていた．そもそもフロイトは精神分析の臨床医になる前は神経科学の研究者であった．

では，フロイトの考え方の本質は何か？フロイトの説の復習から始めよう．

フロイトは人間の精神の働きを三つに分類した [Fre73]：

1. 無意識．実際の心の活動が営まれている場所だが，通常は意識されることはない．感情，欲求，衝動，（意識されない）記憶等．性衝動もここに属する．
2. 前意識．人間は様々な欲求を持っている．しかし，その無意識の欲求をそのまま表面化させることはせず，前意識がフィルタリング（検閲）している．
3. 意識．検閲をとおり抜けた感情や要求だけが意識される．

フロイトの説[13] の本質は，無意識の重要性を説いたところにある．通常の素人が自分の精神活動について考えるときに，自分が意識していないことが起こっており，しかも高度な知的処理がそこで起こっているとは，にわかには信じ難いことかもしれない．

問題解決の場面などで「ひらめき」として記述されているものは実は無意識の働きの結果だと考えている．将棋のトップ棋士たちが "駒が光って見える" とか "手筋が浮かび上がってくる" という表現をとることが多いが，これも無意識の考察（先読みだと思われる）のフィルタリングの結果だけを見ているということだろう．

人工知能的には無意識のメカニズムが最も興味のある部分である．

[13] フロイトは，イド，エゴ（自我），スーパーエゴ（超自我）という三概念も提唱している．イドはほぼ無意識に相当するが，それ以外は上記とは直接の対応を持たない（もちろん，ややこしい関連はあってスーパーエゴが検閲に多きく関与していたりする）上に，本書のテーマとは関連が薄くなるのでここでは割愛する．

コラム 1　2 本の紐問題（Maier, 1931）

問題：「天井から 2 本の紐がぶら下がっている．片方の端を片手で握って，もう片方に手を伸ばしても，届かない．この時，二本の紐を結びつけるにはどうしたらいいか」（実際にはこの問題は図で示され，その図には部屋の床に，椅子，釘，ボルト，ペンチ，マッチなど，雑多なものが置かれている）

ヒントとその効果：実験者が部屋の中を動き回っていて，タイミングを見計らって肩で一方の紐を軽く揺らす．そうすると，この後 45 秒以内に被験者がペンチを取り上げて片方の紐に結びつけ，それを重りにして振り子のようにして紐を大きく揺らしておいて，もう一方の紐の方に行きその端を片手でつかんで，ペンチが自分の方に揺れてきたのを捉えて紐をつかみ，2 本を結び合わせるなどの解が得られる．

実験後：「どのようにして解を思い付きましたか」と聞かれた時,「あなたが肩で紐を揺らしたから」とは答えず，多くの人は「ふと気づいたんです」「こういう答えしかありえません」と言った．被験者には「急に思い付いたんです．あ，木にぶら下がった猿が川を飛び越えるイメージが湧きました」などの回答をした心理学者もいた，と報告されている．

（解説：三宅なほみ　出典：Nisbett, R., & Wilson, T. (1977). Telling more than we can know: Verbal reports on mental processes. *Psychological Review*, 84 (3), 231-259.）http://www.msc-net.co.jp/infinite/11.html より引用

2.1.3 ミンスキーの「心の社会」

ミンスキー (Minsky) は，その講義でフロイト (Freud) をよく引用していた．ミンスキーの『心の社会』もフロイトの考え方を人工知能的に昇華したものと考えられる．ここで彼は知能をより単純な（したがって知能を持たない）エージェントの集まりとして説明することを試みている：

> この本の目標は，知能をもっと小さなものの組み合せで説明することである．それには，その小さなもの，つまりエージェントにはどれ一つとして知能がないことを，いつも確認しておかねばならない．（さもないと，私たちの理論は十九世紀の“チェスを指す機械”みたいになってしまう．この機械の中には実は人間の小人が隠れていた.）（ [Min85]p.15）

フロイト [Fre73] の考え方とは，我々人間が自分で内省しうる知能の働きは実は表面のごく一部にすぎず，水面下には我々に認知できない活動が多く起こっており，それらのプロセスの競合の総体として心の働きが説明できるというものである．ミンスキーは，そのようなプロセスの一つひとつをエージェントと呼んでいるわけである．彼の考え方によると多くのエージェントが単に集まっただけでは，利害が対立し効果的な動作はできない．そこで状況に適し

たエージェントを行動させ，それ以外のものを押さえつける管理者が必要となる．このような管理者を頂点とするような，ちょうど会社の中の組織（係，課，部）のようなものが構成される（この比喩からもわかるように，エージェントは階層構造を構成している）．この組織全体を機能面で見たのがエージェンシーという概念である．エージェントは構成員（部品），エージェンシーは組織（全体）ということができよう．両者は同じもの（エージェントの集まり）を別の見方で見たものである．そして，エージェンシーは，より大きなエージェンシーの構成要素（エージェント）となる．

2.1.4　意識と時間

フロイトやミンスキーの考え方によれば心は並列に動作する多くのモジュール（エージェント）から成り立っている．しかし，我々の意識は一つである．クルマの運転をしながら会話ができることを考えてみると，意識も並列でも良さそうなものである．しかし，そうなっていない．これはなぜか？

当面二つの答えが考えられる．一つは機能論から，もう一つは計算論からの答えである．

機能論からいうと，意識は動作全体の統合機能を司っていると考えられる．心の社会における会社の社長のような役割だ．したがって意識が並列だと身体の各部がバラバラのことを始めてしまう可能性がある．運転と会話ならよいが，右足と左足がバラバラでは困るだろうし，会話が二つに分裂してしまうのもまずかろう．各々の部分を司るエージェントは別々に動いていてもよいが，それらの間の調整機関が意識だというわけである．

次は計算論的考察だが，その前に時間の流れについてちょっと見ておきたい．ドイチは多世界量子論を展開している物理学者の一人であるが，彼は，意識の問題について書いた *The Fabric of Reality* [Deu97] で，時間の見方（考え方）について以下のように説明している．

まず通俗的な間違った見方から．言語学では図 2.1 のような時制を考える．この現在が時間の経過とともに未来に向かって移動していく．あるいは，相対性理論の教えに従って 4 次元の時空間を考える（これは間違っていない）．そのうちの 1 軸が時間，残りの 3 軸が空間であるが，図示する必要性から空間は 2 次元として描いたのが図 2.2 である．この 4 次元空間は特定時刻のスナップショットが並んだものであるが，そのうちの一つだけが「現在」で，この現在は順に次のスナップショットへと移っていくという考え方はおかしいとドイチは主張している．現在はどのようにして次に移っていくのか？あるスナップショットから次のスナップショットに移る速さはどうなるのであろう？この速さを考えるためには，外の時間というものを考えねばならず，そうするとその外の時間の流れを説明するために，さらにその外側に時間を想定せねばならず，無限後退に陥る.「現在」は動いたりなどしない．すべてのスナップショットが "現在" なのである（図 2.3）．

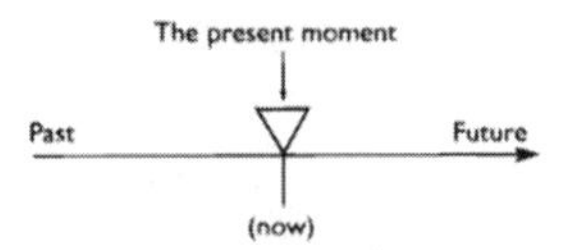

FIGURE 11.1 *The common-sense concept of time that is assumed in the English language (based on Quirk* et al., A Comprehensive Grammar of the English Language, *p. 175*).

図 2.1　言語学論文に書かれている時間概念

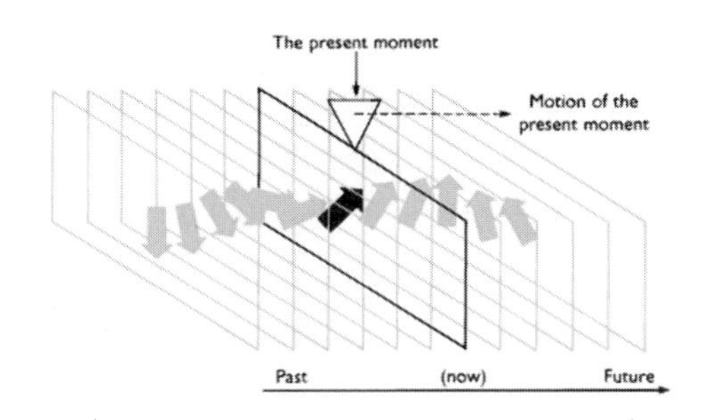

FIGURE 11.2 *A moving object as a sequence of 'snapshots', which become the present moment one by one.*

図 2.2　通俗的な時間概念

[14] 後で時間表現について述べる（6.8.4 項，134 ページ）が，この物理学的に正しい時間概念は，我々の主観とは異なり，むしろ離人症患者のそれに近いように思える．

図 2.3 が正しいとしたら，我々はなぜ時間が流れるように感じるのだろう？[14] 私にもこれを書いている（読者はこれを読んでいる）現在に至るまでの記憶はあるが，これより未来は不明である．しかし確実に刻一刻と時間は経過

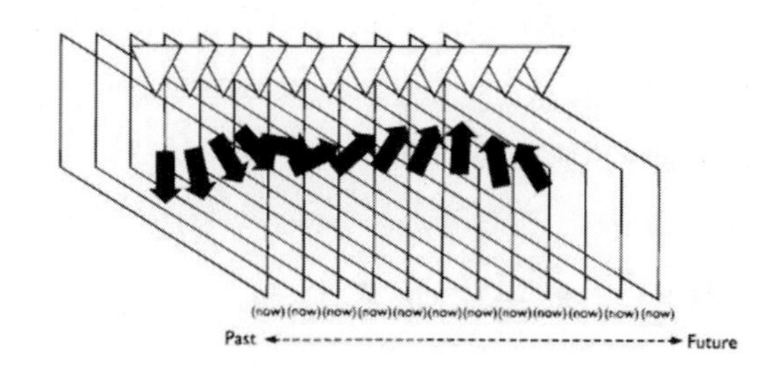

FIGURE 11.3 *At each moment, 'now' is that moment.*

図 **2.3** 物理学的に正しい時間概念

している．実際，現在は函館から羽田に飛ぶ機内なのだが，もうじき着陸態勢に入るアナウンスがあって，その時点でこの執筆を中断しなければならないだろうが，その時点が突然やってくるわけではなく，それに向かって刻一刻と近づいているだけである．少なくとも私はそう感じている．なぜだろう？

イーガンはSF『順列都市』[Ega99] で，人間のシミュレーションを描いているが，図 2.3 をどの順序で計算するかという興味深い実験を行った（1.2 節（4 ページ）も参照されたい）．たとえばフレーム 10 を計算したら，その後 1 日ぐらい計算を中断してその後フレーム 11 の計算を行うとしよう．シミュレートされている方の意識はこのギャップを感じるであろうか？そんなはずは無い．あるいは，フレーム 10 の次はフレーム 11 ではなく，フレーム 1000 を計算するとどうなるだろう．10,1000,34,98,11 のような順で計算された意識は時間の流れをどう捉えるだろうか？[15] 小説内ではやはり時間を順にしか感じないことになっている．どんな順序でもよいからすべてのフレームを計算して格納しておけば，ドイチが描いた正しい時間の図になるわけだ．そして，シミュレートされている意識はそれを順に辿っていくというわけだ．

[15] 小説の原題は *Permutation City*.「順列」は permutation の意味の「順列組合せ」を意味している．このシミュレーション順序の入れ替えから付いた題名というわけだ．

しかし，ここで複雑系（特にカオス）のことを思い出してほしい．カオスの代表例であるロジスティック関数は

$$x_{n+1} = ax_n + b$$

のような単純な漸化式になっている．しかし，この漸化式は x_{10} の次に x_{1000} を計算するわけには行かない．$x_{11}, x_{12}, x_{13}, \ldots$ と順を追って計算しなければならない．複雑系が全体として解析的に理解できないとされる理由がここにある．意識の計算式はもっと複雑であり，やはり漸化式になっているのではなかろうか．だとすればイーガンの描くような順列的には計算不能である．

順に計算しなければ次の状態に行けない．ここに意識が逐次的である理由があるように私は思うのである．意識のような複雑系は原理的に逐次的にしか動作（計算）しえないのではなかろうか．

2.2 自由意思は本当にあるのか

自意識と自由意志は似て非なるものである．しかし，案外同じものの異なる側面なのかもしれない．少なくとも自由意志を感じているのは自意識であろう．

ニュートン力学の教えるところによると，ある瞬間の全分子の位置と速度がわかれば，それによって未来（および過去）永劫の宇宙の分子の位置と速度が計算できることになっている．我々人間もこのような分子（あるいは素粒子）で構成されているとすると，そして脳の働きはそのように計算できるとすると，我々が何をするかは未来永劫にわたって決まっているはずである．自由意思の入り込むすきはないのだろうか？

生理学者エックルス[16]はこの問題に悩んだ結果“我々に自由意思はある”という答を出した [PE81]．彼は自由意志の源を量子力学に求めた．脳神経のシナプス結合における情報伝達は微細な粒子の放出によって行われている．このレベルでは量子力学的不確定性があるから完全に予測することはできないというのである．物理や生物を自然科学的に研究している人にはこの考え方を採る人が多い[17]．力学系の決定論と自由意志の両方を認めるにはそこしかないのであろう．

16) 1963 年に抑制性シナプス後電位の発見によりノーベル生理学・医学賞を受賞．

17) [Pen89] で AI 批判を展開しているペンローズもその一人である

マクダーモットは全く別の立場に立つ．自由意思は実際には存在しないが，自由意思を持つと思うことが認知的経済性につながると述べている（[McD01] pp. 96–99）．これは機械論に近い立場だ．たとえばロボット R が，自分の隣に爆弾がある場合の行動について，世界のモデルを内に持ちながらプランニングしている場面を考えよう．このモデルの中には部屋や爆弾のほかに R 自身含まれる．自分自身に心の理論を適用すると，自分の思考や知識を展開せねばならす，その中には再び自分のモデルが再帰的に含まれているからこれに心の理論を適用すると無限後退となる．これを避けるために，自分のモデルは機械的ではなく，何でも考えられる（自由意志を持つ）という特異点として扱ってしまうことにより，そこで展開を止めることができる．自由意志は認知的負荷を減らす（あるいは計算可能にする）ための方便だという考え方である．

意識は単なるモニタであり，能動的機能は無いという考え方もあるし，自由意志の源という考え方もある．現状では我々は答えを持っていないが，私は自由意志の源だと考えたい．自分の行動をモニタする機能は知能にとって重要である．何か泥沼的状況に陥ったときに，それに気付き，そこから抜け出す必要がある．気づくのがモニタの機能で，抜け出すのが自由意志だ．

問題解決において，ゴールに向かって猪突猛進するだけでは解決できないことがある．ときには遠回りする必要性（58ページで議論する）がある．しかし，無制限の遠回りは困るので，どのような場合に遠回りするのか，どれくらい遠回りすべきなのかを考える必要がある．これも意識と自由意志がないと不可能なのではなかろうか．それらが有っても困難な課題ではあるが．

2.3 感情は知能にとって何なのか

2.3.1 情動

感情や感性というものは，従来は人工知能とは異種のものと考えられてきた．人工知能というのは主として緻密な推論や知識の操作（学習）などを行うもので，たとえそれらが人間並になったとしても，コンピュータが感情や感性を持つことはあるまいという考え方が，昔は主流だったのではないだろうか？

しかし，これは単なる仮説にすぎないが，感情というのはかなり知能の低い動物でも持っているものではないだろうか？つまり，進化の過程のおいては，思考より感情が先に生まれたのではないだろうか？

岡ノ谷は情動と感情を以下のように定義している：（ [岡ノ谷 13] p. 64）

- 情動とは，動物が外部刺激に対して接近・回避・逃走・闘争など緊急を要するさまざまな行動をとる際，それぞれの行動に必要な生理的・行動準備に付属した内部状態のことである．
- 感情とは，動物一般が持つとされる情動の一部が認知され（自己の情動状態についての認知，すなわち情動のメタ認知が起こり），または場合によってはこれが原語化されたものと定義する．

人間の脳の構造（図 2.4）を見ると進化の跡がわかる．大脳辺縁系は爬虫類

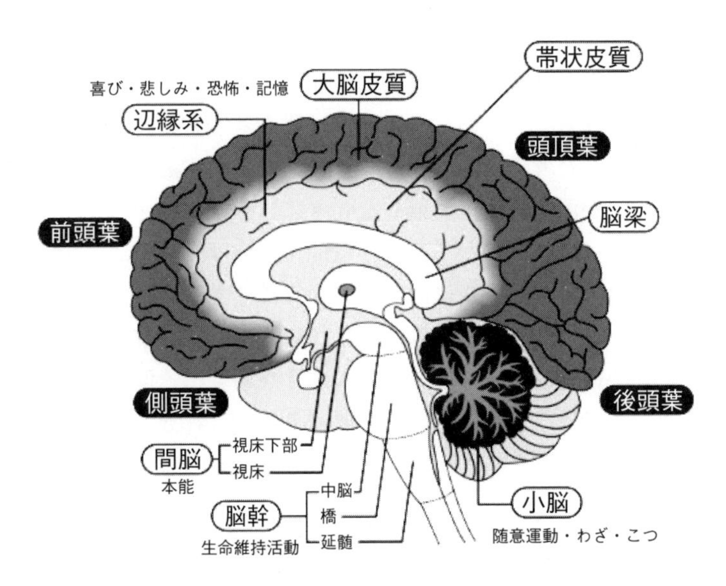

図 2.4　人間の脳の構造（[小泉 11]Kindle 版より）

の脳とも呼ばれ，哺乳類で大脳新皮質が発達する前のものである．この大脳辺縁系が情動を司ると考えられている．だとしたら，生物が大脳皮質による緻密な思考を始める前は感情だけで行動していたことになる．これが本当だとすると感情のほうが思考よりはコンピュータ化しやすいということにはならないだろうか？生物が生きていくということで考えると，後から出来た機能は，先にある機能よりは，本質的ではないと言えよう．なぜなら先にある機能だけで（たとえば恐竜達は）生存してきたという存在証明がそこにあるから．

近年の，感情を扱う人工知能，特にエージェントの研究で気になるのは，感情をパラメータ化して扱うモデルである．怒り度や喜び度を数値化し，それらの増減でエージェントの気分を表そうとするものが多い．対話エージェントにも使われている．私はこれらの研究は表層的扱いにすぎず，感情の機構を無視したものだと考え，否定している．大脳皮質より奥にある構造の本質的モデル化を考えるべきであろう．

その意味でマクリーンの提唱した「三位一体説」は知っておいてよい[18]と思う．少なくとも AI 的な応用可能性は持っていると思う．これは，脳を三つの階層（図 2.5）に分けたもので以下のような構成となっている：

[18] 三位一体説は 1960 年頃に提唱されたもので，近年の脳計測の発達の結果否定されている部分もあるのだが，説明概念（脳の単純化されたモデル）としては今でも有用なものである．

部位	機能
大脳新皮質	思考
大脳辺縁系	情動
脳幹・大脳基底核	生存

なお図 2.5 では一番内側の脳幹・大脳基底核が爬虫類の脳と書かれているが，大脳辺縁系までを含んだものと恐竜の脳と呼ぶ場合もあるようだ．

この図式はブルックスの「服属 (subsumption) アーキテクチャ」[19] と比較すると面白い．基本的には下位が生存などにかかわって自動的に動くシステムであり，上位がプランニングやコミュニケーションなどの意図的な機能をサポートするシステムであるのは同じである．その一方で，服属アーキテクチャでは上位が下位をコントロールするのに対し，三位一体説では必ずしもそうではない．方向が逆とまでは言わないが，むしろ下位の層のほうが勝っているのではないだろうか．

[19] subsumption architecture は日本では包摂アーキテクチャと訳されることが多いが，これは誤訳である．論理的 subsumption が包摂であるが，ブルックスの意図は下位の層を押さえ込み服属させることにある（本人に確認した）．

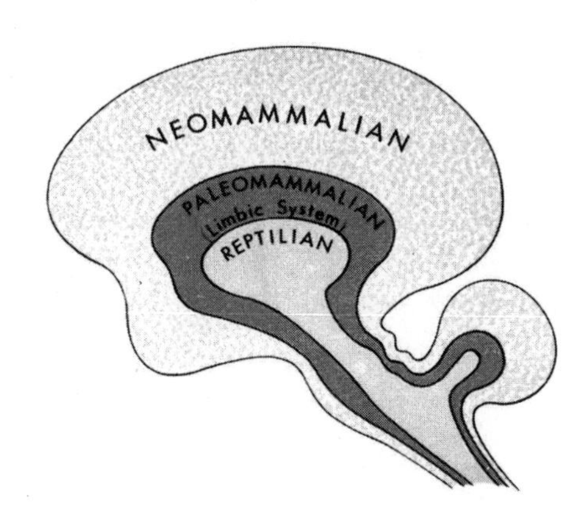

図 2.5 マクリーンの三位一体説
(http://www.mybrainnotes.com/evolution-brain-maclean.html)

大脳の情報処理に関して扁桃体から二つの信号経路があることが判っている（図 2.6）．一つは大脳辺縁系内で閉じたルートで扁桃体から視床を経て海馬に至るもの．これが速い情報処理ルートで，主として情動による好き／嫌い／危険などの判断を行う．もう一つは大脳皮質を経由する，より精密だが遅いルートである．故松本元（電総研での私の先輩）の話だが，野球のビーンボール（ピッチャーが故意にバッターにぶつける投球）はこの速いルートに恐怖を記憶させてしまうので，大脳皮質（遅いルート）がいかに大丈夫だと言っても，情動（速いルート）により体が先に逃げてしまうという効果があるというような例を使っていた．説得力があると思う．

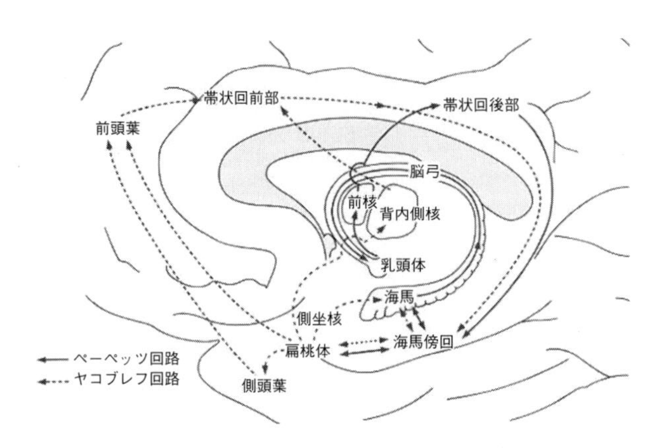

図 2.6　脳の情報ルート
(http://www.actioforma.net/kokikawa/koki/seisinkiso/kiso.html)

> 1. 感情は，わたしたちの安全にとってきわめて重要だと思われる物事への反応である．2. 感情はしばしばあまりに素早くはじまるので，それを引き起こす心のなかのプロセスにわたしたちは気づかない．わたしたちは，千分の一秒という短い間に，自分でそうしているという意識を持たずに，大変複雑な評価を下すことができるのだ．脳研究もそれと一致する見解を示している（ [Ekm06] p.67）．

感情は思考の制御をしているという仮説が考えられる．つまり，ゆっくり考えていてよいのか，それとも素早く行動しなければならないのかの制御である．科学的探究のように時間無制限のものもたまにはあるが，実生活においては定められた時間のなかで決断をしなければならない．近年では人工知能の分野でも，資源を考慮した推論ということが真剣に考えられるようになってきている．ここでいう資源とは推論に使える時間や記憶の量のことである．たとえば囲碁や将棋の勝負においては持ち時間が決められており，それをどのように使うのかも推論の一部である．これに感情のような制御機構は考えられないだろうか？資源，特に時間が非常に限られているときには特別な思考を行う必要がある．“あせる” というのがそれであろう．怒りは自分の防御に割くプランの手間を軽減させる．悲しみは記憶の役割を高め，そのような状態に再びならないように，将来のプランニングのための材料を残す．このような資源管理のためのメタ思考システムとして感情が存在するというのが私の仮説である．

最後になるが，知能における感情の役割については戸田正直[20] のアージ理論 [戸田 92] に言及しておかねばならない．人間の意思決定において，非合理な意思決定をさせる（あるいは理性的行動を阻害する）ように考えられていた感情の役割を根本から見直した理論である．進化論的な立場から，感情を認知システム全体との関連で捉え，生存に必要な機能として位置づけた．

20) 戸田正直は日本認知科学会の創始者の一人で，その初代会長である．

2.3.2 注意

意識の活動レベルには以下の三段階がある：

1. 覚醒．眠っていないこと．
2. 注意．何かに意識を集中していること．
3. 自己意識．自分の意識に対して注意が向けられているという，メタレベルの活動である．

我々は注意が散漫になるとすぐに失敗をする．しかし，全く注意を払っていなくても自動的にこなしている仕事もある．

たとえば毎朝クルマで会社まで通勤しているとしよう．ところが今日は郵便局に用があるので，少し遠回りして寄っていく必要があるとする．クルマを運転していて他のことを考えているといつもの道を走って会社に着いてしまった経験はないだろうか？

これらの自動的にこなしているタスクと，意識を集中しないとできないタスクの違いは何だろうか？不随意機能（意識で制御できない）と随意機能（制御できる）の違いに似ている．もちろん階層は違う．考えを集中しなくても運転できるというのは随意機能よりはさらに意識に近いところにある．コンピュータプログラムに例えるとバックグラウンドで走っている処理のようなモノだ．

コンピュータプログラムの例えを続けると，意識的な作業はインタプリタに近く，命令の一つひとつを実行時に解釈しながら行うこと，無意識の作業はコンパイルされていて機械語のレベルで実行されている．プログラムの解釈はコンパイル時に行われるが，人間の場合は繰返し練習のときにコンパイルに似た変換が起こっているのではないだろうか？ちなみに，このような学習機能は小脳にあると考えている研究者達がいる．小脳は運動制御のためにあるというのが従来の常識であったが，この考えを根底からくつがえし，ヒトの小脳は高次認知機能で活動することがわかったそうである [FP98].

2.4　思考に言語は必要か

思考と言語の関係について考えてみたい．言語は思考に影響を与えている考えている．つまり，言語を学ぶことによって我々の思考が形成されていくし，我々の思考によって言語が変わってゆく．いわゆる共進化のようなことが起きているのだと思う．

2.4.1　言語相対性仮説

まずはサピア–ウォーフの言語相対性仮説 [Sap21, Who93] について概観したい．

サピア–ウォーフの仮説には強いものと弱いものが存在する:

- 強い仮説（言語決定論）: 人間の思考は言語に規定される
- 弱い仮説（言語相対論）: 概念の範疇化は言語・文化によって異なる

有名な例としては色の分解が言語によって異なるということがある．日本語では虹は赤・橙・黄・緑・青・藍・紫の 7 色だが欧米では 6 色だそうだ．英語では青と藍の区別がなくなり，red, orange, yellow, green, blue, violet の 6 色，さらにニュートン以前の英語では orange もなく 5 色だったようである．

弱い仮説はほぼ正しいと考えているが，それ以外のウォーフの考え方や証拠には反対意見も多く，私も必ずしも全部を支持するものではない．しかし言語が思考に与える影響を大きく取り上げたものとして，知っておいても損はないだろう．

> 習慣的な思考および行動と言語との関係「時間」,「空間」,「質料」といった我々の概念は，実質的に同一の形の経験を通じてすべての人間に与えられているのだろうか．（[Who93] p.102）

> 哲学者や一部の科学者の中には，一元論的，全体論的，相対論的に現実を見ることに魅力を感じる人もいるが，… 自然そのものがそのような考え方を受け入れないということではなくて … それらを語るためには新しい言語といってもよい位のものが必要になる（[Who93] pp. 126–127）

ここまではよいとしても，以下はちょっと行きすぎの感がある：

> ニュートン力学の空間，時間，物質というのは決して直観ではない．それらは文化と言語からの「類像」(recepts) である．ニュートンはそこからそれらを得たのである．（[Who93] p.127）

彼は言語規則による認知へのバイアスとして，下のような議論を展開している．英語は SVO のような主語-述語-目的語といった語順で構文が定まる．SVO 構文の例として

(1) I strike it
(2) I tear it

などは自然であろう．しかし

(3) I hold it

はどうだろうか？(1) や (2) と同じ意味で it は hold の目的語だろうか？むしろ I と it の間に hold という関係が成立していると考える方が自然ではなかろうか．

また，S が無い VO は命令文になる．そこで平叙文では it を主語の位置に置かねばならない．

(4) It flashed

では何が flash したのだろうか？it は何を指しているのだろうか？敢えて書くなら

(5) A light flashed

とでもなるが，これは同語反復である．flash するから light なのである．英語では実詞＋動詞が動作主＋行為の意味に解釈されるため，否応なしに自然のなかに虚偽的行為実在を読み込んでしまう．

2.4.2 言語と視点

ものごとを記述したり考察したりしているときに，そのものごとをどこから眺めているのか？あるいは自分はそのものごとの中に居るのか？この自分の居場所を「視点」と言う．視点の違いは言語にも反映している．あるいは言語の違いが視点に反映しているのかもしれない．

金谷[21] は日本語と英語の視点の差に注目して，

- 英語は神の視点
- 日本語は虫の視点

から，それぞれ情景を記述していると主張している [金谷 04]．その典型例を紹介したい（NHK 教育テレビ『シリーズ日本語』で池上嘉彦が紹介した実験を金谷が紹介している [金谷 04] ものから孫引）．川端康成の『雪国』[川端 86] は

(1) 国境の長いトンネルを抜けると雪国であった．

という文で始まる．皆さんには，ここでこの情景を思い浮かべていただきたい．さて，これを川端の翻訳を多く手掛けている翻訳家エドワード・G. サイデンスティッカーが英訳した文は以下のようになる．

(2) The train came out of the long tunnel into the snow country.

これらを読んだ人達に情景を絵にさせると，日本語 (1) の場合は汽車に乗っている乗客の視点から描いた絵（図 2.7 は私のイメージを描いたもの）になるのに対し，英語 (2) の場合は汽車の外から見た，汽車がトンネルから出てくるのを上空から眺めている絵（図 2.8 は私のイメージを描いたもの）になるそうである．決して英語訳がまずいのではないし，また英語で日本語のような視点からの記述も不可能なわけでもない．しかし，それでは自然な英語にならないというのが大事な点だ．

(1) では「汽車」が陽に示されていないのに対し (2) では主語として現れている点に注目する必要がある．汽車に乗っている虫の視点からは汽車を明示する必要がないが，上空から俯瞰する神の視点からは汽車を明示しないことには記述が始まらない．状況依存性は神の視点からは使いにくい．状況に埋め込まれた虫の視点でこそ状況が使える．この話題は次節の環境と知能の関係のところでより詳細に吟味する．

21) 金谷武洋は言語学者ではなく，カナダで日本語を教えている教授．私見では言語を概念的に捉えている（これは限定用法ですからね）言語学者より，外国人に日本語を教えている人のほうが日本語に対する鋭い観点を持つことがあるように思う．海野凪子『日本人の知らない日本語』しかり．

図 **2.7**　日本語による『雪国』第 1 文のイメージ

図 **2.8**　英語による『雪国』第 1 文のイメージ

よく，日本語は英語に比べて論理的でないとか曖昧であるとか言われる．これは言語の使用を外側から，つまり使われている状況と切り離された視点から観ることによる誤解であると思っている．そのような客観的視点では，そもそも「阿吽の呼吸」がありえない．英語では “I love you” だって毎日言わねば離婚の理由になるらしい．そんなこといちいち発話しなくてもわかるだろうというのが日本語の立場だ．システムを外から見るのではなく，内部からの観測と記述が重要である．現在の HI[22] 研究はアメリカ型の，測定し，計算し，動作するという初期の AI モデルになっていないだろうか？

[22] Human Interface

2.5 表象の役割とは

“知的活動に表象は必要か？” という議論が盛んになった時期がある．この議論は二つの流れが合流したものだと考えることができる．一つは人工知能の分野で，その生みの親の一人サイモンが提唱し，その後の人工知能研究で暗黙に仮定されてきた “知能とは記号処理である” という主張 [NS72] に対する疑問であると考えることができる．反対派の最左翼はブルックスらによる，“表象を持たない” 反応型ロボットの提案と実現がある．また，それ以前に，心理学の分野（特に視覚）において，“外界の情報を内部表現に変換し，それを順次高次の表現に解釈し直していく” という考え方に疑問を呈したギブソンらのアフォーダンスの考え方（3.6.2 項，65 ページ）がある．彼らはスローガンとして “知能に表象は不要である” を掲げている．

2.5.1 表象なき知能

“表象なき知能” のスローガンの意図するところは，知能を環境と切り離された表象の操作として捉える考え方の批判であろうが，人工知能が最初からそのような立場に立ってきたと考えるのは間違いである．たとえばミンスキーは再三にわたり網膜像だけを解釈対象とする高次機能の考え方を “小人（ホムンクルス）” として批判してきた．もしそのような高次機能を考えるなら，それは脳の中に小人がいて我々が外界を認識するのと同じように網膜像を認識することになる（図 2.9）．そのような小人は我々と同じ認識能力を持たねばならず，単に問題の先送りにすぎない（さらに悪いことに，その小人は実世界の 3 次元ではなく網膜像の 2 次元表現を相手にしなければならない）．

また，サイモンも砂浜を通る蟻の軌跡の複雑さは蟻が作り出しているのではなく，環境（砂浜の地形）の複雑さが反映したものだと言っている．

「刷込み」（傍注 25，39 ページ）というのも環境を利用した巧い方法だと思う．親というものを生まれたときから認識可能にするためにはその表象を遺伝子に書き込んでおかねばならない．これにはかなりの情報量を必要とするに違いない．それよりも親を学習する機構，すなわち生まれて最初に目にしたものを親と思うという刷込み機構を記述しておくほうが情報量の節約になるだろう．

人工知能はむしろ初期の頃から環境と認識主体の相互作用を重要視してき

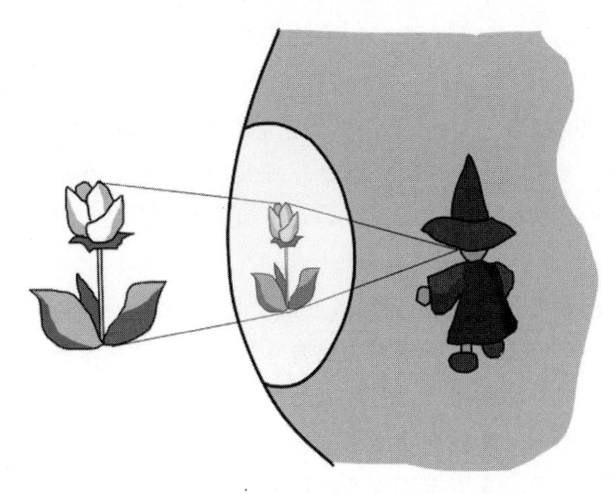

図 2.9 網膜像を解釈する脳内の小人（ホムンクルス）

たと考えるべきであろう．その上で，表象の操作の本質として記号処理を措定してきたのである．

なお，人工知能の分野では representation を「表現」と訳しているが，本書では「表象」[23] を用いることにする．ただし,「知識表現」のように，熟語になっているものや，動詞として使う場合は「表現」を用いる．

23) 人工知能では「表現」が一般的だが，心理学では「表象」を用いている．

ただ,「表象」や「表現」で何を指すのかはもう少し明らかにしておく必要がある．両語はともに representation の訳として同じ定義のはずであるが，そのニュアンスには微妙な差があるように思う．人工知能の分野で内部表現という場合には外界の状態に対応する何らかの内部のデータ表現という程度のニュアンスで用いるのに対し，心理学の分野で表象という場合には外界の対象物の完全な（意味や他の対象との関係を含む）置換えとしてのニュアンスを持っているのではないだろうか．

たとえば，網膜像というのは明らかに外界の対象物に対応して（光学的刺激に対応して）構成される．しかし，また同時に対象の光学的な全情報を持っているわけでもない．網膜像は外界と眼という二つのシステムの相互作用の結果である．そういう意味で網膜像は対象の持つ情報の表現とは呼べても表象とは呼べないのかもしれない．ただし，ここで両用語の定義について深入りするつもりはない．ニュアンスの差を指摘するに留めておく．そうして，このようなニュアンスを考慮するとき，人間が内部表現を用いていることはほぼ自明であると考えられるので，ここではより強い主張である，外界の置換えとしての表象の存在について議論することにする．

表象は記号であるとは限らない．心理実験などにおいて，たとえばある隙間がとおり抜けられるかどうかの判断をさせるような場合に，隙間の内部表象として，物理的長さ（80cm とか）を想定する必然性はない．たとえばメンタルイメージとして自分のイメージと，隙間のイメージを重ね合わせて，どちらが大きいか比較する手法でもよいし，自分の大きさを環境に投影する手法でもよい．

本稿を書く前から，“知能に表象は不要である” という人の真意がよく理解できなかった．そう発言している人自身「表象」に関する表象を持っているからこそ，環境に存在するのは表象ではなく，知能の持つ内部表象について語れるのではなかろうか．たとえば，あるもの x が存在しないというためには，存在しない対象 x を直接指すことはできないのだから，その表象を用いるしかないではないか．そう考えると，(少なくとも私にとっては）我々が表象を持っていることは自明以外のなにものでもない．

これに関して，先日答えらしきものを得た．知能に表象が不要とする人と必要とする人は「表象」の定義が異なるのではなく,「知能」の定義が異なるのである．チンパンジーが記号を扱う能力を持っていることは実験で示されているが，また同時に記号を自由に組み合わせて言語化する能力のなさそうなこともわかってきた．したがって，チンパンジーまでの知能について語ったり，あるいはチンパンジー程度の能を持つロボットを実現する場合には記号による内部表象なしにやっていけるかもしれない．しかし，言語を使用し，それを通信手段としてだけではなく，自己の思考の手段としても用いる，我々人間並の知能を考えるときには記号は本質的な役割を果たしているといえる．

しかし，そこで留まっていたのでは面白くない．本節ではさらに以下のことを述べようと思う：

（人間より下位の）チンパンジー以下の知能にも表象は必要である．
ただし，この場合の表象は記号とは限らない．

2.5.2　記号の意義

未来を予測するためには，過去の経験を生かす必要がある．囲碁とか将棋などのゲームでは過去の勝負と全く同じ盤面が再現されることはときどき起こるが，現実の生活ではまず起こりえない．たとえばジャングルで虎に襲われてかろうじて逃げた動物が，同一の虎にもう一度出会うことは稀であろう．たとえ同じ虎に出会ったとしても，出会う環境や虎の姿勢は異なっているだろう．さらに，偶然が重なって同じ虎と同じ場所で同じ姿勢で出会ったとして，前回と同じ展開になるとは限らない．

実は未来予測にとっては全く同じ事態である必要はない．むしろ，虎→捕食物→危険というようなクラスに関する判定が重要である．つまり，外界の入力を適切なクラスに分類する能力が必要であり，これは古くからパターン認識と呼ばれてきたものである．パターン認識とはパターンをクラスに分節化し，適切なラベルを貼るタスクである．

そのような，クラスに貼られたラベルのことを記号と呼ぶ．上の例でわかるように，記号=クラスに関しては同一性が重要で，類似度や細かい差異のようなものはあまり問題にならない．むしろ，そのような差異を排するところに記号=クラスを考える意義がある．

このような記号の定義は，従来の狭い意味での記号（アルファベットなどの組合わせ）よりはかなり広いものであることに注意してほしい．たとえば，虎について考えるときにいつも特定の虎のイメージを思い浮かべているような場合には，このイメージを虎に対応する記号と見なしてよい．

2.4.1 項（30 ページ）で述べたように，言葉の使用はこのような世界の分節化と密接に関係している．記号化なしに言葉が使用できないのは当然としても，逆に記号化にも言葉が重要な役割を果たしている．人間は社会的動物である．特に子供時代は親を始めとする周囲の大人から学ぶことにより知能を身につけていく[24]．子供が外界を分節化する際に大人の言葉の使用が重要な役割を果たしていると考えられる．一例としては，色の分節の仕方は言語ごとに少しずつずれていることが知られている．これは目の前にある色に対しどのような単語が用意されているかが色の概念形成に影響を与えているからである．

24) 最近では動物や鳥たちもそのように親から教育されて育っていることが判明した事例が種々報告されている．

言葉が存在する場合には外界の分節化の結果である記号には通常単語が割りてられていることが多いので，記号とは単語のことであるとしてもよい．しかし，単語が割り当てられていない概念が存在することも事実である．特に新しく産み出された物体やシステムには名前がないことが多い．たとえば工事などのときに道路に並べられている蛍光色の三角柱状の物体には，最初のうち名前がなかった（最近では「ロードコーン」と呼ばれているようである）．いずれにしても，言葉の使用はこのような分節化を伴っており，しかも言葉の伝達だけで，実体なしに，この分節化された概念を伝達することが可能である．特に伝達された側は，言葉から内部表象に変換していると考える以外に，言語理解は成立しないであろう．

先にも述べたように，内部表象はイメージ的なもので構わない，いやむしろそうである必要があろう．つまり，内部表象は外界との相互作用を断たれた形で存在しているのではなく，その相互作用へのポインタのようなものと考えるほうがよいかも知れない．蜜蜂はダンスにより密のある場所を伝えているといわれているが，この仕組みはどうなっているのか興味がある．なんらかの座標（おそらく，方角と距離による極座標系）の内部表象へと変換されることなく直接行動プログラムを起動しているというのは考え難い．しかし，そのような内部表象が最終的に行動プログラムを起動していることも事実である．そういう意味で記号から行動へと連続的につながった系を考える必要がある．

2.6　学習とは何か

学習というのは何だろうか？どういう条件を満たしたときに生物や人間，あるいは機械は学習していると言えるのだろうか？人工知能的に考えるとき，この答えは自明のようで案外むずかしい．

岩波の『広辞苑 第六版』によると「学習」とは

1. まなびならうこと．
2. 経験によって新しい知識・技能・態度・行動傾向・認知様式等を習得すること，およびそのための活動．

となっている．そこれでは「習得」をみると

習って会得すること．習って覚えること．

となっている．あまり定義が深化していない．

学ぶことの本質は，経験によって，それまでにできなかったことができるようになることではないだろうか？方程式の解き方を学んだり，自転車の乗り方を学ぶというのは正にこれである．それまで解けなかった方程式が学習の結果解けるようになるのであるし，それまで自立走行できなかった自転車が練習により乗れるようになるのである．

しかし，我々がコンピュータをプログラムして学習させるようにすることを考えると，物事はそう単純ではないことが見えてくる．たとえば微分を学習するプログラムを考えてみよう．ちょっと極端な例であるが，あらかじめ全

ての解き方をプログラムしておくが，それらが動かないようにしておく．問題が与えられると最初は解けないと出力する．そこで正解を入れてやると，あらかじめ入っていたプログラムのうち，その解き方の部分だけ制限を解除して動くようにする．そうするとそれ以降は同種の問題は解けるようになる．このプログラムが学習したとは言い難いだろう．あらかじめ潜在的には解けた問題を解かなかっただけではないだろうか？[25)]

ここまで極端な例でなくとも，与えられた問題と答えのペアを丸暗記する方式はどうだろう？経験によって解ける問題は増えていく．しかし一般化などの能力は無いため，過去に経験した問題そのものしか解けるようにはならない．これは学習というより記憶というべきではなかろうか？では，一般化が伴えば学習なのだろうか？

動物に「刷込み」という現象がある．典型的なのはヒナが生まれて初めて見たものを親だと思うというのがある．生まれて最初に人間を見れば，その人間が親だと思うし，自分も人間の一族だと思うようになるらしい [Lor52]．私はこの能力は遺伝子の節約（親の特徴を遺伝子に記録するより，この能力を遺伝子に組み込むほうが遺伝子の量が少なくてすむ）だと思っている．刷込み能力は他の記憶能力と共有できるから，少ない遺伝子で実現できるはずである．また，環境の変化にも強い．親の顔を遺伝子に記録する方法では生物が進化して親の外見などが変化したときに，いちいちその情報を書き換えねばならない．この書換えも突然変異と選択で起こるとすると，顔の成長を司る遺伝子と顔を記録する遺伝子が呼応した形で進化しなければならないが，刷込み方式なら変える必要はない．人間の食事に関しても“おふくろの味”がそれではなかろうか．

しかしながら，この「刷込み」自体はやはり学習とは違うように思う．認識機構の初期化能力とみた方がよいだろう．コンピュータにたとえれば，買ってきて初めて起動したときに使う言語や時間帯のパラメータを設定しているのと同じである．

自動車の例を考えよう．昔のクルマは慣らし運転というのが必要であった．エンジン等の加工精度が現在ほど高くなかった頃には，新車を買ってから1000km なり 2000km の間はおとなしく運転してエンジンの各部品を摺り合わせる（つまり回転させながら削る）必要があった．今のクルマは慣らし運転をしなくてもよいが，それでも買った直後より数千キロ走った後のほうが最高出力が上がったり，サスペンションの動きが良くなったりする．これらも走るという経験によりクルマの走行能力が高まるのであるが，やはり学習

25) これらの例は恣意的なものなので，そんなことさえしなければ学習はもっと素直に定義できるとお考えかもしれない．しかし，実際問題として，研究者が意識することなく学習プログラムに実は正解を組み込んでしまっていたという例は珍しくない．陽には書かないものの，気をつけていないと，学習の仕組みが実は正解そのものを表していたりするのである．実際，ソニーの AIBO は 3 年間だけ成長するように最初からプログラムされていたそうである（開発者の一人の談話）．

とは言わないだろう.

そうすると,“経験により,それまでできなかったことができるようになる”というだけでは学習の定義にならないことがわかる. さて,定義として何が不足しているのだろう?実は,私はこれの明確な答えを持ち合わせていない. 人間であれば脳内の表現の変化が必須であるから,知識表現などと関係するとは考えられるが,運動の学習は大脳ではなく小脳で起こるので知識とは呼び難いものがある. また刷込みでも脳内表現は変化しているから,もう少し別の観点が必要であろう.

2.7　論理は必須か

人工知能の研究,特にマッカーシーらを代表とする初期のものには論理的な定式化を目指したものが多い. たとえば常識推論(情報が欠如している状態でも妥当らしい結論を導く推論)と呼ばれている,厳密な意味では論理推論ではないものを表す論理を構築しようとしたり,時間を表す論理を構築しようとしたりする試みが多い. 論理は(時制論理を含めて)物事の間の静的な(つまり常に成立する)関係を扱うものだから,6.5 節(121 ページ)で述べるような因果関係は表しにくいが,そういう論理を構築しようとする試みもある. そもそも思考(推論)というものは論理的に定式化するのが正しいのだろうか?そもそも思考の論理的定式化は可能なのだろうか?

2.7.1　思考とは何か

デカルト (Descartes) は物事を,疑うことのできない部品(構成要素)から構成していくことによってその正当性を証明すべきだと考えた [Des37]. すべての複雑な現象は,より単純な要素に分解でき,それらの性質から説明できるというのが還元論の考え方である.

要素に分解していって,最後に確固たる疑いようのない要素に行き着けば,そこから全体が確実な形で再構成できる. デカルトは疑うことのできない根源を自己に求めた.「我思う,故に我あり」[26] という命題がそれである. デカルトはすべてを疑うことから始めるが,この疑っている自分自身は疑うことができないということに到達する. 目の前にある花は実際にそこにあるのか,あるいは幻覚か,非常に進んだ技術による実物そっくりの三次元映像なのか

[26] ラテン語では cogito = 私は思う,ergo =ゆえに,sum = 私はある. 構文上「私」は出てこないが,語尾変化でそれがわかる.

は分からないかもしれない．しかし，そのような疑いを抱いている自分自身は疑いようもなく存在している．したがってそれが根拠となるのだが，しかしながら自分自身の思考が正しいという保証にはならないと私は思うのだが．

思考とは，主観的には明かな存在であるが，それを客観的に定義するのはなかなかむずかしい．以下のような疑問に自問自答することによって，若干は思考という概念を浮き彫りにできるかもしれない．

- 思考に言語は必要か？思考に表象は必要か？
  我々は言葉を使って考えているのだろうか？言葉を持たない動物は思考をするのだろうか？[Gri89]
- 論理的でない思考というのはどういうものか？
- 感情は思考の制御をしているのか？
- 思考は他の機能（たとえば視覚）をどこまで制御できるか？

私としては，思考という概念の中心にはいわゆる論理的思考というものがあると思う．これは言語による表象の操作と言い換えてもよい．事実，論理学や記号操作の研究が思考の研究の中心になってきた．特に，コンピュータができてから，問題解決，定理証明などが集中的に研究されている．

2.7.2 思考と論理

人間の思考に関する理論として最も古いものは論理学であろう．辞書（三省堂『新明解 国語辞典』）にも

思考 冷静に論理をたどって考えること（頭の働き）．

とあるくらいだから，思考を形式化しようとしたのが論理学に違いない．

狭い意味での論理的推論は演繹と呼ばれる．これを非常に単純化して説明すると，H という仮説から，$H \Rightarrow C$ であることを使って C という結論を導くのが演繹である．ここで $H \Rightarrow C$ は $A \to B$ という形の論理式を何段か重ねて使うことを意味している[27]．この単位となる A と $A \to B$ から B を導く推論を一般的には三段論法と呼んでいる．以下のような三段の図式に書けるからである：

大前提：$A \to B$
小前提：A
結論：　B

[27] $H \Rightarrow C$ は導出可能性を示しており，数学的には「$H \models C$」あるいは「$H \supset C$」という記法を用いることが多い．

よく使われる具体例は

大前提：すべての人は死ぬ
小前提：ソクラテスは人である
結論：　ソクラテスは死ぬ

であり，論理式（一階述語論理）としての正式な表現は

大前提：$\forall x$ 人 $(x) \rightarrow$ 死ぬ (x)
小前提：人 (ソクラテス)
結論：　死ぬ (ソクラテス)

である（本書では一階述語論理への参照は多いが，内容の詳細には触れない）．

論理学ではこの一段の推論を

$$\frac{A,\quad A \rightarrow B}{B}$$

のように表す．したがって，この操作を何段か重ねた演繹[28] は

$$\frac{H,\quad H \Rightarrow C}{C}$$

と書ける．

帰納は H と C から $H \rightarrow C$ を導くことで，

$$\frac{H,\quad C}{H \rightarrow C}$$

と定式化される．帰納の結論は複数段の導出可能性ではなく，一段の規則であることに注意されたい．[29]

自然科学的な法則というのはたいがい帰納法で作られる．すなわち自然現象を多数観測し，それらを全部説明できる理論を作ればよい．しかしながら，この帰納法は論理的に正しさが保証された操作ではない．常に新しい事例で否定される可能性がある．反例は一つあれば理論を棄却できるが，正例はいくら多くても理論を証明できない．

アブダクションは C と $H \Rightarrow C$ から H を導くことで，

$$\frac{C, H \Rightarrow C}{H}$$

となる．演繹とは H と C の役割が逆転している．

アブダクションは，事実からその原因に遡る推論で，上記のように書いて

[28] 6.5 節（121 ページ）でも述べるが $A \rightarrow B$ という論理式は因果関係を表すものではない．あくまで A と B という二つの事象の包含関係を述べているにすぎない．論理的にはこれは $\neg A \vee B$ と等価である．ちなみに，この否定 $\neg(A \rightarrow B)$ は $A \wedge \neg B$ と等価である．因果関係だと考えると，その否定は理解不能であるが，論理式としては A なのに B でない（ことがある）ということを述べているだけである．

[29] $H \rightarrow C$ ならば $H \Rightarrow C$ であるから，他の規則と記法を合わせて

$$\frac{H,\quad C}{H \Rightarrow C}$$

と書いても間違いではない．しかしながら，複数の規則をつないだ演繹可能性を帰納法で直接得ることはできない．

しまうと単純なようだが，実際はなかなか複雑な操作である．C を導く可能性のある規則は無数にあるから，それらの中から適切なものを選んで組み合わせなければならない．アブダクションの提唱者パースはこれを科学的発見の手法として位置づけており，演繹や帰納よりは柔軟性の高い思考方式だとしている．

米盛によるとアブダクションは以下の形式の推論ということになる（[米盛07] p. 54）：

1. 驚くべき事実 C が観察される
2. しかしもし H が真であれば，C は当然の事柄であろう
3. よって，H が真であると考えるべき理由がある

パースはアブダクションの例として以下を挙げている：

> 化石が発見される．それはたとえば魚の化石のようなもので，しかも陸地のずっと内側で見つかったとしよう．この現象を説明するために，われわれはこの一帯の陸地はかつては海であったに違いないと考える．これも一つの仮説である．（[Pei60] 625 段落．訳は [米盛07] pp. 54–55）

演繹以外の帰納とアブダクションは論理的に正しい（つまり必然性がある）操作とは限らない．また，非単調論理 [Gin87] のようにそもそも正しいとは限らない演繹を許すシステムも考えられている．古典論理のような体系による推論では，推論をするのに必要なすべてのデータが完全に揃っていることが要求される．しかし，我々の日常生活ではそのように全部のデータが揃っていることはありえないことも古くから指摘されている．たとえば，水道の蛇口に触れても感電しないことを “証明” してから蛇口をひねる人はいないだろう．また，それを証明するには家庭の配管図，配線図，電気製品の配置図，それらの内部配線図，等々，膨大な情報が要求される．しかも，誰かが遺産相続を狙ってあなたを殺そうとしていないことなどまでも証明しなければならない．

このようなわけで必要なデータが揃わなくても “それらしい” 結論を導ける体系が模索されている．この分野は常識推論と呼ばれる．非単調論理 (non-monotonic logic)[30] は，現在我々が有する形式システムのなかでは，常識推論のための最も有力な候補である．

アシモフはロボット SF の元祖とも言うべき作家だが，特に「ロボット三

30) 通常の論理は既知の事実（公理）が増えればそこから演繹できる結論（定理）も増えるので，単調であるという．これに対し，少ない情報から結論（定理）を導く常識推論では，新しい知識（公理）が入ることによって，先の結論が覆ることがある．公理に対して定理が単調性を持たないので非単調論理と呼ばれる．

原則」を提唱し，それをモチーフに多くの作品を残している．このロボット三原則というのは今日的視点でみると非単調推論規則の集合になっている．

AI 研究者としては，コラム 2 のような自然言語で記述された規則が有効なのかという疑問がある．原著では Three Laws of Robotics となっているから「ロボット工学の三法則」という方が正確である．そうだとすると，これはロボット工学者に与えられた法則であり，個々のロボットがその形で持っている規則ではないとも考えられる．いずれにしても，これらの規則をどのようにロボットのプログラムに組み込むかというのは困難な問題である．映画『ロボコップ』[31] でもロボコップの視野内に "directive" が英語で表示され，主人公（脳だけは人間のもの）はそれに逆らえないという設定があるが，工学的にはどのように実現するのか疑問である．特に，「第一則，第二則に反するおそれのない限り」というような記述は，まさに非単調推論規則の例でもあり，その実装はむずかしい．

[31] 日本の『宇宙刑事ギャバン』に発想を得たらしい．

コラム 2　ロボット三原則

アシモフの短編集『われはロボット』(*I, Robot*) に代表されるロボットシリーズは，有名なロボット三原則を生み出した．ロボット三原則とは以下のことである：

- 第一則：ロボットは人間に危害を加えてはならない．またその危険を看過することによって，人間に危害を及ぼしてはならない．
  A robot may not injure a human being or, through inaction, allow a human being to come to harm.
- 第二則：ロボットは人間に与えられた命令に服従しなくてはならない．ただし，与えられた命令が第一則に反する場合はこの限りではない．
  A robot must obey the orders given to it by human beings, except where such orders would conflict with the First Law.
- 第三則：ロボットは第一則，第二則に反するおそれのない限り，自己を守らなければならない．
  A robot must protect its own existence as long as such protection does not conflict with the First or Second Law.

私はスタンフォード大学に 1 年以上滞在したことがあって，マッカーシー (McCarthy) らのグループ（ショーハム [Sho88, Sho90] やリフシッツ [Lif87] ら）が非単調論理を開発（？）している現場を見た（見ただけ）．そこで驚いたのは，彼らは "正しい" 非単調論理というのが存在すると信じていて，人間はこれが出来ないから間違いを犯すのだと考えていることである．9.1 節

(183 ページ) で述べるように，彼らは神の視点をもって研究をしている．虫の視点を主張する私は，人間の推論こそが常識推論であり，それを定式化するのが AI の仕事であると考えている．理想的な常識推論などというものは存在しない．

論理を狭い意味，すなわち古典論理の演繹に限定すると，4 枚カード問題 (コラム 3)，三囚人問題 [市川 98] などの実験結果は人間には論理的思考が不得手であることを示すものと解釈されている．特に確率に関しては直観が働かない (あるいは間違って働く) 例が多く知られている．問題の意味的な皇后とその数学的構造の間にギャップがあると人間はよく間違える．

コラム 3　4 枚カード問題

表にアルファベット，裏に数字が各々書かれたカードがある．「母音の裏は奇数である」という規則を検証するとき，[A]，[7]，[B]，[4] という 4 枚のカードのどれを裏返す必要があるか，という問題．

母音 (x) →奇数 (x)

を満たさない場合：

母音 (x)∧¬ 奇数 (x)

つまり，母音で奇数ではない (母音の裏が偶数になっている) カードが無いことを確認すればよいので，正解は，どちらかの条件を満たす [A] (裏が偶数だと困る) と [4] (裏が母音だと困る) のカードを調べるべきなのだが，間違って，[A] と [7] と答える人が多い．

この問題に対しては，論理的に等価な構造だが，より日常的な場面に設定を置き換えると正解率が上がるという報告がある．

たとえば小切手問題．100 ドル以上の小切手には裏書きが必要だという場合に，[$200]，[裏書きあり]，[$30]，[裏書きなし] の 4 枚のうちどれを確認する必要があるか，という問題のほうが遥かに考えやすいと言われているが読者はどうだろうか？

また囚人のジレンマ (コラム 3，45 ページ) のように数学的にもうまく解けない問題 (手続き的に求まる最適解が両者にとって最悪である) もある．これと類似のもの (たとえば繰返し囚人のジレンマゲーム) は進化論的組織論の研究などで使われることがある [AC08]．囚人のジレンマ問題は 1 回限りの選択であり，ジレンマは解決できないが，これを繰返す場合には相手の戦略を観測して自分の行動を変えられるため，協調の可能性が出てくる．進化とは遺伝子による繰返し囚人のジレンマ問題（少なくとも繰返しゲーム）であると主張する研究者もいるほどである．

さらに，狭い意味での論理は普通の生活には通用しない（日常言語で用いられる推論に関しては [坂原 85] 参照）．たとえば古典論理によると条件文で先見が偽の場合にはその条件文は真であるとされているが，日常生活で水曜日に「明日が日曜ならピクニックにつれて行ってあげるのにね」という発話が，土曜日以外になされた場合でも，これは無条件で正しいとは限らない．そういう場合にもその発言が本気だとか嘘だとかいうことが可能である．実際には古典論理で扱いきれていない情報の流れなどを扱う必要がある．

そのようなわけでAIでは“ガチガチの”論理を拡張し，少しでも人間のそれに近い，融通の効くものにしようという努力が行われてきたわけである．

2.7.3　問題解決

思考は問題解決の場面で重要な役割を持つ．人間の問題解決に関する研究は日本では安西 [安西 85] らによって行われているが，問題提示の場面（環境）による影響が大きいことが指摘されている．たとえば，手の届かない距離に垂れている2本の紐を結び合わせるというタスクを与えられた被験者に対して，紐をそれとなく揺らせると解決に近づくが，被験者自身は紐が揺れたことが解決に結びついたことを意識していないという報告もある（コラム1，20ページ）．

以下は私の単なる憶測にすぎないのであるが，問題解決と論理的思考の食い違いを説明するために，あえて書かせていただく．人間の問題解決というのは，そもそも生き残りのために必要とされた能力である．ところが，現在必要とされる様々な問題解決の場面ではこの生き残りという前提がしばしば裏切られる．カードゲーム「ユーリシス」[32] においても，ゲームとしての戦略と，人生としての戦略が異なる．ユーリシスにおいては仮説が棄却される可能性の大きい実験をする（正しいかどうかが半々位のカードを出す）のがよいが，実世界では規則を同定するのが遅れても，できるだけ仮説にのっとった戦略（正しいと思われるカードを出す）を使うほうが生き延びる可能性が高い．

4枚カード問題でも，論理的にはPならばQであるという条件に合わない，

32）親がカードの列に対するなんらかの規則（たとえば赤の次は黒）を勝手に決め，子供はそれを実験によって当てるゲーム．親が決める規則は何でもよいが，子供が1人だけ正解できた場合に親の得点が高くなるので，むずかしすぎず簡単すぎない規則が良い．

コラム 4　囚人のジレンマ

ゲーム理論で使われる，以下のような問題である．
共同で犯罪を行ったと思われる囚人 A と B に自白させるため，検察は以下の条件を提示した：

- もし 2 人とも黙秘したら，証拠不十分で 2 人とも懲役 2 年ですむ．
- もし 1 人だけが自白したら，その囚人は釈放され，自白しなかった方は懲役 10 年の刑になる．
- もし 2 人とも自白したら，2 人とも懲役 5 年の刑になる．

二人は互いに相談することを禁じられている．二人が協調して黙秘を通すと 2 年の刑ですむから（相手を信用して）黙秘を続けるのが最善である．一方で，自分だけ裏切って自白すれば自分は釈放されるので，このほうがベターである．また，自分だけ黙秘して，相手に裏切られて 10 年の刑に処せられてしまうことが怖い．相手が自白した場合でも黙秘した場合でも，自分は自白したほうがよい．おそらく両者が論理的であれば二人とも自白して 5 年の刑を受けることになる．これよりは明らかに二人にとってベターな黙秘するという解があるにもかかわらず，これには到達できないという意味で「ジレンマ」の名がある．少し専門的な言い方をすると，両方が裏切るという解はナッシュ均衡解（個人的にここから戦略を変えると損になる）であるがパレート最適解（両者の利益の合計の極大値）ではない．

ゲーム理論的にはこのゲームは以下のような利得表で表される．行は囚人 A のとり得る協調（黙秘）と裏切り（自白）の行動，同様に列は囚人 B のとり得る行動である．() 内は「A の利得＼B の利得」）となっている（この例ではマイナスの利得となっているが）．

	B 協調	B 裏切り
A 協調	（A 2 年＼B 2 年）	（A 10 年＼B 釈放）
A 裏切り	（A 釈放＼B 10 年）	（A 5 年＼B 5 年）

抽象化して

	B 協調	B 裏切り
A 協調	（P11a ＼ P11b）	（P12a ＼ P12b）
A 裏切り	（P21a ＼ P21b）	（P22a ＼ P22b）

のように書いたときに利得が以下の条件を満たしていれば囚人のジレンマと同型のゲームとなる．

$$\text{P21a,P12b} > \text{P11a,P11b} > \text{P22a,P22b} > \text{P21b,P12a}$$

なお不等式だけ満たしていれば，カンマで区切った二つのペアは同じ値である必要はない．

くわしくはゲーム理論の入門書（ [川越 12] など）あるいは web 上の解説を参照されたい．

Q<u>ではない</u> カードを調べなければいけないのであるが，先の生き伸びの原則に従って Q<u>である</u> カードを調べてしまう（つまり，間違いを発見する可能性の低いカードから調べる）のではないだろうか．

教室でのテストや心理学の実験の場面では人間は通常とは異なる反応を示すという実験もある．我々は状況に応じて問題解決の戦略を使い分けているらしい．論理はある場面の思考の説明にはなるかもしれないが，それがすべてではないのである．

2.7.4 状況依存性

我々の知能は我々の内部のみに存在するのではなく，状況が特定の制約を満たしていることに支えられており，状況との関係において初めて知能を語ることが可能になるという説（状況理論 [BP83]）がある．場を重要視する点においてゲシュタルト心理学に近いものが感じられるが，ゲシュタルト心理学はあくまで対象物と場の関係を論じていたのに対し，状況理論では認識主体と場の関係を重視する．「アフォーダンス」（3.6.2 項，65 ページ）の考え方も行動の場面における状況理論（あるいは，状況理論は思考におけるアフォーダンス理論）とみることができる．もし我々が全く想像を絶する環境の世界（たとえば物理法則の異なる世界）におかれたとき，どの程度の知能を維持できるかを考えてみるのは面白い．

状況依存性に関しては 8.3 節（159 ページ）で詳しく考察する．

2.7.5 その他の論理的操作

論理的な思考は人間にとって重要なものである．それが表象の上だけで行われているのか，状況を参照しながら行われているのかは問わない．現在我々が知り得る思考法の最上位に位置することは間違いないだろう．論理学が人間の思考の重要な側面を捉えていることは間違いないが，しかし，その形式だけが思考であるというつもりは毛頭ないし，そもそも現在の論理学で定式化されているような手続きに従って人間が思考しているとも思えない．たとえば三段論法は論理操作の典型例であるが，人間がこれをそのままの形で用いて思考しているとは考えがたい．しかしながら，誰も三段論法の正当性自体は自明のこととして疑わないし，疑えないと思うが，逆にどうして正しいのかの説明もむずかしい．

では他にどのような思考形態があるのか？アナロジー（類推）[原口 86, 有馬 92] やメンタルモデル [JL88], はその例である．アナロジーに関しては，記号による記述の上での対応が研究されることが多いが，それにしても二つの表現が“似ている”という判断は，少なくとも現在のコンピュータ上で実現されているような，同一性に基づく記号操作には苦手なものである．メンタルモデルを広くとらえると，イメージによる操作である．メンタルローテーション[33] もその一例と考えることができる．また，我々が幾何の問題を解くときに用いる図や補助線も論理の糸の外であるが，思考の重要な要素である．因果関係に基づく推論（6.5 節，121 ページ）もいわゆる（狭い意味での）論理法則には従わないことがわかっている．

33) 二つの図形が等しいかどうかを判断するのに図形の回転角に比例する時間がかかるという実験結果から，人間が実際に心の中で図形を回転させているという説．[高野 87] に詳しい解説がある．

3 人工知能研究の歴史

本章では，人工知能研究の流れをもう少し詳細に追ってみたい．

3.1 人工知能の夜明け

人工知能の研究は，1950 年代にコンピュータが実用化された時点に始まった．[34] その意味でこの分野はコンピュータと同じ長さの歴史を持っている．ただし AI という分野の命名は 1956 年のダートマス会議まで待たねばならない．

初期の人工知能研究者は楽観的で，比較的近い将来に機械翻訳などのプログラムが実用化されると考えていた．この当時の考え方の基本には「物理記号仮説」と呼ばれる，すべての知的作業の本質は記号操作にあるという作業仮説があった．この立場を記号主義とも呼ぶ．色や形などの物理量はうわべのものであり，それらを捨象し，カテゴリー化した後の記号こそが本質であり，その操作だけで高度な知的処理が可能であると考えた．

たとえばコンピュータに知能が持てるかどうかを議論するための思考実験として 1950 年にアラン・チューリング (Alan Turing) によって提案されたチューリングテスト [Tur50] においては，テレタイプを通した言葉（記号）による通信しか認めていない．視覚その他の要素が入り込まないような環境で思考実験がなされている．

テレタイプを 2 台用意する．1 台は他のテレタイプにつながっており，他の人間が座っている．もう 1 台はコンピュータに接続されている．このコンピュータのプログラムは人間の反応を模倣し，人間のように反応するようにできている．そして，この 2 台のテレタイプのどちらが人間でどちらがコンピュータか判らなければ，つまりコンピュータが人間そっくりに振る舞う[35] ことができれば，このコンピュータプログラムは知能を持っていると言ってよいと

[34] 世界最初のプログラマブル電子デジタルコンピュータ ENIAC（真空管式）は 1946 年に完成しているが，最初の商用機は 1951 年に発売された UNIVAC-I である．1953 年には IBM791 が発売された．計算する機械自体はもっと古くからある．現在知られている最古のもの（紀元前 150-100 年頃）は「アンティキティラ島の機械」と呼ばれる，天文計算を行うものであるが，プログラムはできない．また 1800 年代に設計されたバベッジの解析機関はプログラム可能な最初のものと考えられるが，当時の工作精度では実現できなかった（現在，製作プロジェクトが進行中）．

[35] ここに，“振舞いだけが重要である” という，一つの知能観がある．サールはこれに反論し，内部の仕組みも重要だと主張している（7.2 節，142 ページ）．

いうものである．

チューリングテストでは人間はどんな質問をしてもよい．詩を作らせてもよいし，文学作品の感想を聞いてもよい．プログラムのほうも，人間をまねるためにあらゆる努力をする．たとえば数字の計算時間が人間より速いとバレるので，計算問題に関しては，時間をかけたり，ときどき計算を間違えたりするわけである．

ありとあらゆることが可能であるが，テレタイプの交信に限定されているところがみそである．そうでなければ見かけや行動能力（身体性）が問題となる．精巧な人間型ロボット（アンドロイド）を作らねばならず，いわゆる「知能」とは別の問題に発展してしまう．つまり，テレタイプによる言葉の通信に知能の定義を限定しているところがチューリングテストの本質である．これはとりも直さず，チューリングをはじめとする当時の研究者は知能の本質は記号処理にあると考えていたことの証でもある．

注目すべきはこの議論がコンピュータの黎明期になされている点にある．1952 年に IBM が最初の商用コンピュータを売り出す前であるし，最初の高級プログラミング言語 FORTRAN（数値計算用であった）は 1956 年にならないと出てこない．おそらく，当時は実際にチューリングテストに合格するプログラムを実装することは念頭になく，知能の本質を議論するための仮想の舞台であったと思われる．

1956 年にはマッカーシー (McCarthy)，ミンスキー (Minsky)，ロチェスター，シャノン (Shannon) の呼びかけでダートマス会議 (Dartmouth Conference) が開催される．その提案書で初めて “Artificial Intelligence” という用語が使われたとされている．

その後 1966 年にワイゼンバウムによって発表された Eliza は実際に人間と会話するプログラムであったが，これとてチューリングテスト合格を目指したものではない．一応会話らしいやりとりをするものの，会話の中身を理解していないために，人間の側の思い込みがない限り数回のやりとりでボロをだしてしまう．ただし，Eliza の面白い点は相手の人間が，Eliza が実際の人間だと思って反応している限り，なかなか会話が破綻しないという点にある．特に Eliza の開発で想定されていた対話型心理療法を必要とする患者の相手をする DOCTOR というスクリプトはなかなか成功していたようである．

最近は実際にチューリングテストを行うコンテスト（ロブナー賞）が開催されているが，これもコンピュータチェスのようなゲーム感覚で行われているものであり，人工知能研究者が実際に解くべき問題としてアタックしていると思ってはならない．つまり，人工知能の“実問題”ではない．

初期の記号主義の考え方は，現在ではあまりにも単純であるとされがちであるが，時代背景を考えるとかなり先見の明を持った観点と言うべきである．先にも述べたようにコンピュータの出現とほぼ同時に始まった知能観であることが大事である．人間以外の最初の記号処理機械に知能の可能性を見たのは，当時の機械的知能観からすれば当然のことであったと思われる．

生物学の分野における当時の知能観はどのようなものであったのか振り返ってみよう．

パブロフが犬の条件反射という学習能力を発見したのはチューリングテストから遡ること約50年前のことである（研究成果の出版は1923年）．餌を見ると唾液が出るというような生得的な無条件反射の他に，餌を与える度にベルの音を鳴らし続けているとベル→唾液という反射が形成される．これが条件反射である（パブロフがこれに最初に気付いたのは1902年らしい）．

ユクスキュルは1920年代に「環世界」（詳細は3.6.1項，64ページ）という概念を提唱した [UK73]．これは生物は環境を受動的に認識しているのではなく，自らが必要とするものだけからなる環境を自発的に構築しているという見方である．たとえばダニの環世界は以下のようなものである：

1. 光の来る方向に移動する（ダニの生息環境ではこの行為は灌木の枝に登ることになる）．
2. 酪酸の臭い（哺乳類の発する臭い）を感じたら落下する．
3. 温度が冷たければ（これは動物に落ちるのに失敗して地面に落ちたということ）1に戻る．
4. 暖ければ触覚を使い，毛の少ない場所から血を吸う．

これを機械的な反応だと思ってはいけないと，ユクスキュルは主張する．図3.1のように知覚世界も作用世界も主体の側にあるというのである．

ユクスキュルの，生物は環境全体ではなく，その一部を捉えて行動するという考え方は，一部の動物行動学者に引き継がれていく．

そして，ティンバーゲンの『本能の研究』[Tin51] が出版されたのが1951年である．ちょうど電子計算機の創世期に重なっているのは面白い．彼はイトヨの攻撃行動の観察から生得的解発機構の存在を発見した．

イトヨのオスは繁殖期に入るとメスを迎えるための巣作りをしてそこを自らの縄張りとしている．その縄張りに他のオスが入ってくると激しい攻撃行動を示す．しかし，この行動は実際にオスのイトヨではなく，下半分を赤く

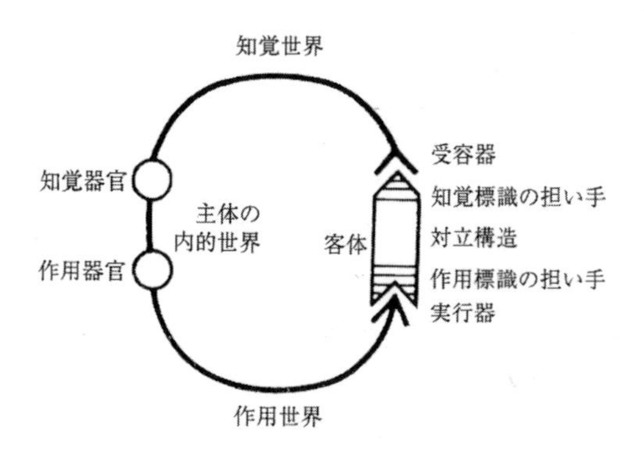

図 3.1　ダニの環世界

塗った木片でも解発される．彼はこれ以外にもヒナが親を認識する刺激なども観察し，様々な場面で解発刺激は非常に単純な構造を持っていることを示した．オスとメスの求愛行動も互いに相手の異性が解発刺激となった反応連鎖である．これらの発見は，一見複雑に見える行動も実はこの刺激と反応の連鎖にすぎない場合が多いことを示唆している．

ローレンツ [Lor52] は，卵から生まれたばかりのハイイロガンが初めて見た動く物体を親と思い込んでしまうという「刷込み現象」(39 ページ) を発見した．彼自身がハイイロガンの雛に母親と間違われて追い回されたそうだ．

この刷込み機構は実は様々な場面でもっと見えにくい形で，人間の成長にも使われているのではなかろうか．たとえば「おふくろの味」がそれだと思っている．我々は味で食物の適否を見分けているわけだが，これをあらかじめ遺伝子に組み込んでおくのは適切ではない．一つには情報量が大きくなりすぎることがある．学習メカニズムだけを組み込んでおいて，パラメータは後天的に脳神経系が成熟した後に獲得する方が良い．もう一つは環境の変化への適応である．遺伝的変化には少なくとも数十世代（あるいは数百世代？）程度の長い時間を要すると考えられる．しかし食物環境は，個体が移動すれば一世代のうちに変化してしまうかもしれない．このような速い変化に対応するのには学習が良い．人間は最初に食べたものしか食べないというような単純な刷込みはしないが，子供時代に食べた味がその後の嗜好を決めているのは事実である．

このように，動物の行動が機械的であることが発見されつつあった時代において，コンピュータで知能を実現できると考えたのは妥当であったし，知能の本質が記号処理にあると考えたのはすばらしい着想であったと言える．

3.2 知識の表現

しかしながら記号主義は，その研究が進むにしたがって次々に難問に突き当たることになる．最初のうち，たとえば自動翻訳は精密な文法と辞書さえあれば可能であると考えられていた．しかしながら，多義語の存在や構文解析の複数の可能性などにより，実際には背景知識がないと正確な翻訳は困難である．英語をロシア語に自動翻訳し，それをまた自動翻訳で英語に戻したら全く別の文になっていた[36]というのは有名な話だ．

また，初期のAIにおいては，少数のパラメータだけを変化させる物理実験のように，小さく制御された問題（積木の世界が典型例）を扱っていたが，やがてそのような制限（“箱庭”と呼ばれている）は知能の本質を捉えていないとう批判も出されるようになった．複雑な世界を捉えるのが知能であり，おもちゃの世界ではその本質が失われてしまうという主張である．また，以下で述べるように，多くの分野ではその解決に膨大な知識を必要とし，その範囲を限定した単純な定式化ができないこともある．

問題解決やパターン認識において知識の重要性が認識され，研究の中心は知識表現へと移っていった．ミンスキーはパターン認識をトップダウンに行うための知識表現手法としてフレーム表現を提案した．他にも心理学に端を発する意味ネットワーク，論理式による知識表現などが研究された．研究としてはこれらのハイブリッドを含め様々な手法が研究されたが，現在の様々な実用システム用の知識表現としてはフレームを基本とする表現が使われることが多い．

1980年代に入って実用になる知識処理プログラムを構築する動きが盛んとなった．これは従来からの知識表現の枠組がある程度実用になったことをうけて人間の専門家の知識をプログラム化し，高度な判断をコンピュータに行わせるものである．

ファイゲンバウムらによる伝染性血液疾患を扱ったMYCINは，初期のエキスパートシステムの成功例として有名である．MYCINはプロダクションシステムとして知られる，IF-THEN型の単純な互いに独立な規則群から構成されており，その後のエキスパートシステムの標準となった．このシステムは医師やインターンと同等以上の能力を示したが実用には至らなかった．その大きな理由は専門知識以外の常識を持ち合わせていなかったためと言われている．MYCINは，注射を打つと痛いというような，人間なら教わらなく

36) “The spirit is willing, but the flesh is weak”（新約聖書のマタイ伝の一節）という英語をロシア語に翻訳したものを再び英語に戻したら「酒はいけるが，肉はまずい」となっていたそうだ．

ても判っているような身体性に関する知識を持ち得なかった．そんな知識は入れればよいではないかと思われるかもしれないが，フレーム問題があって，必要な規則を完全に列挙することはできないのだ．システムが動作中に自ら学習するようにする必要があるが，身体性に関わる部分は人間と異なる身体を持つ機械には原理的に学習できない

最近ではコンピュータの高速化と記憶容量の増大により，知識表現の世界でも統計的手法はその実用性が高まっている．インターネット上の情報検索や大量のデータの統計処理による“知識発見”などに多く使われている．また，事例ベースのように抽象的知識ではなく具体的事例をそのまま記憶しておき，類似度を尺度として検索する手法や統計的手法なども重点的に研究されている．この方式はホーキンス [HB04] のいう大脳新皮質の機能に近いものと考えてよいだろう．

3.3 プランニング

積木の世界というのは AI の初期から重宝されてきた（箱庭型）問題設定である．単純であるが奥は深い．で，何がわかるのか？

人工知能研究の歴史を眺めてみると最初はチェッカーやチェスのゲームをプレイするプログラムが作られた．これには次の手を読むための探索とプラン作成や，プレイの経験から学ぶための学習機能が付いていた．やがてこれらが独立に研究されるようになった．そして，結局は対象領域の知識なしにこれらを知的にこなすことは無理だという結論に達し，知識をいかに獲得・表現・利用するかという研究が始まり，エキスパートシステムへの応用が盛んになり，知識工学と呼ばれる分野が誕生した．そして，知識を獲得・表現・利用するためには実世界とのインタラクションが重要であることがわかり，実世界で行動するロボットの研究へと情勢は移りつつある．

70 年代に中心的だったこのプラン作成の研究は現在ではかなり下火になっている．その理由の一番大きなものは，プラン作成の研究の中心的題材であった積木の世界への批判にある．おもちゃの世界で遊んでいても知能の本質は見えてこないという意見である．つまり，おもちゃの世界では現実世界に存在する問題が消えてしまうというのである．たとえば，積木をうまく積めるプログラムをちょっと大きな問題に適用しようとすると，その問題の複雑さの故に扱えなくなってしまうのである．つまり複雑さに対する配慮が全く欠

けているのである．

その指摘は正しい．しかし，本当に積木の研究で知能の本質は見えないのであろうか？私は，知能というのは非常に複雑なもので，そう簡単に本質を表さないと考えている．我々がいままで見てきたのは知能の様々な断片である．積木の世界で見えない側面が多いというのは確かであるが，そこで最も良く見える断面もあるのではないか．たとえば

ゴールへ近づくというのはどういうことか？
そこにどのような知能が要求されているのか？

という問題である．[37]

ハエや蚊を図 3.2 のような構造のガラス窓のある部屋に閉じ込めると窓の方へ飛んでいこうとして部屋から出ることができない．もし，知能がなければランダムに飛び回って偶然出られるかもしれない[38]が，知能が邪魔をして外に出ることができない．

鳥だとどうなるだろう？鳥にも知能はある．鳥も思考をしているし，意識を持っているはずだ．[Gri89] 都会のカラスは木の実を自動車のタイヤが通る位置に置いて，クルマに轢かせてから中身を食べる（私も経験した）．

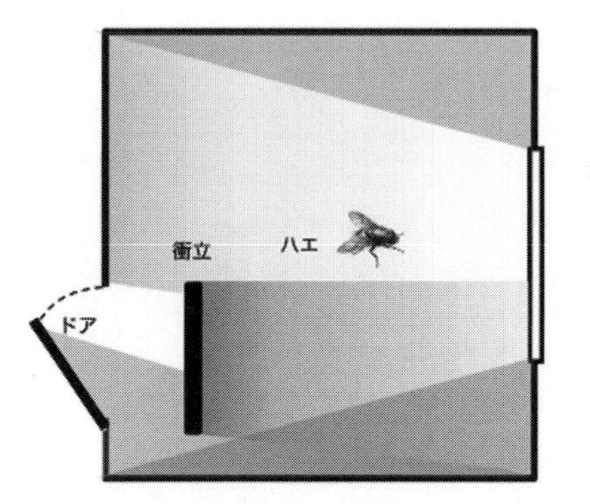

図 3.2 ハエの閉じ込め

昆虫や鳥が明るい方に飛ぼうとする性質を知能と呼ぶのに疑問を感じる人が多いかもしれない．単なる無条件反射ではないか？[39] ゾウリムシの走光性（明るい方に向かう性質）などはほぼ確実に無条件反射であると言える．鳥はどうなのだろう？ひょっとすると明るい方に飛んでいるのではなくて窓ガラスの向うに見える景色をめざしているのかもしれない．鳥のみぞ知るという

[37] AI にとって哲学が重要だと考える理由の一つがここにある．単純な問題でも，深く考察すると知能の本質が隠れていることがある．ただし，考察と妄想は紙一重なので注意が必要である．実際，我々の研究者仲間にも根拠のない理論で本を 1 冊書いてしまう人がいる．論文には査読があるが，一般書には専門家の査読がないのでこのようなことが時々起こる．

[38] 困ったらランダムに行動するという知能があってもよいし，実際それが有効な場面は多い．

[39] 「条件反射」はパブロフの犬を使った実験で有名な条件づけされた反射のことである．それに対し「無条件反射」（単に「反射」や「本能」と呼ばれることもある）とは生まれながらにして備わっている外界の刺激に対する反応のことである．目の前に何かが急に出て来ると目を閉じるとかいうのがそれに当たる．

ところであろう.

おそらく, 無条件反射, 条件反射, 判断による行動というのは, それを司る部位が異なりはするが, 知能という目でみると連続的なものなのであろう. いずれも環境により良く適応するための機構であるし, 後者ほど様々な柔軟性を持ってはいるが, 基本的には同じ目的のものであると考えられる. つまり, 知能という概念と, 自分の行動を理解, 意識することは通常結び付けて考えられることが多いが, 必ずしもそう考える必要はない. ここでは知能を広い意味でとらえて, 知能には意識が不可欠とはしないことにする. つまりどのような機構であれ (たとえ反射行動であれ) 生存を有利に導くものは知能であると考えることにする.

いずれにしても, ランダムな行動よりは目的を持った行動のほうが知的であるし, 通常はそのほうが成功の確率が高い. その意味で反射行動も知的である. たとえば熱いものにふれたときに, ランダムな行動を取るよりは, 熱いものから離れるのが通常は有利である. しかしながら, ときにはそのような目的指向性が裏目に出ることがある.「急がば廻れ」という格言が示すように, 遠廻りが実は正しい道だったりするのである.

特に探索問題ではときどき遠回り (評価値が一旦下がること) を許容しないと局所最適値から脱出できない. 遠回りと目標への接近の適切な組合せは重要かつ困難な問題で, 様々な場面で顔を出す. 焼きなまし法 (5.2.2 項, 89 ページ) や遺伝的アルゴリズム (5.8 節, 103 ページ) など様々な手法が工夫されているが, 決定打は無い.

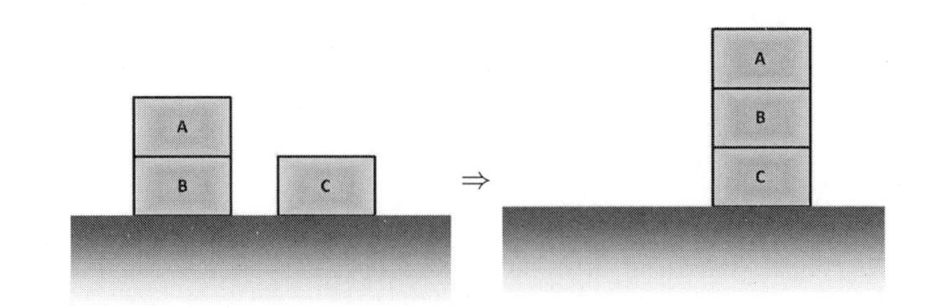

図 3.3 積木問題の初期状態とゴール

この遠回り問題は積木の世界で簡単に再現できる. プランニングで通常用いられる means-ends-analysis 法[40] では以下のような問題 (図 3.3) は解けない:

[40] 目的状態 (ends) と現状の差を検出し, それを縮める手段 (means) を適用することにより目的状態に近づく手法.

図 **3.4** 犬は餌をとるために遠回りできるか？

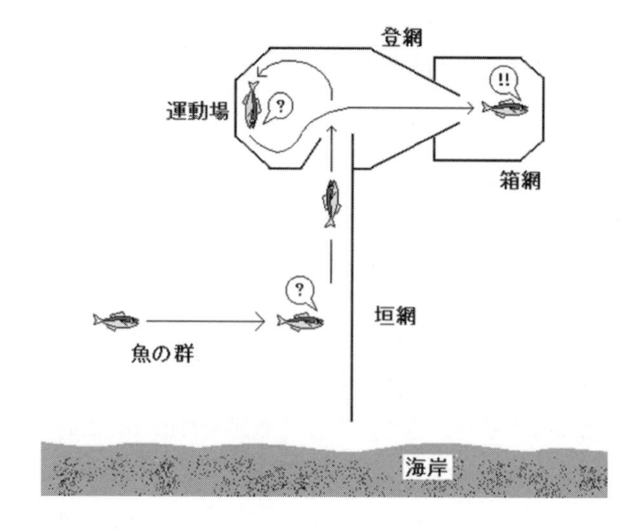

図 **3.5** 定置網 http://www.agri-kanagawa.jp/sagami/hukyu/teiti-ami.html

現状： (and (on A B) (on B table) (on C table))
ゴール： (and (on A B) (on B C))

これは図 3.3 の左の初期状態を右のゴール状態にするものであるが，(on A B) というすでに達成されているゴールを壊すことなくもう一つのゴール (on B C) が達成できないからである．つまり初期値がすでに局所最適点になっている．

このような単純な積木の場合は全部ばらしておいて下から順に積み上げるという方法もとれるか，一般にはそういうことは可能ではない．また，積木の問題でもアーチのような形を作るにはそういう手段はとれない．というわけで，できるだけ知的にプランを立てる方法を考えなければならない．

また，探索の遠回りを一旦許してしまうと，どこまで遠回りすればよいのか際限が無くなってしまう．図 3.4 のような状況を考えてみよう．餌までの最短距離は直進であるが，障害物があって進めない．点線のように遠回りが必要であるが，このような場合に犬はどうするのだろう？柵が短いとおそらく回り込むだろうが，たとえば柵の長さが 1km もあったらどうなるだろう？魚が定置網につかまるのも同じだ（いやこれは魚がバックできないだけか？）．鳥はどうなのだろう？鼠は？猫は？人間でも赤ん坊のうちは遠回りできないそうである．

3.4　フレーム問題の発見

初期の AI では，積木などの単純なドメインで，世界の状況を論理的に表現し，その上で推論するシステムが構築されていた．しかし，このシステムは「フレーム問題」と呼ばれている難問を発見することになった．フレーム問題は長い歴史を持ち，その本質も推移していくのだが，最初に発見された問題 [MH69] は，状況の記述には膨大な知識と膨大な推論が必要となることである．人間なら誰しも当たり前と考えているような “積木を移動しても，その色は変化しない” というようなことまで記述せねばならない．このような，行為と状態変化の関係については，記述するドメインに n 種類の状態（を表現する述語）が存在し，m 種類の行為が存在するとしたら，$n \times m$ 種類の記述が必要となる．この記述量が膨大になるとともに推論が遅くなるというのが問題である．

世界はその一部しか変化しないにもかかわらず，大量の不変の枠組（フレーム）を記述しなければならないのでこの名がある．つまり，フレーム問題とは “ある行為を記述しようとしたとき，その行為によって変化することがらと変化しないことがらをいちいち明示的に記述するのは記述，推論においてその量が指数関数的に増大する” というものである．

この問題はプログラムを書こうとして初めて発見されたものである．哲学者より先に人工知能研究者が発見した [MHM90] という珍しい例である．

その後の研究により，そもそも単一の規則すら，例外が多くて書き切れないという「一般フレーム問題」に発展した．行為の前提条件の記述を問題にする「限定問題」(qualification problem) と，行為の結果の予測を問題にする「波及問題」(ramification problem) がある [Den87, 松原 90] が指摘されている．詳しい議論は 6.7 節（127 ページ）で行う．

一般フレーム問題の完全な解決とは，行為の前提条件や帰結の記述の量，および行為の影響範囲の推論の量をともにある一定の範囲におさえ込みながら，なおかつ，いかなる場合にも行為の影響に関する完全な推論を行うことを意味する．行為の影響は，状況の変化の影響を受ける上に，状況というのはほとんど無限のバリエーションを持っていることを考えるとこの要請の充足は不可能に思われる．実際，人間にも解決できていないのだが，通常は間違った予測が致命的にはならないため，間違いから学習し規則を改善していけばよい．この意味で，人間を初めとする環境と相互作用するシステムではフレーム問題が存在してもかまわない．つまり，それでもうまく振る舞える場面が多い．

3.5 ニューラルネットワークの台頭

パターン認識という分野は人工知能の初期から盛んであったが，記号主義による知識表現と推論の研究が行き詰るとともに，注目を取り戻した感がある．特に多層パーセプトロンの学習理論（バックプロパゲーション）により PDP [RM87] が実用化されてからは，従来の狭い意味でのパターン認識のみならず，言語など記号処理の範囲にまで踏み込んだ研究が行われるようになり，その動向は Deep Learning（深層学習，5.2.4 項（89 ページ））に受け継がれている．[41)]

41) 人工知能学会誌 vol.23 no.3(2013) から vol.23 no.4(2014) にかけて解説が連載 [神嶌 13] されているのでくわしく学びたい人はそちらを．

それにともない，このようなパターン認識から記号処理の入り口までの環境認識部分にこそ知能の本質があるという主張も見られるようになった．

記号とは，なんらかの基準により世界を同値類に分けた結果であり，同一性の判定のみが基本となる．つまり，二つの記号は同一か異なるかのどちらかであり，近い／遠いという距離の概念は本来持ち合わせてはいない．もちろん，なんらかの尺度（距離空間）を持ち込むことは可能であるし，概念学習プログラムとはそういった空間の学習だと考えてもよい．

また，記号は単独で用いられることは少なく，組み合わせて構造を造る．この構造間にも遠近の距離が定義できる．たとえば同じラベルのノードやリンクの数など，構造上の類似性を使うのである．この距離をうまく定義すればよいのだが，残念ながら自明な解は少ない．ノードやリンクの種類にも影響され，本質的な距離の定義にはなっていないことが多い．

一方，パターンとは類似性の概念のみが定義された世界である．二つのパターン間には自然な距離が定義されていることが多く，また両者が同一であることは稀である．複数のパターンを重み付きで加算することが可能であり，パターンの合成や変形ができる．この操作を利用して任意の位相を学習させることができる．これがニューラルネットワークの原理である．このようにしてパターンを同値類（記号）に分類する操作を「パターン認識」という．

このような場合に威力を発揮するのが，生物の神経のモデルを学習に応用したパーセプトロン（図 3.6）であった．入力層と出力層の間に中間層を設け，各層には閾値を持った素子を配置する．それらの間を重みのある線で結び，この重みを変更することにより入力層の情報を適切に変換して出力することを学習する．パーセプトロンによるパターン認識も盛んに研究された．しかしながら中間層を 1 層に限定したパーセプトロンの学習能力が線形分離可能なものに限定されていることがミンスキーとパパート [MP69] によって証明されて以来研究が下火になった．

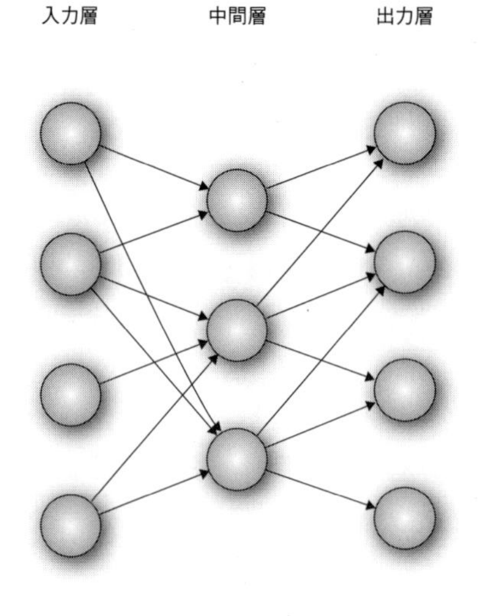

図 3.6　パーセプトロン

また，実際のパターン認識は素直にシーンから記号という方向に進むわけではない．実際のシーンからのボトムアップな特徴抽出の他に記号表現を用いたトップダウン予測（たとえば “ここは部屋だから天井や壁があるはずである”とか，“角から伸びる直線（辺）は次の角まで続いているはずである”とかいうような知識に基づく予測）を併用しないと良い結果は出ない．実際，我々人間は細部の観察の前に全体を把握しているようである．

フレーム理論 [Min75] は記号の枠内でこの問題を解こうとしたものであるが，ニューラルネットワークを用いれば自然にトップダウンとボトムアップの情報経路の融合がなされる．[HB04]

1980 年代になって，一度捨てられたパーセプトロンがコネクショニズム（結合主義）として復活する．下火であった間に甘利や他の研究者らによって多層のパーセプトロンの学習原理として誤差逆伝播学習が発見されており，一層のパーセプトロンの学習の限界を越えることが可能になっていた．ローゼンブラットはこの分野を新たに PDP(Parallel Distributed Processing) [RM87] と命名し，ニューラルネットワーク研究の火付け役となった.「PDP」,「コネクショニズム」,「神経回路網」と様々な名前でも呼ばれるが同じものである．コネクショニズムの特徴は，入出力ともに実数の組として表現され，記号を陽に扱う必要がない点にある．しかしながら，中間層には内部表現に相当するものが自動的に形成されることから複雑な構造（たとえば言語）の学習も可能であるとみられている．特にエルマンネットとも呼ばれる，出力を入力に戻した再帰的な構造を持ったネットワーク（図 5.6）は時系列学習が可能で言語文法などの学習能力を持っているとされている．

1990 年代に入ると実世界（あるいは環境）を認識し記号に落した後，その記号のみを操作して推論を行うという古典的 AI の図式（この図式においては記号処理もコネクショニズムも同じ）に疑問が提唱されている [中島 96b]．大別して以下の二つの議論がある：

1. 実世界を認識し，記号に落す過程のほうが知能にとって重要である．これはパターンを認識するという一方向ではなく，記号から実世界の対象へと戻ること（「記号接地問題」(symbol grounding problem) [Har90]）を含んだ豊富な操作である．AI で記号接地問題が採り上げられる理由は，身体性の無い知を扱おうとするからだ．記号だけを扱っていても知的にならない．だから現実世界に接地させる必要がある，
2. 記号の操作は推論の一部にすぎない．残りの部分は実世界で行われる．実世界との相互作用を保った推論方式が必要である．これはロボットに代表されるような，感覚器や効果器（外界に作用を及ぼせるもの）を含んだ系として知能を考えるべきであるという主張である．心理学の世界で

も環境の持つアフォーダンスを重視する考え方が台頭している．

このような外界との相互作用を重視し，外界に関する完全な情報を持てないこと（情報の部分性），それを処理するための無限の時間を持てないこと（処理の部分性）を前提にした知能の設計手法が盛んに研究されている．つまり，知識（情報）や推論時間が限定された状況でいかに最大限うまくやっていくかという行為主体（エージェントと呼ぶこともある）の視点に立脚した新しい考え方が求められている．完全処理のアルゴリズムではなく，適切な部分処理を行うヒューリスティクス (heuristics) が重要である．物理学を中心として“複雑系”世界観が台頭してきたが，これも，完全予測を前提としないという意味で上記の知能観と通じる観点である．

3.6 環境との相互作用の重視

3.6.1 環世界

ユクスキュル [UK73] は環世界という概念を提案した．生物と無関係に外に存在する世界ではなく，生物が自己を投影した形での世界を環世界と呼び，これが生物の生きる環境となるというのである（65 ページ図 3.7）．

日本語の「環境」は，英語で “environment”（包み込むもの），ドイツ語で “Umgebung”（周囲に与えられたもの）である．環境とは，一般的には主体とは別に客観的に存在するものと考えられている．ユクスキュルはこれを “Umwelt”（環世界）[42] と呼んで，主体が積極的に作り出すものだという立場をとっている [日高 07].

一番面白いのはヤドカリの例であろう（図 3.7）．ヤドカリがイソギンチャクに出会った場合，自らの状態に応じて 3 通りの反応がある：

1. ヤドカリの家である貝殻にイソギンチャクが付着していない場合（カモフラージュが必要）：カモフラージュのためにイソギンチャクを殻に付ける；
2. ヤドカリが裸の場合（家が必要）：イソギンチャクを家にする；
3. 貝殻にイソギンチャクが付いている場合（住環境は満足）：餌としてイソギンチャクを食べる．

つまりヤドカリの視野にある同じ円筒形の対象物が,「そのときのヤドカリの

[42] ユクスキュル (Uexküll, 1864–1944) とほぼ同時代のハイデガー (1889–1976) も “Umwelt” という用語を使っているが，こちらは「環境世界」と訳されている [Hei27]．ハイデガーはユクスキュルに影響を受けていたらしい．ハイデガーが「世界内存在」というときの「世界」はユクスキュルの言う意味での「環世界」，つまり主体が自ら作り出した世界，だと考えてよさそうだ．

気分によってその意味が変わるのである」（[UK73] p.89）.

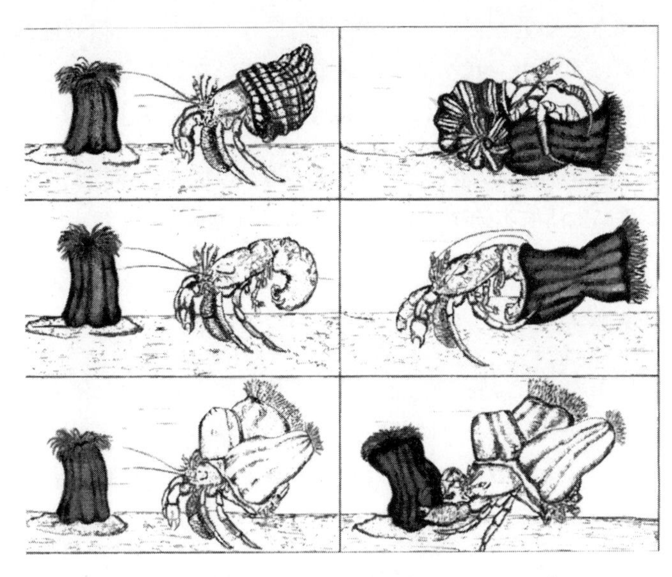

図 3.7 やどかりの環世界（[UK73] p.89）

インタフェースの世界では，アフォーダンス [Gib85] が話題にされるが，私は環境の側（だけ）に情報があるというこの考え方は理解できない[43]．環境（イソギンチャク）がすべての行為の可能性をアフォードしており，主体（ヤドカリ）はそれをピックアップするだけだというのだが，ヤドカリにも上記以外に様々な気分があるだろうし，ヤドカリ以外にもイソギンチャクに関心をいだくものは多い．それらをすべての組み合わせをあらかじめアフォードしているというより，ユクスキュルのように，主体が環世界を形成していると観る方が素直に感じる．

43) 禅問答に，拍手をしたときに音を出したのは右手か左手か，というのがある．私にはこれと同じ議論に思えてしまう．

なお，アフォーダンスという概念は，環世界と説明事例は異なるものの，本質的には同じ主張であると私には見える．環世界のほうが先に提唱されているのだが，ギブソンの著書にはその言及は見当たらない．

3.6.2 アフォーダンス

1940 年代にギブソンの提唱した概念で，認知について，外界と認知システムという区別を否定し，両者を一体と見なす考え方を提唱している．外界の情報を入力システムが内部表象に変換し，それを認知システムが解釈するという古来の考え方ではうまく説明できない現象が，視覚システムなどで観察できる．たとえば人間は対象の傾きに関して，自分との相対傾きではなく，地面との相対傾きを知覚している．網膜像は自分と対象との相対位置の変化を反映しているはずだが，我々はそれを知覚していないのである．

『認知科学辞典』[認知 02] によれば,「アフォーダンス」とは

> ギブソン (Gibson, J. J.) による生態心理学に固有の用語であり，環境がそこに生活する動物に対して提供する「価値」や「意味」のこと．

とある．歴史的にみると，環境からの刺激を生体がその内部に取り込んだ後のことだけを問題にしていたそれ以前の知覚の考え方：

> 「感覚作用の性質は特定の受容器の興奮の性質であり，それを興奮させている刺激の性質ではない」とし，受容器を興奮させる原因となった情報は受容器を通過したり，神経システムの中にはいることができないとしていた．

に対するアンチテーゼとして発展している（[佐々木 01] p. 9）．当時の視覚研究において網膜は外界の情報を写したものであり，認知システムは網膜情報のみを用いて知覚を行っているという考え方が主流であった．しかし，網膜像を外界の表象と考えると，地面との相対的な傾きは知覚できないはずである．ギブソンの貢献はその考え方からの脱却にある．アフォーダンスは環境の中にあり，認知主体はそれを探すだけだと言うのである．

佐々木らの本 [佐々木 01] には人間がいかに優れた感覚器官を持っているかの例がたくさんのっていて，それ自体は非常に興味の惹かれる事例である．熟練工などは素人には判別できない環境のアフォーダンスをピックアップできるというのである．

しかし，これでは振り子が反対に振れすぎで，相互作用の一方が消えてしまっている．認知主体だけでなく環境を重視するのはよいが，環境のみを考えるのは行き過ぎではなかろうか．認知は外界と認識システムの相互作用によって行われるので両者を含む系全体で認知は規定されると考えればよい．私には，なぜ熟練工と環境との相互作用として捉えないのか不思議である[44]．

44) これに関しては佐々木正人とも，またその弟子で，はこだて未来大の伊藤精英とも議論したことがある．しかしながら，互いに意思の疎通ができなかった．

雪の色の見え方を考えてみよう（4.2 節，74 ページ）．雪は白く見える．ところが，スキー場で赤色のゴーグル（悪天候用）をかけると雪面はピンク色に見える．しかし，そのまましばらくするとなんと白に戻るのである．雪は

白の他にピンク色をアフォードしているのだろうか？そして我々は場合に応じて違う色をピックアップしているのだろうか？ゴーグルをかけた瞬間にはピンクをピックアップし，しばらく後には白をピックアップしているのだろうか？そのように言うことは可能かもしれないが，それは説明になっていない気がする．雪の色が違って見えることの説明には，やはり我々の脳（あるいはカメラ）の内部の調節機構を仮定した方が素直だろう．ただし，眼への入力が物理的波長だと思うと困ったことになる．白に戻ることが説明できない．その環境（たとえばスキー場）全体や，我々の経験を考慮に入れなければならない．赤色のゴーグルを通しても雪が白に見えるのは，雪は白いという我々の知識がそうさせているに違いない．

もう一つ例を考えてみよう．自動車と違い，船や航空機では絶対速度（地球に対する速度の意味で用いている）を直接知ることのできる速度計は存在しない．計器は周辺の空気との相対速度を測れるだけである．GPS やコンピュータシステムにより自動計算することは可能である．しかし，直接物理的に計るのと，コンピュータが内部表現を用いて計算するのとは区別して考えなければアフォーダンスの議論はできない．同様に船の場合，海水に対する速度を測ることはできるが，これは絶対速度から潮の流れの速度を引いたものでしかない．

このような絶対速度の情報は，環境はアフォードしてくれないわけである．つまり，直接知覚はできない．他の内部表象の操作で作り出すしかない．つまり，情報が環境の側にしかないとする考え方は行き過ぎなのである．

3.6.3　オートポイエシス

マツラナとバレラはハトの視覚の研究から，脳に投影される視覚像は必ずしも外界に対応物を持たないということを発見し，オートポイエシス (Autopoiesis) [MV80,MV87]（8.4 節，170 ページ）という考え方を提唱した．これは，システムはそれが情報として取り込む範囲を自ら規定するという考え方であり，システムと環境との物理的な境界をシステムの境界とは考えるべきでないというものである．ある意味で環境とシステムが一体となって視覚などの認知が起きている．

同じ頃，AI の分野では状況理論，状況依存オートマトンなどの研究が盛んになり，知的主体内部の知識表現より知的主体と環境との相互作用を考える動きが出てきた．ブルックス [Bro91] が提案した服属アーキテクチャ(subsumption architecture) もこの流れの上にある．これは，知識表現を使うことなく，環境との相互作用（特にリアクティブな反応）だけでかなり知的な行動が生み出せるとする考え方であり，ブルックスらはこれを実装した昆虫ロボットなどを構築した．

情報が並列に処理されるという服属アーキテクチャの考え方は，人間の脳の構造にも類似している．外界からの入力はまず扁桃体に入るが，そこで大脳辺縁系と大脳皮質の 2 系統に分かれる．辺縁系では快・不快程度の精度は粗いが素早い判断が行われる．一方，大脳皮質では概ね本書で問題にしているような様々な高次の判断が行われる．後者は，精度は高いが辺縁系の判断より遅い．

環境との相互作用を重視するロボット研究は日本でも盛んに行われ，たとえば國吉らのアンドロイドは，起き上がりなど，従来の歩行を基本としたロボットの動作とは一線を画する動きを追求している．アンドロイドは人間の体と同様に多くの自由度を有している．特定の作業を行うためにはこの自由度を制限することが重要であることがわかっている．

しかしながら，これらの内部モデルを持たない知能が達成できる知的作業には限界があることもわかってきた．知識の表現や推論を用いないブルックスのロボットは昆虫程度の知能は実現できても，それ以上にはなりえない．

3.7 柔軟な知能を求めて

知能の本質の一つに，新しい状況への柔軟な対応という要素がある．ティンバーゲン [Tin51] やローレンツ [Lor52] が発見したように，下等動物は，あらかじめ定められた反応しかできないものの，一定範囲の環境内ではうまく生きていける．主体と環境（他の個体を含む）との相互作用という観点を抜きにして，いくら主体の構造や性質を調べても本質にはたどりつけない．

最近の先端的ロボット研究者たちは，もう少し過激な異見を持っていて，知能は個体と環境の総体の中に存在すると主張している．たとえば國吉は知能を，

変動する複雑な環境中で安定に目標を達成する行動を生成する能力

と定義している（ [浅田 06] 第一章）．

「からくり儀右衛門」と呼ばれ，江戸時代から明治にかけて活躍した田中

久重という発明家がいる．茶運び人形，弓引き童子，和時計を始めとする精巧な機械仕掛けで有名である．たとえば彼の茶運び人形は茶を運んで来て止まり，人間が茶を取って呑み，その後茶碗を戻すとUターンして戻っていく．しかし，いかに精巧に作られていても相互作用が定められた順序でなければ破綻してしまう．このあたりはティンバーゲンらが観察した魚や鳥の本能的行動に似ているのではなかろうか．人間の免疫系が過剰反応してしまい，花粉症になったり，移植された臓器を攻撃してしまうのも，同様に想定外の事態だからだと考えられる．長い間の進化で想定されていなかった事態なので，対処できないのだ．

ここで皆さんに考えてほしい．高度な知能とは，そのような想定外の事態にも対応できるものでなければならないのではないだろうか？つまり，柔軟な，臨機応変の対応こそが知能の本質ではないのか？

実は，これとは全く逆の見方もできる気がするのである．人間の高次機能を含め，程度の違いこそあれ，結局は皆機械的反応をしているという見方である．特に脳の機能をその構成分子の構造に帰着させる物理還元主義を採るとこの見方になる．自由意志というものは存在せず，機械的な反応，ただし大変複雑な反応だけがあるのではないか？

この問いに答えを持っているわけではない．あるいは「知能は機械仕掛けか否か」という問い自体が無意味なのかもしれない．つまり，それは不可知のことなのかもしれない．我々が複雑なプログラムを書き上げたときに，それはプログラムされた動作しかしないと考えるのか，あるいは個々の事態への対応はプログラマの予測を超えているから，もはや機械的動作ではないと考えるのか？

後者の立場を説明するには，サイモンの蟻の例え [Sim96] が良いだろう．地面を歩いている蟻の軌跡は非常に複雑である．しかしながら，それを生成している蟻の行動原理は非常に単純だというのである．地面を歩く蟻の軌跡は複雑であるし、障害物をたくみに避け，しかも最短経路をたどっているように見える．しかし，蟻は地面の高低差や障害物を避け，単に歩きやすい方へ動いているだけなのだ．地面の構造の複雑さが軌跡に反映しているのだ．つまり主体の複雑さではなく環境の複雑さが見えているのである．いくら蟻の内部構造を調べてもこの複雑さを生み出す機構は見つからない．

ここで大事なのは二つの階層の異なる視点の存在である．実際の行動の層と，それを生成している仕組みの層である．片方の持つ性質は他方に還元できるとは限らない．これはティンバーゲンやローレンツの視点に近いものと言えよう．生物が単体で知的なのではなく，生物と環境の相互作用系が知的なのである．

たとえば最近ミツバチの知能が，その構造（脳の神経細胞の少なさ（約100万個），あるいはそれを形作るDNA量の少なさ）に比べて非常に高いことが注目されているが，この答えは脳の神経回路の作り替えにあるかもしれないという研究がある．我々は動的積層アーキテクチャ[NN98]としてこれに類似のものを従来より提案していた．特定の環境で特定の作業をしている間は服属アーキテクチャを用いて効率の良い動作をし（これはアンドロイドが体の自由度を下げて動作することと同じである），環境や作業の変化にはシステムの変更で対応するのである．これは人工知能において古くから研究されているフレーム問題の解にもなると考えている．

環境や問題に応じた情報処理アークテクチャを構成することはそれ自体が一つの課題である．そして変化の認識がもう一つの課題である．これらは単一の層では実行不能であるため，多層システムの構築が必要である．

最大の問題は環境の変化の認識である．つまり，現在のアーキテクチャやプログラムが適切でない場面になったことを自ら認識し，新しい構造に作り変えることが最大の研究課題であると考える．人間ですら最初からできるわけではないので，学習も必要である．

この問題（仮に「状況適応問題」と呼んでおく）の困難さは以下にある．現在の認識技術は広い可能性から絞り込む方向にできている．たとえば顔認識であれば，一般的な顔から特徴認識により対象を絞り込んでいく．つまり，男か女か，大人か子供かわからない状態で子供男性用の顔認識プログラムは適用できないので最初は一般的な認識プログラムを使うわけである．したがって，この方向は状況適応問題には使えない．システムやロボットが特定の状況で効率的に動作できる理由はその状況に特化したアーキテクチャを用いているからである．そのアーキテクチャの下で一般的認識を行うことは困難あるいは不可能である．先に述べたように多層のシステムを構築し，階層間を自由に行き来できるシステムが必要とされる．

3.8　集団の知能へ

前節の流れにも若干見えていたが，個別・静的知能から集団・動的知能へと研究対象が変化してきた．この傾向は1980年代後半に始まる．最初は米国における分散人工知能 [Huh87, GH89, 大沢 92] として成立した．複数のレーダーなどから別々に得られるセンサ情報から，いかにしてまとまった一つの情報を抽出するかというのが初期テーマであった．徐々に複数の知能の相互作用を扱う研究分野へとシフトし,「マルチエージェント」研究が世界的に立ち上がった．日本でもマルチエージェントと協調計算研究会（予稿集が [中島 93a] に始まるシリーズとして出版されている）が中心となって活動している．

この時期，人間の知能を扱う認知科学の分野でも分散認知 [中島 94] の研究が盛んになってくる．たとえば，飛行機のコックピットなどで複数の人間がチームとして一つの仕事をする研究などが有名である．分散認知という場合には他人の能力や記憶を使うことのほか，環境に外在化した記憶（つまりメモのようなもの）も対象とする．環境との相互作用（3.6 節，64 ページ）を扱う方向への流れとも一致している．

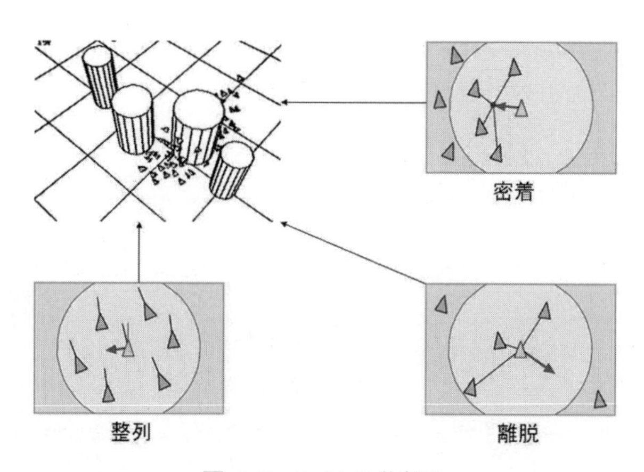

図 **3.8**　boid の仕組み

人工生命研究の流れにある boid [Rey87] は簡単な規則で鳥の群れの飛行をシミュレートできることで話題になった．ビルの谷間を抜けていく鳥がビルを避けつつ離合集散する様が再現されている（図 3.8）．boid の動きは単純な三つの規則からできている．

1. 整列 (alignment)．周辺の個体と同じ向きを保とうとする．
2. 離脱 (separation)．別の個体や障害物に近づきすぎると離れる．
3. 密着 (cohesion)．周辺の個体の重心に近づこうとする．

これだけで一見，鳥の集団と同じような動きが再現できるのである[45]．ただ

[45] boid というのは「鳥もどき」(bird-oid) の意味からの命名である．

し，実際の鳥は前の鳥の翼が作り出す渦の上昇気流側に位置して省エネを計るなど，もう少し賢いことをしているようではあるが．

私が北海道大学水産学部名誉教授の佐藤修氏に直接伺った話だが，彼の観察では魚群の振舞いはboidのような単純なものではないらしい．彼によると，魚群は群れ全体の大きさで行動しているというのだ．鰯の群れは網目が30cmある網をとおり抜けず，それに沿って泳ぐという．個々の鰯の体調は10cm程度だから，30cmの網目は存在しないがごとく簡単にとおり抜けられるはずなのにそうしない．群れが群れとして判断して，群れ全体の大きさの一匹の魚のように振る舞っている[46]というのだ．これはまだ科学的に確認された観察ではないが，もし正しいとすれば非常に示唆的な現象と言えよう．マルチロボットで実現できるだろうか？

46) 常にそうだというわけではない．たとえば方向転換は各魚がその場で反転する．頭の位置の魚が尻尾の位置の魚と入れ替わるわけではない．

Swimmyという絵本がある．ここに出てくる小魚たちは大きな魚に虐められて（食べられて）いたが，ある日団結して群れとして大きな魚の形になって泳いで敵を追い払うのである．この集団（図3.9）はまさにここで考えている集団の知能そのものではなかろうか．

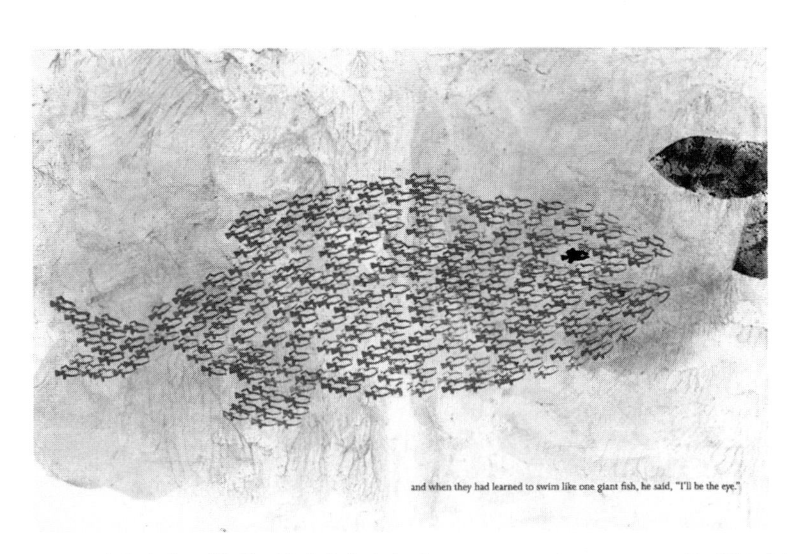

図 3.9　大きな魚の隊形で泳ぐ小魚たち (*Leo Lionni:Swimmy* Kindle版より)

4 認識

私たちは外界をどのようにして認識しているのだろう？この疑問は人工知能の初期から扱われてきた．初期の研究ではパターン認識が中心となっていたが，徐々により広範囲の問題へと発展してきた．

私自身はパターン認識の専門家ではないので，あまり深入りせず，この分野の地図を描くだけに留めておきたい．

4.1 パターン認識

人工知能の分野では，ある程度実用化されるようになるともはや人工知能の研究とは見なされなくなるというジレンマがある．パターン認識はその最たるもので，初期の人工知能国際会議 (IJCAI[47]) では盛んに発表されていたが，1980 年頃から別の学会として独立している．文字認識は郵便番号や宛名の自動読み取りとして実用化されているし，顔認識プログラムはデジカメにも組み込まれていて，FaceBook などでも使われている．ただしデジカメは誰の顔かではなく，画像から顔の部分を切り出したり，笑顔を認識したりする機能だが，あらかじめ覚えさせた所有者や知人の顔を自動認識できるようになるのは時間の問題であろう．FaceBook では，かなりの割合で登録者の顔が自動識別されている．

クルマも，道路をある程度認識して自動運転できるようになっている．カーネギーメロン大学の金出武雄らのチームは，1995 年にアメリカ大陸を 98 %自動運転で横断することに成功している．使われた NAVLAB 5 号車は 5,000km を時速 80–120km の速さで自動運転した．これらの自動運転には視覚だけではなく，レーダーや GPS などのセンサも使われている．広義の AI（弱い AI）ではあるが，人間と同じ仕組みの構築を目指す AI（強い AI[48]）とは一線を画している．

47) IJCAI は International Joint Conference on AI の略称．

48) 「弱い AI」と「強い AI」という言い方はサールが『中国語の部屋』[Sea80] で持ち出した区別．弱い AI は知的な作業をこなせればよいが，強い AI は人間と同等の意識までを持つことを含意している．サールは弱い AI は達成可能だが，強い AI は原理的に実現不可能であると論じた．ここではサールよりは若干弱い意味で使っている．

自動車専用道路に限れば近いうちに自動運転が実用化されそうである．しかしながら，一般道では道路やクルマ，人間などに関する知識を持つことは必然であるし，道路網上で障害物を回避しながらクルマをナビゲートするにはプランニングも必須である．それらの部分には AI のほとんどの問題が詰まっていると考えてよい．

クルマや家などの物体を認識する場合には，照明，角度，距離などによって見え方が異なるなど，様々な問題があるが，これについては 6.8.5 項（137 ページ）で詳しく述べる．

4.2　人間の視覚

人間の視覚野は後頭部にあり，大脳皮質の面積の 1/3 程度を占める（サルでは半分近いそうである）．つまり，視覚というのは人間にとって最も重要な外部入力であると言っても過言ではない．

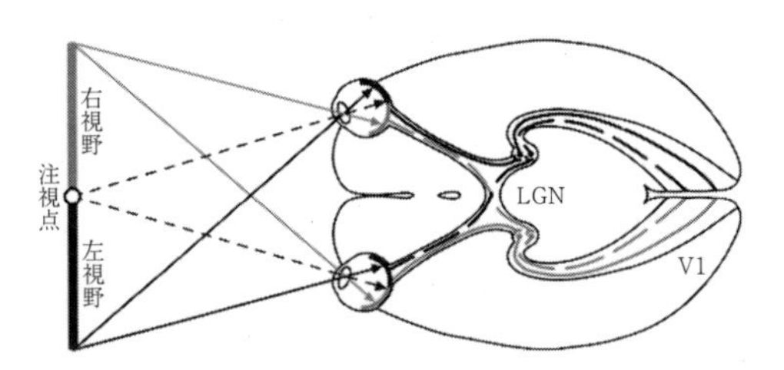

図 2-3　世界は脳にどう投影されるか．左目網膜の左半分（耳側）のニューロンは左脳に投射し，右半分（鼻側）のニューロンは右脳に投射する．一方，右目網膜の左半分（鼻側）は左脳に投射し，右半分（耳側）は右脳に投射する．この結果，左目経由であれ右目経由であれ，視野の右半分の情報は左脳に送られ，視野の左半分の情報は右脳に送られる．LGN：外側膝状体，V1：一次視覚野

図 4.1　V1 視覚野（ [藤田 11]Kindle 版より）

両眼からの視覚情報は先ず後頭部の V1 と呼ばれる視覚野に入る（図 4.1）．この V1 視覚野では提示の特徴抽出が行われる．ここでは局所表現が使われており，たとえば縦，横の他に斜めの様々な角度といった特定の方向に反応する細胞群が発見されている（図 4.2）．図のそれぞれの縦切りの層（手前から後ろへ）が異なる角度の視覚刺激に対応しており，同じ層内では右目と左目の情報が交互に並んでいる．左右の層は網膜中の異なる位置に対応している．

藤田らは，このような角度などの単純な特徴以外に，特定の視覚的特徴（たとえば物体の角など）に反応する細胞が集まって視覚野にコラム構造をとっていることを発見している [藤田 11].

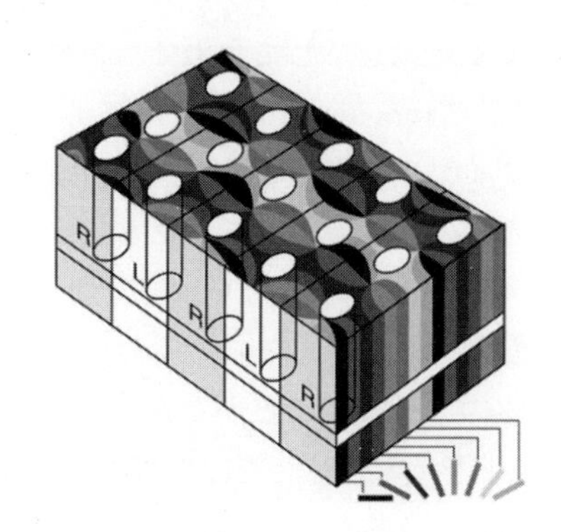

図 4.2　V1 視覚野のコラム構造 [藤田 11]

問題は，このような構造がより高次の記憶にも見られるかということにある．もちろん，視覚野とか言語野という超大域的構造があるのは分かっているし，有名なペンフィールドの脳地図（図 4.5，79 ページ）に示されているように，指や唇，眼，舌といった各々の体性感覚を司る部位が局在していることも分かっているが，中間の構造に関してはまだ謎の部分が多い．

視覚は外界の情報をそのまま脳内に再表現する受動的なプロセスだけではない．主体の状態や目的，あるいは思い込みといったような，主体からの働きかけが存在する．実際，環世界（3.6.1 項，64 ページ），アフォーダンス（3.6.2 項，65 ページ），オートポイエシス（8.4 節，170 ページ）といった，主体と環境の関係についての理論を提唱しているのは視覚の研究者に多い．

たとえば色を考えてみよう．虹のスペクトルのように，色とは物理的波長のことだと思われるかもしれない．波長が関係していることは間違いないが，しかしながら波長そのものでもないことは様々な心理実験から知られている [MV87].

すぐにできる簡単な実験としては茶色や青い色のついたサングラスを掛けて白い紙を見てみればわかる．最初のうちは少し茶色あるいは青がかって見えるが，時間が経つにつれて白に戻らないだろうか？スキー場で黄色や赤っぽいゴーグルを掛けたときも，最初は雪が黄色や赤みがかって見える．しかしいつの間にか白い雪面に戻っているのを経験したことはないだろうか？波長という意味ではサングラスやゴーグルを通して来る光はやはり赤みがかっているはずである．しかし脳が紙や雪は白いということを覚えていていつの間にか補正してしまうのである．

最近のデジタルカメラにはホワイトバランスという機能がある．カメラの撮像素子は波長をそのまま記録してしまうので，自分の目に見えた色と写真の色がずれることがある．これを補正するのがホワイトバランスの機能だ．晴天，曇天，室内などのダイヤルで調節するが，最近はオートバランスの機能を持つカメラも多く，人間の目に近づいてきたと言えよう．

他にも様々な錯視の例があり（ [藤田 13] に豊富な例示がある），人間の視覚について様々なことが明らかにされるとともに，とてもカメラのように外界をそのまま写しているのではないことがわかる．図 4.3 を見ていただきたい．左右は同じ写真の上下を反転させただけのものだが凹凸が逆に見える．これは光は通常上から来るという経験が我々の視覚に影響を与えている（助けている）からだと考えられる．同様に，図 4.4[49] の大沢崩れは膨らんで見えないだろうか？これも光源が後ろではなく上にあると仮定すると理解できる．

49) 図 4.4 はエアラインの窓から私が撮影したもの

図3-3　銅の鏡　**銅鏡の裏面の細工を撮影した写真。左側は模様がでっぱって見えるが右側はひっこんで見える。右側の写真は、左側の写真を上下反転したに過ぎない**

図 4.3　光は上から来るという知識が凹凸を見せている（藤田 2013 [藤田 13]Kndle 版より）

人間のメンタルローテーションに関する研究がいくつかある（たとえば [高野 87]）．心理実験で人間が画像（たとえば人の顔写真）の認識あるいは照合にかかる反応時間を測ると，正立像では反応が速いが画像を回転していくと，その回転量に応じて時間がかかるようになる．頭の中で実際に像を回転させて照合しているのではないかというのである．

図 4.4 航空機からの富士山．通常とは異なる角度で見ると大沢崩れが膨らんでいるように見える

4.3 脳科学のアプローチ

脳の解剖学的構造は様々な手段で研究されてきた．主に事故や戦争で脳に損傷を負った人に対する観測でどの部位が何を処理しているのかは徐々に明らかになりつつある．部位の欠損により特定の処理ができなくなることにより，その部位の機能が明らかになる他に，積極的に電気刺激を与えて反応を見る研究も行われてきた．電気刺激による実験は動物実験などでは盛んに行われてきたが，人間に対しては適用可能範囲が限られてしまう．そのようにして明らかになってきた脳地図のうち最も印象的なものはペンフィールドによるもの（図 4.5）であろう[50]．人間の体全体が大脳皮質の表面にマップされている（脳内の小人，ホムンクルスと呼ばれている）様子がわかる．指先や舌など感覚の鋭敏な部位は広い範囲にマップされており，図では大きく描かれている．

50) ペンフィールドは癲癇の治療のため癲癇巣の位置を正確に同定するために，切開した大脳皮質に直接電気刺激を与えて反応を見る観測を行った．脳には痛覚がないため，患者はこれにより痛みを感じることはない．

電気刺激や事故による欠損で脳機能の解剖学的な部位は同定できるが，具体的な認知機能はわからない．別の手段が必要である．

1990 年代に入って脳の計測技術が格段に進歩した．そのため，人工知能とか認知科学とか間接的な手法を用いなくとも，厳密な意味での自然科学の手法だけで脳機能が解明できるのではないかと期待する人も現れた．しかしな

コラム 5　視覚の統合問題

視覚の神経生理学的な研究により，色，形，運動などはそれぞれ別のモジュールで処理されていることがわかってきた（下図参照）．そうすると，それらはどのようにして統合されているのかという問題が生じる．視野内に赤い四角と青い丸があったときに，赤いのは四角のほうであって丸のほうでないという統合を司る機能があるはずである．（認知科学 Vol. 2 (1995) No. 2「特集–視覚特徴の統合と選択」などを見られたい）
私も一度面白い経験をしたことがある．一瞬見た町の風景で，軽自動車の黄色いナンバープレートが通常の位置ではなく，後ろの窓に付いているように見えたのである．もう一度よく見直すと通常の位置にあった．一瞬の処理で統合に失敗した例であろう．

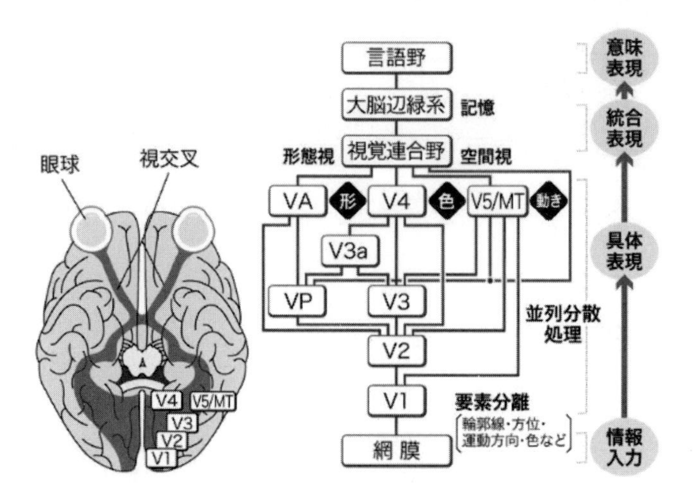

視覚情報はモダリティごとに別々に処理された後で統合される
（[小泉 11]Kindle 版より）

がら，測定の時間分解能や位置分解能などに限界があり，今のところは粗い測定しかできない．また，仮に神経細胞単位の活動がすべてのパルスについて精密に記録できたにしても，4.4 節（80 ページ）に述べる理由により，脳の活動がすべて解明されることにはならないと考えている．ちょうど．ヒトのゲノムが分子レベルですべて解明された今でも，それらの働きがすべて分かっているわけではないのと同じである．

現在使われている代表的な脳活動計測装置とその性質は以下のとおりである：

- MRI (Magnetic Resonance Imaging)
  原子核の磁気共鳴を利用した脳活動の映像化装置．位置ごとに共鳴周波

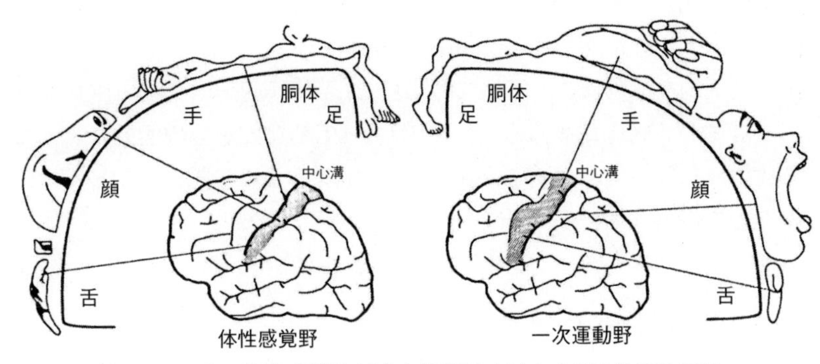

図 4.5 脳に再現された小人（ホムンクルス）（［藤田 11］p.48 より）

数を少しずつずらした傾斜磁場を作っておき，観測された磁気共鳴を周波数に戻すことによって発信源を逆算するシステムである．これによって体の内部構造の構成分子の違い（つまり共鳴周波数の違い）による地図を得ることができる．かなり強力な磁気を必要とする．

空間位置同定の精度は良いが，測定に時間を要するため，時間分解能は非常に悪い．

- fMRI (functional MRI)

脳は活動するときにエネルギーを要するので，その部分の血流が増える．fMRI は MRI の位相処理により対象分子の移動速度を可視化するという原理を使って脳の血流変化を計測する．ある特定のタスクをしているときとしていないときの差分をとることによって，その特定のタスクによって血流の増加した部位が判別できる．

- PET (Positron Emission Tomography)

生体内の計測したい部位に陽電子放射トレーサーを入れ，陽電子 (positron) が消滅するときに放射する消滅ガンマ線を同時計測することにより断層画像にする技術．適切なトレーサーを用いることにより様々な生理的生化学的な計測（脳の血流，血液量，酸素代謝や神経受容体など）が可能である．時間分解能は良いが空間分解能は MRI より低い．

- 光トポグラフィ

これも脳の血流を計測するものだが，近赤外光を脳外から照射する方法．時間分解能が高いのと，装置が軽量かつ頭に被せることが可能で，移動しながらの計測が可能であることが特徴.

- 脳磁図 (MEG, Magnetoencephalography)

  脳の電気的な活動によって生じる磁場を, 超伝導量子干渉計 (SQUID) を用いて計測し, 画像化するもの. fMRI や PET などが脳の活動によって生じる代謝（血流）という二次的なものを見ているのに対し, MEG は活動そのものを計測する.

4.4 認知科学のアプローチ

認知科学は（主に人間の）知能の探求を目的とした, 心理学, コンピュータ科学, 神経生理学, 言語学, 文化人類学, 哲学などの学問分野にまたがる学際領域である. 人工知能は, コンピュータを道具として使うことに限定した認知科学の一分野であると考えてもよかろう.

科学の他の分野（物理学, 生物学等）においてはコンピュータは研究促進のための道具にすぎない場合が多い[51]. たとえば物理学ではコンピュータを数値計算の手段に用いることはあるが, これは手動でできる計算を高速にしただけである. しかるに, 認知科学の分野ではコンピュータも本質的な役割を受け持つ部分がある. おそらく認知科学が情報というものを扱う科学であり, コンピュータが生物以外の唯一の万能情報処理装置[52] であるからだ.

自然科学の研究手法は, 仮説の生成とその実験による検証（の繰返し）にある [中島 13a]. 同じことが認知科学にも当てはまる. ただし, 対象が人間の認知システムであることが多いため, 実験には様々な制約がある. たとえば脳生理学において, 脳の特定の部位の働きを調べるために, その部分を機能させなくするというような実験は不可能である. 偶然の事故でそのような部位が破壊される患者が（特に戦争中には）存在するため, いくつかの観察例は存在するが, 物理実験のような設定の自由さはない.

その一方で認知科学は, 人間が人間に関して調べるものであるから, 内観が使える. この内観をどう使うかは非常にむずかしい問題ではあるが, 使うことができるというのは大きな利点である. いずれにしても認知科学を旧来の心理学と分けるものはこの内観あるいは内部表象に言及するか否かにある.

メンタルモデル [JL88] への言及はその際たるものであろう. 推論に関してメンタルモデルが有用であることが示されていると同時に, 三段論法などを間違える場合もこれで説明できる.

[51] 計算論的思考 (“Computational thinking”) [Win06] は多くの科学の基礎となるという主張もある. 私としては情報は一つの世界観だと考えているので, こちらの考え方に組する. たとえばバイオインフォマティクスは, ゲノム解析にコンピュータを使うだけでなく, 計算的観点から遺伝子情報を研究している.

[52] 単能の情報処理装置は, 以前から多い. 時計などはその良い例であろう. また, ここでいう万能とは「計算」に関して万能という意味である.

また，自然言語もそのようなメンタルモデルが基本となった表現によって構成されているという主張 [Lak87] もある．[金水 00] には基本的な文法や論理の枠組みの他，メンタルモデルやメンタル・スペース，比喩，認知文法などの話題がわかりやすく解説されている．自然言語の使用に認知科学的側面から迫った認知言語論 [定延 00] も（認知文法の流れであり）大変興味深い．

心理学などでは問題解決において本人が気づいていないプロセスが多いことを報告している．たとえば特定の難解な問題に取り組んでいる被験者に，その脇で本人の注意を惹かない形でヒントを見せると，問題の解決には至るものの，被験者の内観報告にはそのヒントのことは出てこないことが多い（コラム 1，20 ページ）．意識下で処理されてしまっているのだ．したがって，内観をすべて信じることはできないものの，思考プロセスとの関連も否定できまい．最近ではこの内観を積極的に利用しようとする研究も始まっている [諏訪 13].

コンピュータの利用が認知科学の第二の（内観利用以外の）方法論である．

実験心理学の場合は脳生理学とは異なり人間の機能をそこなうことなく，環境の設定によりさまざまな反応を観察する実験が可能である．しかし，この場合にも実験の対象である認知システムを直接変更できないため，状況設定を変更することにより間接的に実験を行うしかない．またシステムの動作を直接観察するのではなく，システムの出力を見ることによりシステムの構造をさぐらなければならない．しかも，自然な状況設定を行う必要があり，物理実験のようなパラメータを減らした単純化も困難である．このように心理実験は制約が多いのに対しコンピュータの場合はその中身（プログラム）を直接覗くことが可能である．実験心理の “外” に対し，コンピュータは “内部構造” を直接シミュレートしていると考えることができる．

比喩で考えてみよう．地球に不時着した未知の星からの宇宙船に積まれていた 1 台のコンピュータらしき機械があるとする．仕組みも機能もわからない．脳生理学ではこの機械の構造（アーキテクチャ）をさぐろうとする．メモリの構成はどうなっているのか，並列に動作するのか否か，等などを調べる．しかし，分解することはできない．動作を続けた状態で，しかもその動作を妨害することなく様々な構造を調べなければならない．せいぜい可能なのは蓋を開けて中を覗いたり，X 線を当てて内部構造を調べるくらいのものである．運がよければ壊れた機械を観察したり，それを修理したりもできる．心理学ではこの機械の上にどのようなソウトウェアが走っているのかを調べようとする．この場合に可能なのは，様々な入力に対してプログラムの出力を調べることである．しかし，このプログラムは動作中であるから，本来の機能をそこなわない範囲でしか入力を変えてみることはできない．さて人工知能では何をしているのか？対象とする機械の構造を調べるために，もう1台別の機械を作ろうとしているのである．これならその機械を自由に止めたりできるし，ハードウェアの構成やソフトウェアを変更してみることも自由である．物理実験と同程度の自由度で実験が可能である．ただし，実験できるのは本来調べたかった機械ではなく，それをまねているつもりのもう1台のほうである．これが本来の機械と同じ構造や原理を持っている保証はない．

この比喩のように，心理学やAIなどの認知科学の各サブ分野においては対象とする認知システム（人間）に対して通常の意味での科学的な手法をとることができない．なんらかの制約がある．しかし，それらの知見は互いに補完可能である．心理実験で明らかにされた現象はプログラムの動作の妥当性をチェックするのに使える．脳の構造から心理現象が説明できる場合もある．また，コンピュータの発展は脳のアーキテクチャに関する視点を提供している．各々の方法論は単独では完全ではありえないが，このように補完しあうことにより心の仕組みが明確になってくると期待している．

4.5 鏡像認知の問題

鏡は，物理学的にいうと，前と後ろが反転しているものだが，人間は右と左が反転していると感じる．なぜ上下でも前後でもなく左右なのか？幾何学的に言えば3次元の軸のうち1軸だけが反転している状態である．そういう意味では上下でも左右でも前後でもどれでもよい．[53)]

認知科学においては鏡における像の反転の認識がかなり長きにわたって研究されている [高野 08]．人間がなぜ左右だけを特別視するかという説明には様々なものがあるが，重力により上下が固定されている（したがって上下が反転しているとは考えない）という説は妥当に思える．また，人間は左右がほぼ対称なので左右を入れ換えたマッピングが比較的取りやすいということもある．前後を入れ換えるとかなり違った面が見えてしまうから．つまり，鏡の前に立った自分と，その鏡像を比較する際に身体の縦の中心軸のまわりに180度回転してみせるのが最も容易だというわけである．

このように認識の仕方は身体性や環境に大きく依存しているといえる．

53) 左右対称のように，対称軸を持つものは元と鏡像とが完全に重ねられるため区別できない．ビッグバンの時点では対称だった時空間が，どこかの時点で対称性の破れを起こし，現在の世界になっている．ニュートン力学は時間に関して対称（運動方程式の t を $-t$ に置き換えても変わらない）である．熱力学の第二法則（エントロピー増大の法則）だけが例外である．対称性が破れている方が様々な面白い現象が起こる．自然界にも物理学的に鏡像関係にあるものは多く，素粒子のスピンの方向（対称性の破れの例）やタンパク質の分子構造などに見られる．たとえば人工甘味料に使われるアスパルテームは砂糖の200倍の甘さを持つが，その鏡像分子は苦みを持つそうだ．

4.6 表情の認識

表情というのも不思議なものだ．赤ん坊は自然に泣いたり笑ったりするようになる．しかも，母親はそれを的確に判断する．表情は感情を伝える道具として非常にうまく機能している．これらは遺伝子に組み込まれた機能と考えられるが，文化の違いによって異なる部分もあることがわかっている．

かのダーウィンも人や動物の表情について詳細に調べ，喜怒哀楽の表情に基本的な共通点があることを示している [Dar91]．

エクマン [Ekm06] は感情と表情に関して地球上の様々な文化的に異なる地域で網羅的な研究を行っている．そして感情とその表現の基本的部分は文化によらない普遍的なものであるが，すべてが生得的なわけではないとしている．

> 私たちの進化の歴史を反映する普遍的な感情のテーマというものがある．それに加えて，個々人の体験を反映する文化的に習得された多くのヴァリエーションがある．（ [Ekm06] p.335）

顔の表情には自分でコントロールできる部分とそうでない部分が存在する．したがって，熟練した観測者であれば表情の嘘を読み取ることができる[54] ようである．エクマンは FBI や CIA の感情表現アドバイザーを頻繁に務めているそうである．

54) 松岡圭祐の『千里眼』シリーズには，ちょとした目の動きなどから相手の思考を読み取ることができる“千里眼”を持つ主人公（元航空自衛隊パイロットで臨床心理士というスーパーレディ）が登場する．

5 学習

5.1 機械学習の概観と課題

機械学習とは，コンピュータやロボットなどの機械に自動的に概念や行動プログラムを学習させることを研究する分野である．

人間が教師役を務め，正解あるいは解答の正誤を提示しながら進める「教師あり (supervised) 学習」と，機械が勝手に学習を進める「教師なし (unsupervised) 学習」がある．後者の場合にはあらかじめ学習結果に対する選好だけを与えておき，個々の結果の判断を機械が自ら行うものと，なんらかの形で外部から結果の評価（報酬）を受けとるものがある．

機械学習においては訓練フェーズと実働フェーズが分かれる場合と，混在している（つまり，オンザジョブトレーニングをする）場合がある．いずれの場合でも，学習例をうまく表現できるようにパラメータなどを調節するのだが，調節が過ぎることをオーバーフィッティング（過学習）という．必要以上に（場合によってはノイズにも追従して）与えられた例に近づいてしまうのである．与えられた事例から過学習をしてしまうと，新しい事例に対応する柔軟性がなくなる．そのための工夫が必要である．

図 5.1 は学習データへのフィッティングの様子を表した模式図（つまり，正確な描画ではない）である．曲線の次数を上げていくことによって誤差の総和[55] は減る．しかしながら，どういう曲線で近似すべきかというのには別の尺度（対象に関する知識）が必要である．図 5.2 は誤差ゼロであるが，オーバーフィッティングである．新しいデータに対する予測性がない．

この過学習を避けながら誤差を少なくする問題は，プランニングにおける遠回り問題（3.3 節，56 ページ）と同種である．適度なバランスを取る手法が必要であるが，そこに論理的な尺度は存在しない．経験的に解くしか方法がない．

[55] 通常は，元データと，学習した値との差の 2 乗の合計を誤差の総和とすることが多い．

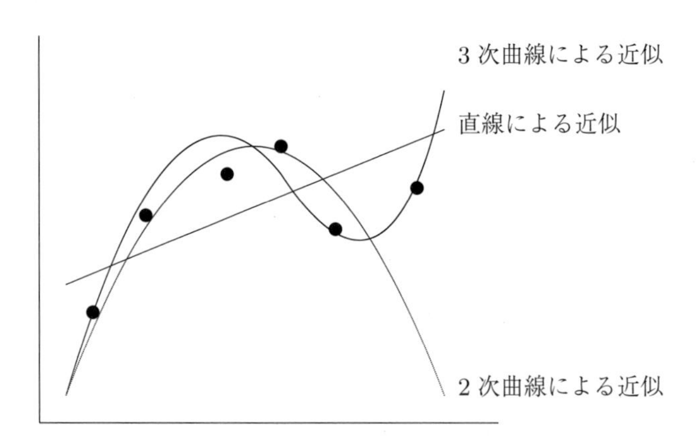

図 5.1　学習データへのフィッティング

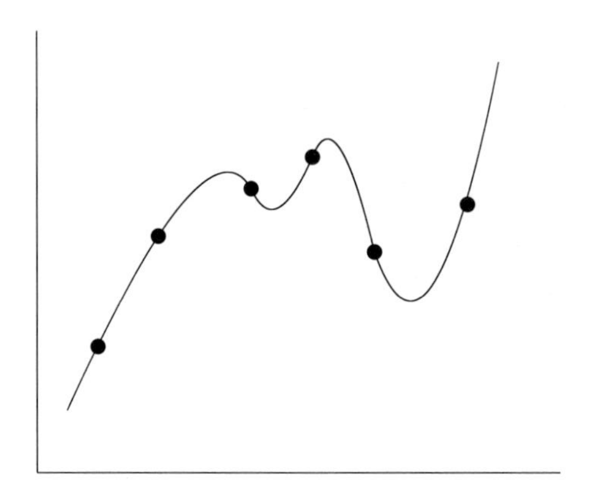

図 5.2　オーバーフィッティング

5.2　ニューラルネットワーク

5.2.1　ニューラルネットワークによる学習

パーセプトロンに始まる「ニューラルネットワーク（神経回路網）」（参考書としては [麻生 88] など）は，入力とそれに対する正解の提示を繰り返すことにより，素子がその結合の重みや発火の閾値を変化させて学習を進めるものである．入力を表現する入力層と，出力を表現する出力層の間に複数の中間層を持ち，ここで特徴の抽出や変換を行えるように層の間の結合を学習する．中間層の特定の素子がどのような機能を果たすかはあらかじめ定めら

表 5.1 ニューラルネットワークによる低次情報処理の例

目的	入力	出力
文字認識	画素	文字
音声認識	周波数	音素列
単語の発音	綴り	音素列

れておらず，学習が進むにしたがって機能分化が自己組織化されるという特徴がある．画像や音声の認識などのパターン認識に近い領域が得意であるが，記号や構造の学習能力もあることが知られている．

ニューラルネットワークは，通常は入出力間の対応を学習するのに用いられ，脳の低次情報処理などとの相性は良い．たとえば表 5.1 のような使い方ができる．

ニューラルネットワークには様々な形態がある（図 5.3，5.4，5.6，5.8 など）が，その名の示すとおり，人間の神経回路網をヒントに構成された疑似回路網である．神経細胞に対応する素子と，他の神経へ結合する神経繊維に対応する素子間の結合から構成される．回路のトポロジーや中間層の数などで様々なものが提案されている．

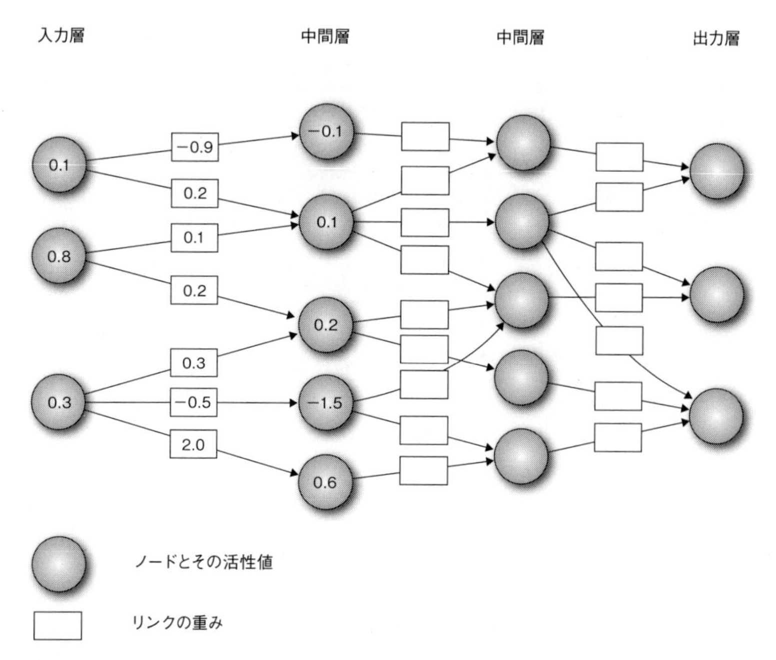

図 5.3 ニューラルネットワークの例（一部に活性値と重みが書き込んである）

56) 人間の脳はニューロンが 10^{12} 個，シナプスは全体として 10^{15} 個程度であるという記述もある [小泉 11]．平均すると 1 ニューロン当たりのシナプス数は 10^3 だが，多いものでは 10^4 に及ぶようだ．

人間の大脳の神経繊維（ニューロン）は千から万のオーダーの枝を持つ[56)]が，ニューラルネットワークの場合のリンク数は数十から数百程度であろうから，かなり簡略化されたものだと考えてよい．各素子は特定の活性値を持ち，これに応じた（活性値そのものではない）強さの信号が他の素子に伝達される．素子間の結合も特定の重み（正負両方の場合がある）を持つ．素子からの信号はこの重みに応じて他の素子に伝達されることになる．入力層から入った信号を上記のように出力層まで伝達するが，出力が望みのものでない場合は，その誤差に応じて素子の活性値や結合の重みを変えて学習を行うという教師あり学習が一般的である．

同一中間層内の結合を許し（図 5.4），他のノードへの負の重みのリンクを張っておくと，そのノードが活性化することにより他のノードの発火を押さえ，ノード間の排他的競合が実現できる．これによりノードの自己組織化が起こり，教師なしでも弁別学習が可能となる．

相互結合があると入力から出力への一方通行の流れではなく，内部にループができるため，一組の入力に対してノードの活性度のダイナミクスが生じる．そのためネットワークのエネルギーが定義でき，これを目安にした学習が可能となる．

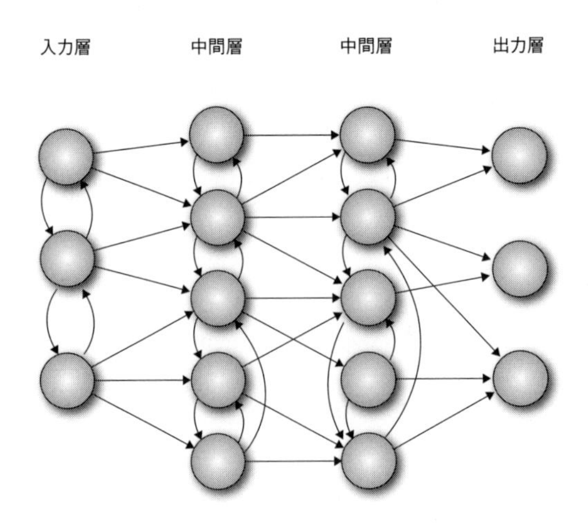

図 5.4 層内結合のあるニューラルネットワーク（ホップフィールド型）

5.2.2 焼きなまし法

ニューラルネットワークの学習は一般論として探索問題と同じである．近傍で誤差が少なくなる方向へ移動することを繰り返しながら最適値を探すわけであるが，局所解に落ち込まないようにする工夫が必要である．そのような工夫の一つとしてホップフィールド型など，エネルギーの定義できるネットワークに対しては「焼きなまし法」という学習法がある．図 5.5 は焼きなましの概念図である．最初は高温の状態から始める．高温というのは比喩であるが，パラメータを調整するときに乱数を入れて大き目に振るのである．そうすることによって局所的な窪みを飛び越えることが可能になる．だんだんと冷やしていくことにより最終的には最適解に（確率的に）到達できる．

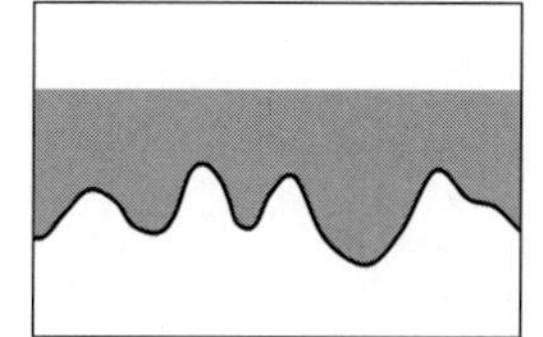
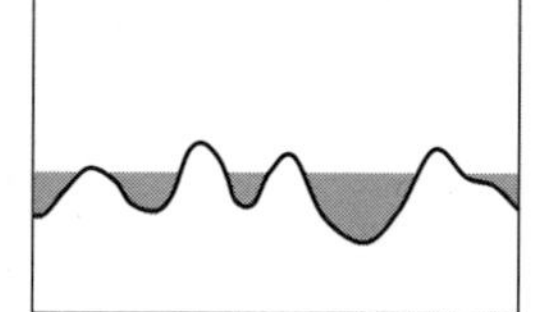
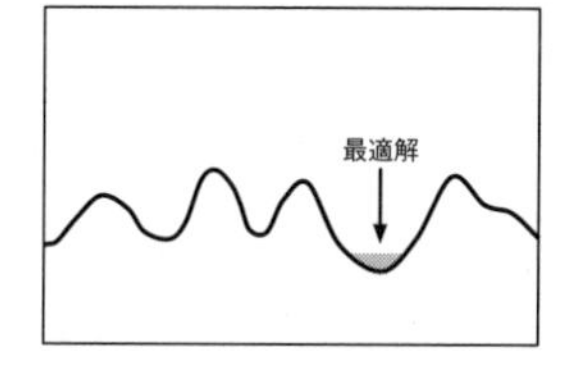

図 5.5 焼きなまし法のイメージ：左から順に高温→低温

5.2.3 系列の学習

出力を入力に戻した再帰的な構造を持ったネットワーク（図 5.6）は時系列学習が可能である．図 5.7 はエルマンの考案したトポロジーであり，隠れ層[57]が内部状態を表現し，これを次の入力に対する文脈として利用することにより，歌や言語文法などの系列学習能力を持っている．人間がダンスやメロディー，歌詞や詩，あるいは円周率 π の値[58]や十二支のような系列を覚えるときにも一つ前の要素が次を想起する鍵になっているはずである．順には想起できても，ランダムには想起できない．岡ノ谷によると，一部の鳥は親から鳴き方を学習するそうである（歌の文法が複雑なほど良いそうな）．そういえば，春にウグイスが鳴き方を練習しているのをよく聞いたものだ．

[57] 入出力と直接結合されていない中間層のことを「隠れ層」と呼ぶことがある．

[58] 円周率の覚え方（語呂合わせ）はいくつかあるが，私が高校時代に覚えたのは「身 (3) 一つ (1) よ (4)，人の (1) いず (5) く (9) に (2) 向 (6) こ (5) 見 (3) えず (5)，や (8) く (9) な (7) く (9) 見つつ (3) 文 (23) や (8) 読 (4) む (6)，踏 (2) む (6) よ (4) みつ (3) みつ (3) 闇 (83) に (2) 泣 (7) く (9)」というもの．

5.2.4 深層学習

ネットワークが中間層という構造を持たず，ノードが全体的に結合してい

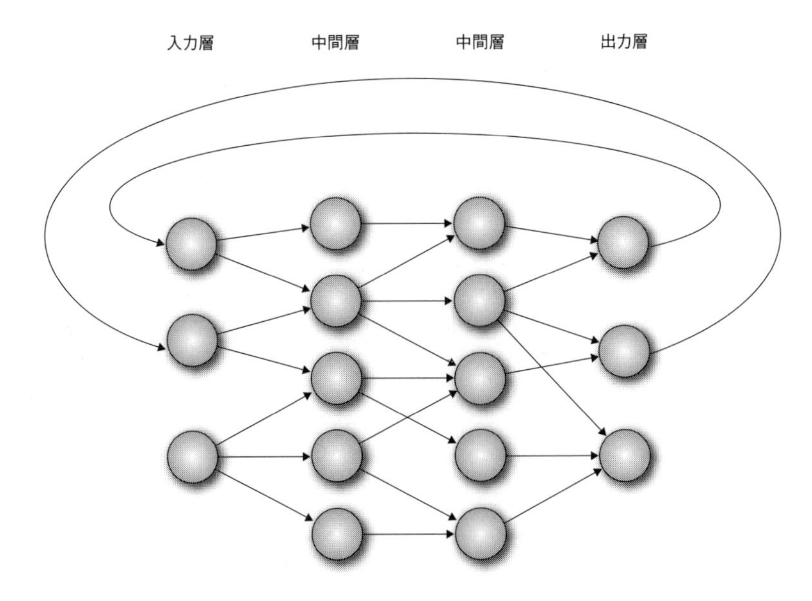

図 **5.6**　再帰結合を持ったネットワーク

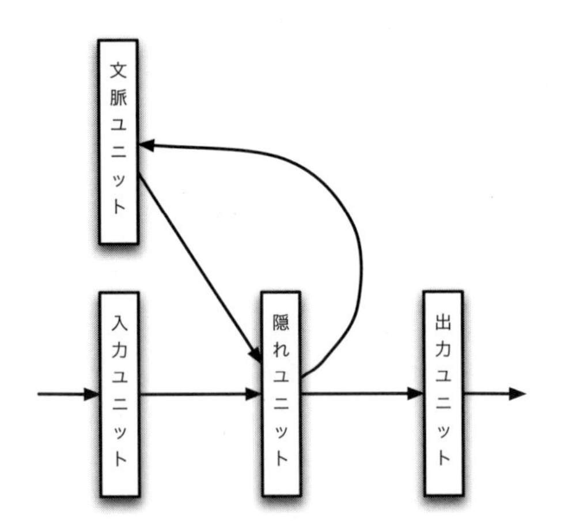

図 **5.7**　エルマンネットによる系列学習

るものをボルツマン型のネットワーク（図 5.8）という．ボルツマンマシンと呼ばれることもある．層内相互結合を持つホップフィールド型のネットワーク同様エネルギーが定義され，これを下げる焼きなまし法などの学習が使える．

近年ではボルツマンマシンの発展形による「深層学習 (Deep Learning)」[神嶌 13] として，ニューラルネットワークの学習が再注目されている．これは多数の中間層を持つもので，この中間層に概念を獲得することによって，単

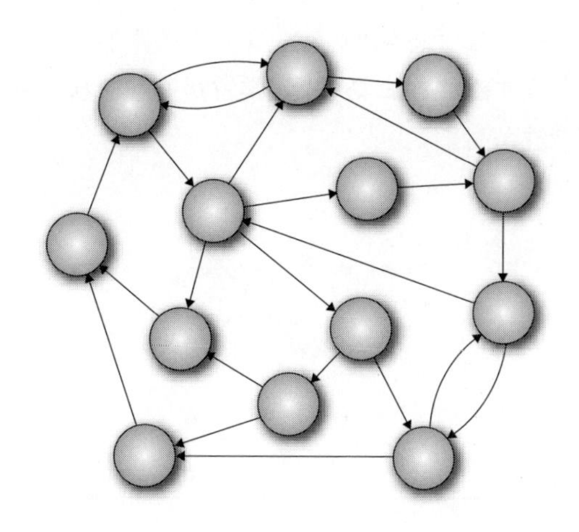

図 5.8 ボルツマン型ネットワーク

なる入出力間のマッピング以上の汎用性の高いものを学習することができる．従来は中間層が多いニューラルネットワークの場合，適切な学習規則がなく，学習例に対するオーバーフィッティングが見られ，汎化能力に欠けると考えられていた．これに対しヒントンらが，事前に教師なし学習を行ってノードの重みを調整しておく手法を開発した [HOT06] ことから再び注目されるようになっている．応用範囲も言語獲得，画像認識など多方面に及ぶ．概念学習も可能である．

5.3 概念学習

概念学習は，様々な入力例がどの概念クラスに属するかの識別を学習するもので，植物の種類を見分けることや病気の診断などがその例である．概念の記号記述を用いた概念学習では，内部で各々の概念に対する記述（判定基準）を作り，それを新たな正例を含むよう一般化したり，負例を含まないように特殊化したりすることによって学習を進める．正例のみからの学習では理論的には一般化しすぎることを抑えることができない．そのために，概念記述の方法に制限を加えるなどの工夫が必要である．

たとえば SVM (Support Vector Machine) においては単にクラスタを分離するだけではなく，その分離を最大にするように超平面[59] を設定する．図 5.9 において，A も B も二つのクラスターを分離するという意味では等価だ

[59] 図 5.9 の場合は 2 次元だから直線で切っているが，一般には属性空間が N 次元あるときに $N-1$ 次元の超平面で切ることになる．

が，A のほうがマージン（最も近いデータからの距離）が大きいのでこちらが採用される．こうすることにより，過学習が抑制され，未知のデータも正しく弁別する可能性が高まる．

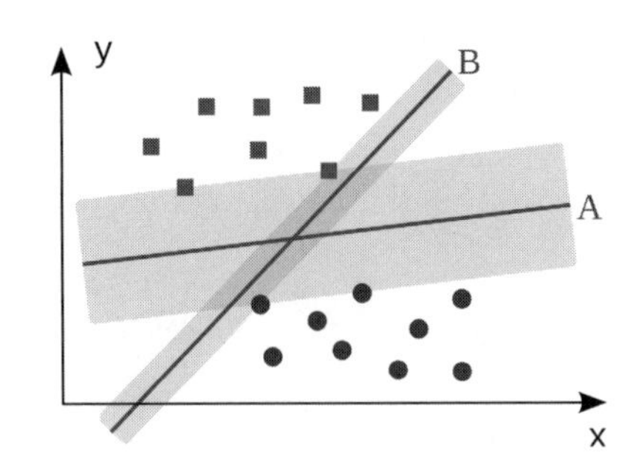

図 5.9 SVM の弁別学習（http://de.wikipedia.org/wiki/Support_Vector_Machine より）．よりマージンの大きい A が採用される．

理論的には，なんらかの制約を導入しない限り，いくらでも一般化してしまえる（図 5.9 で片方のクラスターが無くなった場合に相当し，マージンはいくらでも大きくとれる）ので，正例だけから適切に学習する手法は存在しない．

概念を弁別する手法の一つに決定木を用いるものがある．これは特定の特徴に注目することにより対象の属する範囲を分割していくものである（YES/NO 質問[60] を繰り返して正解に到達するクイズのようなもの）．学習の結果，弁別が効率良く行えるよう，弁別に用いる特徴とその順序が決められる．

60) 日本語の「はい」「いいえ」は内容の正誤ではなく，相手への同意か否かを表す（否定疑問の場合に特に顕著になる）ため，このような場合には質問内容の正誤を表す英語の YES/NO のほうが紛れがなくてよい．

5.4 言語の獲得

前節で，何らかの別の仕組みを仮定しない限り，正例だけからは適切な学習ができないことを述べた．しかしながら，人間の場合は正例だけからでも正しく学習する場合が多いことが知られている．おそらく，他の知識や遺伝的性質[61] なども動員していると考えられる．

61) 進化論的に獲得した生得的な枠組みで，これがあるからこの世界でうまく活動できると考えられるようなもの．

最も顕著なものに言語（母語）の獲得がある．一般的に言って親がわざわざ言い間違えて，これは間違いだと教えることはありえないし，子供が間違った文を発話したときにも親は積極的には訂正しないようである（親が正しい言い方で答えたり，表情などで雰囲気的に伝わっていることは否定できないが）．これを踏まえてチョムスキーは，文法は学習ではなく，生まれたときから生得的に持っている機能であるとした．英語や日本語という違いがあるのは表層のパラメータの違い（たとえば動詞の位置）だけであって，幼児はそのパラメータさえ学習すればよいというのである．チョムスキー説の正否の判定はまだ出ていないが，反対派が増えつつある．もちろん私も反対派であるが，その議論は本書の範囲を超えてしまいそうなので深入はしないが，我々の研究から一つだけ紹介しておく．

言語の獲得の初期には単語の意味の獲得（概念獲得）が必要である．これだけでも実は謎が多い．クワインの提唱した「ガヴァヴァーイ問題」[62] というのがある．これは幼児が新しい単語を聞いたときに，それをモノの名前だと思うのか，色のことだと思うのか，それとも他のことを述べているのか，という多くの選択肢があり，他の手がかりを使わない限り単語の解釈ができないという問題（図 5.10）である．

62）ガヴァヴァーイというのは誰も聞いたことのない単語としての創作である．

図 5.10 初めて聞いた単語の解釈の問題（［今井 14］p.53）

今井らの認知心理学者は「認知バイアス」という形でこれを定式化している．語彙学習バイアスには以下のものがある：

- 事物全体バイアス
- 事物カテゴリーバイアス
- 対称性バイアス
- …

初めて出会う単語に関しては，まずは対象となる事物の全体を指すものだと捉える．もし事物の名前をすでに知っている場合には，そのカテゴリーのことだと捉える．この後に色や形の性質が続く．

対称性バイアスというのは単語と対象が一対一に対応していると捉えるというバイアスである．実物のリンゴを見て「リンゴ」と聞いたら，「リンゴ」という発話には実物のリンゴだけが対応すると考えるというものである．[63)]

63) 対称性バイアスは論理的思考にも関与していて，6.5 節（121 ページ）で使った「叱られないと勉強しない」$(\neg p \to \neg q)$ を，その裏の「叱られると勉強する」$(p \to q)$ と（論理的には正しい推論ではないにも拘らず）同一視することも指している．

これらを AI 研究の観点から眺めると，現象の記述にはなっているが，仕組みの解明にはなっていないように思われる．なぜ，どのような仕組みが働いて，事物全体だと思うのか？の説明がない．

我々はこれらの現象を「認知的経済性」で説明しようとした [錦見 92]．すなわち一般的学習機構を仮定し，その上での言語獲得を以下の条件でモデル化した：

64) 今井らが「バイアス」と呼んでいるもの．

1. 子供の「構え」[64)] などの現象を，認知的経済性という計算上の要請から説明する認知モデルである．
2. 言語以外の入力（環境入力と呼ぶ）が豊富に与えられるもとで学習が起こると考える．言葉と一対一に対応するような環境入力は与えられない．
3. 環境認識の能力は固定する．しかし，それによって獲得される概念は言語獲得とともに増加する．
4. 概念あるいは意味の内部情報を統語規則と同時に学習する．意味は外界から直接与えられるものではなく，外界からの情報と統語の規則に整合するように作り上げていく体系である．つまり，統語規則学習システムと意味表現学習システムという二つのシステムの対立により学習を行い，互いに相手の学習過程を制御する．
5. 統語規則の存在は仮定するが，カテゴリその他，規則の具体的形は学習の対象である．（ [錦見 92] pp.150–151）

Rhea は図 5.11 に示すように外界の記述（本来ならば画像認識等を使うべきであろうが，そこは省略し，内部表現を直接与えた）と，その場面での言語発話を入力とし，両者の対応を学習するシステムである．シーンの記述には有機的プログラミング（10.7 節，211 ページ）による状況表現と同じ方式を用いた（図 5.12）．

Rhea の仮定は，母親と幼児が共に生活する空間で，幼児が興味を持った対象に関して母親が何かを語りかけているような場面である．このとき，幼児は対象に関する自分の表象のうち，すでに言語と対応づけられれていない最大の要素が，この言語表現に対応していると考える（これが認知的経済性の

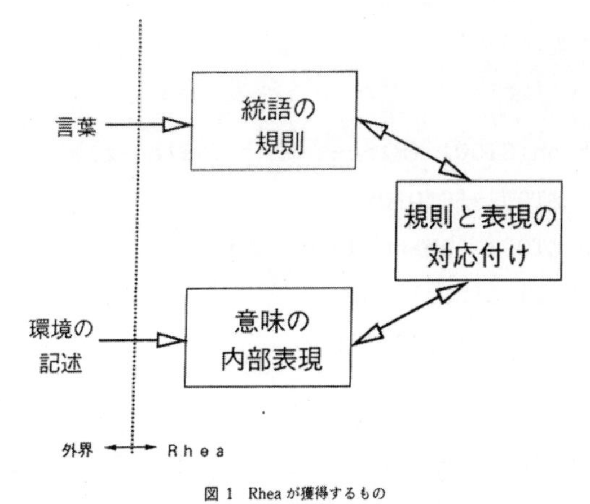

図 **5.11** Rhea の学習対象

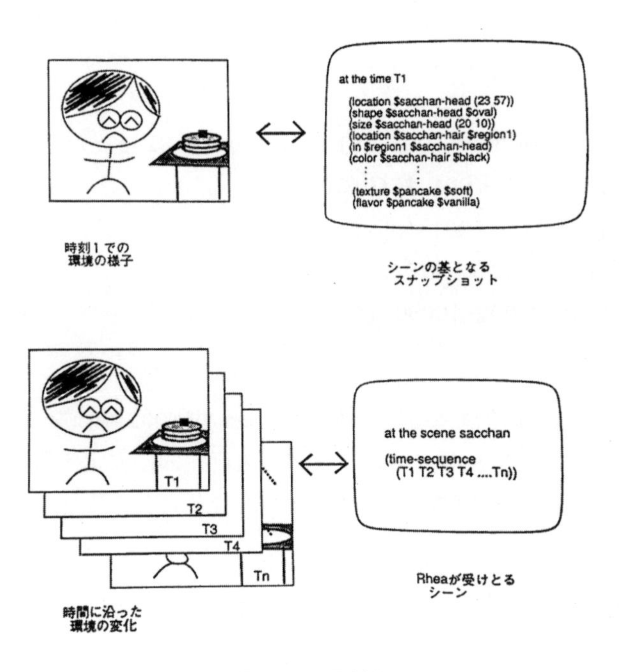

図 **5.12** Rhea の内部表象の例

仮定である）．たとえば図 5.10 のようにウサギに初めて対面した場面では，幼児の内部表象には対象としてのウサギが最も多く現れることが予想される．それに比べてウサギの色や形態に関する記述は少数であろう．たとえば以下のような表現となる：

```
(in S1
  ($location $T001 ($loc-x $loc-y $loc-z))
  ($color $T001 $Cf0f0f0)
  ($shape $T001 (shape-description ... ))
  ($has $T001 $T002)
  ($color $T002 $C05071f)
  ...)
```

ここで$で始まる項は言語化されていないことを示す．$location や$color も同様である．この場合$T001 が最多出現要素となり，これが言語と対応づけるべき第一候補となる．もしウサギという名前を知っていたなら，上記の内部表象は

```
(in S1
  ($location ウサギ001 ($loc-x $loc-y $loc-z))
  ($color ウサギ001 $Cf0f0f0)
  ($shape ウサギ001 (shape-description ... ))
  ($has ウサギ001 $T002)
  ($color $T002 $C05071f)
  ...)
```

のようになり，次なる最多出現候補は$color か$T002 かになる．

このようにして Rhea は認知的バイアスを直接的に仮定することなく，一般的学習機構から同等の効果を得るモデルを作ることに成功した．

5.5 事例に基づく学習と推論

5.5.1 記号による類推

概念学習では，概念を正確に記述する特徴の組合せを学習することを目的とするが，そのような記述を生成せずに，典型的事例をそのまま覚えて使う方式を「事例に基づく学習」と呼ぶ．事例に基づく方式は，従来より機械翻訳にも使われている（9.7.2 項，198 ページ）．アナロジー（類推）に基づく

学習とも呼ぶ.

新しい事例に対してはそれに最も類似した過去の事例を変形して対処する.新たな事例が過去のどの事例に近いかを決定するためには事例間の距離を決める必要があるが,通常は事例の特徴間の距離を用いてこれを決定するため,適切な距離空間の設定が肝要である.このため,類似性に基づく計算はニューラルネットワークが得意とするものであるが,「事例に基づく学習」という場合には記号処理を意味するのが普通である.

ところが,事例間の類似度の設定は記号処理においては自明ではない.すぐに思いつくのは事例の持つ性質の間の類似度で,これはどれだけの項目が一致しているかという同一性問題に還元できる.たとえば次のような犬,猫,鰐の表現があったとしよう:[65)]

```
(deframe 犬
  (AKO 哺乳類)
  (like 雪))
(deframe 猫
  (AKO 哺乳類)
  (not (like 雪)))
(deframe 鰐
  (AKO 爬虫類)
  (not like 雪))
```

この場合,犬と猫との間で一致する項目は「(AKO 哺乳類)」の一つだけであるが,犬と鰐とでは一致する項目がない.一方,猫と鰐とでは「(not (like 雪))」の1項目が一致する.このため(直観に反して),犬と猫の距離と猫と鰐の距離は近いが,犬と猫の距離は遠いと言えそうである.

ところが,「みにくいアヒルの子の定理」[渡辺 78] というのがあって,2つの概念を区別する有限個の述語が与えられたとき,その2つの概念に共通する述語の数は,すべての組合せに対して一定であることを示した.記述に not や and,or などの論理記号をを記述に加えれば2種類の述語(哺乳類か否かと雪が好きか否か)の組合せとして,2^3 すなわち8通りの述語が考えられる:

1. (AKO 哺乳類) and (AKO 爬虫類) and (like 雪)
2. (AKO 哺乳類) and (AKO 爬虫類) and (not (like 雪))
3. (AKO 哺乳類) and (not (AKO 爬虫類)) and (like 雪)
4. (AKO 哺乳類) and (not (AKO 爬虫類)) and (not (like 雪))

65) AKO というのはフレームシステムで A Kind Of を表す用語.

5. (not (AKO 哺乳類)) and (AKO 爬虫類) and (like 雪)
6. (not (AKO 哺乳類)) and (AKO 爬虫類) and (not (like 雪))
7. (not (AKO 哺乳類)) and (not (AKO 爬虫類)) and (like 雪)
8. (not (AKO 哺乳類)) and (not (AKO 爬虫類)) and (not (like 雪))

こう考えると犬は 3 だけ, 猫は 4 だけ, 鰐は 6 だけしか満たさないから, すべて同等ということになる. つまり, 述語の数だけではすべてが同じになり, すべての事物は同等の類似性を有することになる.

もちろん, これは理論上の遊びである. 渡辺の趣旨は, 属性の重要度を加味しなければならず, この重要度は人間の価値観の側にあり, 対象の側にはないことを示すものであった. 上記の例では雪の好き嫌いより, 哺乳類か否かの区別のほうが重要であるとすべきである. そうすれば犬と猫が鰐より近いと言える.

Google 検索などもこの類似性[66] に基づくものであるが,「Page[67] Rank」という手法により重みづけをしている.

66) 概念がどれくらいのページで共起するかという数によって類似度を判定している.

67) 余談かもしれないが, この Page は Google 創始者の一人の人名であって Web の page のことにも掛けている.

5.5.2　確率的手法

仮定の成立する確率やその仮定の下での結論の確率（条件付確率という）を学習し, それを推論に用いることができる. 通常の記号推論のみの場合と異なり, 結論が確率付きで得られる. 各特徴は互いに独立（ある特徴が特定の値になる確率は他の特徴の値と無関係）であると仮定すると計算は簡単になるのだが, これは制限が強すぎる. そのため特徴間の依存関係を扱えるようにしたものが「ベイジアンネット」である.

確率というのは判っているようでいて実は哲学的にもむずかしい問題である. 確率とは何かに関して少なくとも二つの異なる立場が存在しており, さらに困ったことにどちらの立場を採るかによって計算結果が異なる場合があるのである. 一つはモデルを用いて確率を計算するもの. たとえばサイコロの 1 から 6 の目は均等に出るということを仮定して様々な確率を計算する. もう一つは実際にどのような目が出たかの統計を元に確率を計算するものである. サイコロのような簡単な場合では両者は一致するが, そうでないこともあるので注意が必要である.

ちょっと簡単なテスト：

高校生らしき若者が二人歩いているとする. 外見からは性別は判ら

ない．そのうちの一人に聞いてみると男であることが判った．もう一人が男である確率はいくらか？

もう一人に関する情報はないので，1/2 と答えたくなるだろう（厳密には男女比は 1:1 ではないのだが，ここではそう仮定して話を進める）．これが元の文が「前を歩いている一人に聞いたところ」であれば 1/2 で正解である．しかし，単にどちらかの「一人に聞いて」それが男であった場合というのは数え上げてみると

1. 前が男，後ろも男（確率 1/4）
2. 前が男，後ろが女（確率 1/4）
3. 前が女，後ろが男（確率 1/4）

の 3 通りの場合がある．もう一つの場合の両方女（確率 1/4）を除外すると，残りは男の場合が 1，女の場合がが 2 なので，もう一人が男である確率は 1/3 しかないことがわかる．正解は

$$P(\text{男})=1/3$$

である．

確率やその元になるモデルに不明な部分がある場合に，データからそれを推測することがある．サイコロの目で 1 が出続けた場合でも，次の目の確率は 1 から 6 まですべて 1/6 づつということになるが，そうではなく，サイコロの目が偏っており，1 の出る確率がどんどん増していくという立場もある．つまり客観確率は，モデルではなく，実際の頻度から計算するのである．

たとえば，世の中には男子校や女子校というのがある．高校生が二人一緒に歩いている場合は同じ高校である確率が高いとすると，一方が男であった場合はもう一方も男である確率が少し高くなるはずである．この確率 P は男子校の率（P_m とする）や女子校の率（P_f とする）によって変わる．男子校であった場合（確率 P_m）は確率 1 で男子，そうでなかた場合（確率 $1-P_m$）は 1/3 の確率で男子であるから，全体で

$$P(\text{男}) = P_m + 1/3(1 - P_m)$$

となる．多くのペアを観測することによってこの P_m と P_f を推定することが可能である．これにはベイズの事後確率から事前確率を推定する方法が有効である．

先の

$$P(\text{男}){=}1/3$$

という確率は，世の中全体の男の確率 1/2 とは異なっている.「一方が男」という条件での確率である．このような場合，$P(B|A)$ という記法で A と判った状態での B の確率（条件付き確率）を表す．この記法を使えば，先の男女の例は

$$P(\text{もう一人が男} \mid \text{一方が男}) = 1/3$$

と書ける．A と B は同格ではないことに注意されたい．A は実際に観測された状態，B は未知の状態である．したがって，$P(B|A)$ はモデルあるいは過去の情報から計算されなければならないが，以下のベイズの定理はそれを与える．もし，他の情報がない状態での B の確率（事前確率）$P(B)$ と $P(A|B)$ すなわち B の状態で A である確からしさ（尤度と呼ぶ）[68] が判っているとすると A であることが判った場合の B の事後確率は

$$P(B|A) = \frac{P(A|B)P(B)}{P(A)}$$

という式で表せる（ベイズの定理）.

ベイズモデルは現在の確率モデルの中心的存在である．一般的な言い方をすると，これはある現象の観測値から（その原因となった）元の現象を推測しようとするものであるが，それらの因果関係の間に統計的不確定性が含まれる場合に使われる．たとえば地震の観測から震源地とその強度を計算するものであるが，間の地質などの正確なデータがない場合に使われる．

68) なぜ $P(A|B)$ を確率と呼ばないかというと，$P(A|B)$ のすべての値を足しても 1 にならない（すべての可能性の和が 1 になるのが確率の定義だ）からである．

コラム 6　AIC

赤池によって提唱された情報量基準 (Akaike Information Criterion) [赤池 07]. オーバーフィティングの問題（5.1 節，85 ページ）はモデル構築の際にも生じる．パラメータ数を多くとれば観測に合うモデルが作れるが，汎化性に欠ける可能性がある．赤池は情報量基準として

$$\text{AIC}{=}(-2)\ln(\text{最大尤度}){+}2(\text{パラメータ数})$$

（ln は自然対数である）を提案した．AIC が小さいほど良いモデルである．パラメータ数が少ない方が良いという考え方は，理論は単純な方が良いという「オッカムの剃刀」原理に通じるものがある．

検診による癌の発見の例を考えてみよう．$P(\text{癌} \mid \text{陽性})$ は検査で陽性だった場合に実際に癌である確率，$P(\text{陽性} \mid \text{癌})$ は癌が検査で発見される尤度，$P(\text{陽性})$ は陽性反応が出る確率，$P(\text{癌})$ が癌である確率を表し，ベイズの定理は

$$P(\text{癌} \mid \text{陽性}) = \frac{P(\text{陽性} \mid \text{癌})P(\text{癌})}{P(\text{陽性})}$$

となる（陽性だからといって必ずしも癌とは限らない）．

5.5.3　統計的手法

コラム 7　マルコフ過程

未来の状態が現在の値だけで決定され，過去の状態と無関係であるという性質を持つ確率過程のことである．ただし，「現在」とういのは連続する N 状態で決められることがあり，それを「N 重マルコフ過程」と呼ぶ．「単純マルコフ過程」（あるいは単に「マルコフ過程」）というのは現在が 1 状態のみで決められる 1 重マルコフ過程のことである．

たとえばサイコロの目はそれ以前の状態に依存しないからマルコフ過程ではないが，サイコロの出た目によって，たとえば偶数なら右，奇数なら左というように，ある物体を移動することにすると，この物体の座標は（現在位置とサイコロの目で確率的に決まる）マルコフ過程になる．

単純マルコフ過程の例：

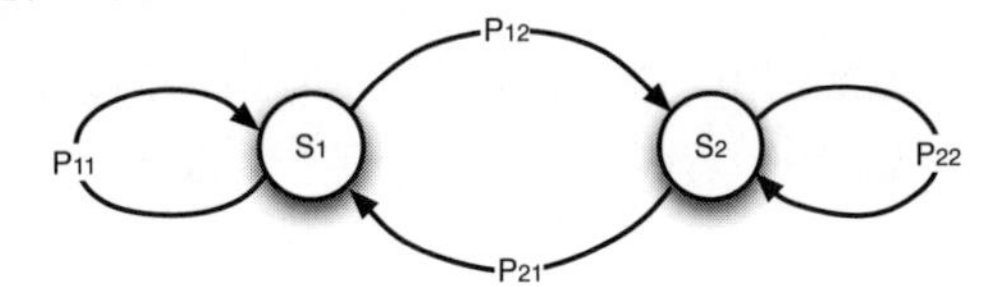

3 重マルコフ過程の例：

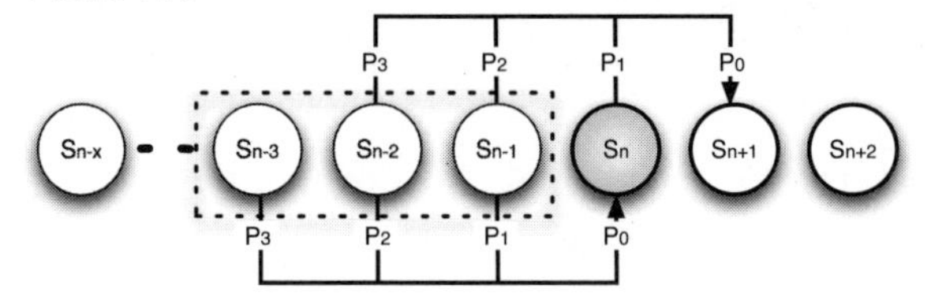

事例が大量に得られる場合には統計的手法が使える．たとえば文章や遺伝子などのような連鎖に対してはそれらをマルコフ過程とみなして，その遷移確率を推定する手法が使える．音声認識やバイオインフォマティクス（塩基配列からの遺伝子の探索など）にも広く用いられている．

たとえば英語の場合，冠詞（に相当するクラス）の後には名詞句（に相当する連鎖のクラス）が出現することなどを統計的手法のみで学習できる．あるいは単語の出現頻度などから文章の意味の近さを（ある程度）学習することさえ可能であると考えられている．ただし，これらの単語を生成している裏のメカニズム（文法）や単語の間の遷移確率はあらかじめ与えられておらず，データからそれを見積らなければならないので，それらの直接観測できない要素の存在を仮定した「隠れマルコフモデル」が用いられる．詳細を知りたい読者は http://www.bioinfo.sfc.keio.ac.jp/class/bioinfo-a/PPT/bioinfo-a09s-6_HMM.pdf などを参照されたい．

5.6　説明に基づく学習

記述の一般化や特殊化は概念記述の形のみに基づく操作で，意味を考慮しないことが多いが，それでは様々な方向がありすぎるため学習に多くの事例を必要とする．そこでドメイン知識や推論を用いてその効率を上げようとするのが演繹的学習方式である（これに対してニューラルネットワークの学習や記号による概念学習では，事例を一般化していくので帰納的学習と呼ばれる）．その代表が「説明に基づく学習」である．この方式では例を学習したときに，ドメイン知識を用いてそれが正しい例であることを説明する過程で関連する特徴とそうでない特徴を弁別しようとする．

5.7　強化学習

帰納的学習や演繹的学習では正解事例が直接入力された．それに対し一般の生物やロボットのような自律システムの学習ではそのような正解が直接与えられないことが多い．環境中で様々な行為を試み，報酬を得られる行為を強化していく学習を「強化学習」という．パブロフが犬で発見した条件反射はこの強化学習の一種である．たまたまある行為を行った場合に報酬が得られ，別の行為を行った場合には罰が与えられるとすると，報酬の得られる行為をするようになる．つまり，ある行為あるいは刺激と報酬のペアを繰り返し与えることによって，それらの間の回路が強化される．大脳の神経細胞間のシナプス結合も，同様のメカニズムで強化される．細胞 A が発火したときに，それとつながる細胞Bも発火した場合，それらの間のシナプス結合が強化される．この場合，AとBの間の因果関係は問われない．遇然の同時発火でもよい（というか，神経細胞は両者を区別できない）．パブロフの犬の条件反射はこの大脳の学習機構で説明される．最初はベルの音の刺激と，餌→唾液という反応は別個のものであったが，両方の刺激が同時に与えられることにより，音，餌，唾液のすべてが同時に発火する．そのため音→唾液の経路も強化されてしまったわけである．

様々な生物の学習能力を調べるのに同様の強化学習が用いられている．強化学習を行っても行動が変化しない場合には，その生物は与えられたタスクに対する学習能力がないことがわかる．チンパンジーのアイちゃんの記号処理能力なども，京都大学霊長類研究所でこのようにして調べられた．

一般的には，報酬は行為に対して直接与えられるわけではなく，行為の連鎖の結果（たとえばサッカーのゴールはパスやシュートの連鎖の結果である）に対して与えられるので将来を予測する工夫が必要である．たとえば将来の報酬を予測する時差 (temporal difference) 学習としてマルコフ課程を用いたQ-learningと呼ばれる方式が代表的である．

強化学習の際には様々な行為を試行する仕組みが必要である．未知の領域をランダムに探索し報酬を得られた行為列を強化していく探索 (exploration) 型と，既知の領域を組織的に探索して最適化する開発 (exploitation) 型がある．強化学習の仕組みは進化計算とも似た部分が多い．

5.8 進化計算

進化計算は通常の意味での学習ではないかもしれないが，プログラムの強化学習（生物の場合は遺伝子の強化学習）だと思えばよい．

さらに，自然進化こそが自然知能（人間を始めとする知的生物）を造りあげたのであるから，AI研究において進化の仕組みを理解しておくことは重要であろう．

進化論的方法論あるいは進化プロセスの本質とは試行錯誤 (trial and error) と呼ばれる，変化の生成と選択のループである：

1. 現存の種 (seed) から様々な候補を生成する．
2. 候補を評価し，良いものだけを残す．

候補の生成は生物の場合は遺伝子，進化計算の場合はプログラムなどの形式的表現の上で行われる．これを遺伝形 (genotype) という．一方評価は生物の場合は成長した個体，進化計算の場合はその動作や性質の上で行われる．これを表現形 (phenotype) という．候補の生成と選択が別の対象で行われている点は重要である．遺伝形の小さな変化は表現形の小さな変化に対応するとは限らず，大きな変化になったり，あるいは変化しなかったり[69] するような場合があるからである．したがって，様々な表現形の間をジャンプすることが可能になり，ニューラルネットワークにおける焼きなまし法のような効果が自然に得られる．

69) 生物の遺伝子のコーディング，つまり A，G，C，T という 4 種の塩基と，それが指示するタンパク質の対応には冗長性があり，複数の配列が同一のタンパク質を指示する．これは誤り訂正の他，遺伝的安定性を確保するために重要な性質である．塩基配列が一カ所でも異なると別の生物になるような不安定な系では生存が困難であろう．

市川は進化システムの要件として以下のものを措定している [市川 00]:

- （恒常性を維持する）自己複製子（ゲノム）の存在
- 自己複製子のシステム構造（要素と，要素を結合したシステムが存在する）
- システム構造の変異の可能性
- （複製の頻度に関する）複製子システム間相互作用（競争）
- 外部環境の存在

生物進化でも進化計算でも上記の本質は同じである．進化計算に使われる遺伝的アルゴリズムは以下のプロセスである：

1. 集団の初期値を決定する
2. 評価関数（フィットネス）を決定する
3. （終了条件が満たされるまで）以下を繰り返す

   3-1. 遺伝子のそのままのコピー，突然変異（置換，削除，重複），あるいは交叉による子孫の生成
   3-2. フィットネスが上位の個体を選別し，決められた規則に従って残す

評価の高い個体を選択することにより，よい良い性質を選択的に残すことができるが，局所的最適値に陥らないために，あるいは新しい性質を求めて，ステップ 3-1 で以下のように撹乱を導入している．撹乱と言っても様々な可能性をランダムに生成しているわけではない．効率的探索手法が必要であり，一般的には生物に倣って以下の遺伝的操作が用いられる：

- 交叉（組換え）．異なる二つの遺伝子を混ぜる．
- 突然変異．遺伝子の一部を別のものに置換える．
- 複製．遺伝子の一部を複製して挿入し全体を長くする．

進化に関しては以下の 3 点に注意を要する：

1. 自然界における進化は方向性をもたない．進化は単に遺伝子複製の頻度差として起こっているのである [Daw91]．しかしながら，遺伝的アルゴリズムは人為的な操作であるから評価関数の中に目的を織り込むことが可能である．たとえば，足の速い子孫の評価値を高くするということが可能である．しかし自然界では足が速いという理由で子孫が残るわけではない．他の様々な要因と絡みあった上で，結果的に子孫を残せる状況に至ったものだけが残るのである（結果として足の速いものが多く残ることはあるが，淘汰圧が足が速いという方向性を持っているわけではない）．
2. 進化は大きな分岐と漸進的進化の繰返しである．すなわち，遺伝形の変異は大部分は小さな変化（漸進的進化）として発現する．それより大きな変異は通常は生存に必要な要件を満たさないので淘汰される．しかしながら，ごくまれに大きなジャンプでも生存可能なものが生成される．ここで隣の山への分岐が起こる．AI あるいは構成的方法論において進化的方法論が重要なのはどちらかと言えば後者の点であり，前者は他の工学的手法（たとえば最適化や山登り法）が使える．
3. 進化は複数の層で同時に起こっている．多層システム（10.4 節，206 ページ）という観点からは，これが最も重要な点である．

モノー [Mon72] は生物進化において，目的論的な上位システムと，下位のタンパク質のランダムな変異の間の関係に熱力学第二法則（エントロピー増加の法則）が重要な役割を果たしており，その結果として進化は熱力学第二法則と同方向の不可逆な変異となることを述べている．つまり，タンパク質のランダムな変異のうち，上位システム（代謝）に組み込まれうるもののみが残り，さらに交配という生物再生産のシステムに組み込まれたものだけが固定化される．ここでは以下のポラーニの記述したものに類似の，境界条件を与えるものとしての上位層の姿が読み取れる．

ポラーニは下層のシステムでは定まらない境界条件を上層が与えているとしている．生物の例では分子層は物理化学的制約からなりたっているが，それらの配置などの境界条件は上位の層が，物理化学とは別の原理で定めているとしている：

> 生物における諸レベルからなる階層の場合にも，広汎にこの周縁制御の原理がはたらいているのが見られる．生命を休止の状態におい

> て維持している植物的機能系は，筋肉活動を用いる身体的運動がなりたちうる可能性をひらいておくし，筋肉活動の原理は，それらが種にそなわる独特の型の行動へと統合されうる可能性をひらいておく．これらの行動の型も，それらが知性によってかたどられることに可能性をひらいておく．つぎに，この知性の作用は，それを所有する我々人間において，さらにより高い原理がはたらきうる広範な可能性を許している．（ [Pol66] p. 67）

モノーとポラーニは生物について語っているが，これらの視点は AI にもそのまま当てはめることができる．複数の異なる記述言語を持つ層の同時創発を造りこむ指針となると考えている．

遺伝的アルゴリズムからもわかるように，候補の生成は機械的に行うことが可能だが，評価のほうは一般的には機械的には行えない．実際に動かしてみるのが最善で，対象が複雑になると評価に時間がかかる．たとえば囲碁を打つプログラムを進化的に作るとすると，評価には一局以上の対戦が必要となる．生物の場合はもちろん一生かけてこれが行われる．生物が進化に関係する期間は子供を産むまでとは限らない．子育ての期間も含まれる．生物の場合，親は不要になった時点で死ぬのが普通であるから，評価の期間は一生全部と言ってよい．子孫の資源を使わないために，いつ死ぬのかも評価の対象となる．

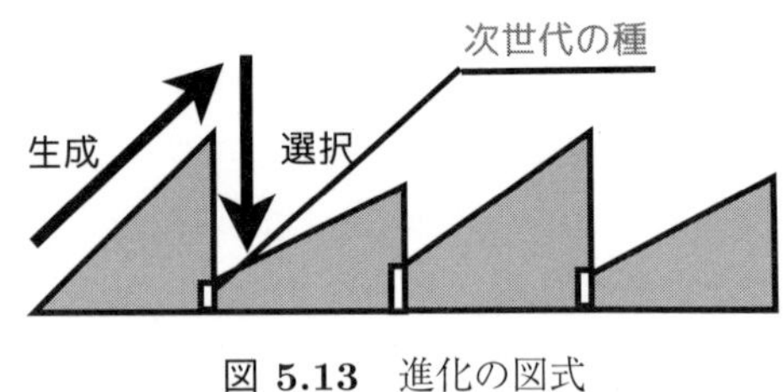

図 5.13　進化の図式

市川は科学の方法を以下のように定義している．

1. 仮説および定数および定数で構成されるモデルから演繹的推論によって予測を行う．
2. この予測を確認できる観察・測定（以下観測という）を計画し実施する．
3. 観測により得られる事例と予測が一致すれば仮説は実証されたという．
4. 予測と反する事例（反例）が得られたならば，その仮説は偽であるとして棄てる．その事例を取り込んで帰納的推論を行い仮説を作り直す．1 に戻る．

市川は現代の科学技術が進化システムを構成していると主張している．したがって，進化論的方法論が構成的方法論の一つであることの裏付けにもなる．一方で，方法論がこれしか存在しないということを論証するのは至難である．しかし，状況証拠は豊富にある．人工生命の方法論の他に，デザインの方法論 [松岡 08, Gol02]，イノベーションの方法論（もしそういうものがあるとすればだが）[中島 08b] などで進化的方法論に言及されているものの，他の方法論はみかけない．

6 知識表現と推論

6.1 知識表現の歴史

人工知能の研究の歴史はおおまかに，推論の時代，知識表現の時代，知識工学（エキスパートシステム [HRWL83]）の時代，環境との相互作用の時代と推移してきた．知識表現の時代は知識の表現形式を研究する時代，知識工学の時代は知識の中味（特に人間の専門家の持つ知識を定式化）を研究する時代であった．知識工学の時代は，人工知能研究が実用化され世間で受け入れられた時代でもあった．

人間の持っている知識をコンピュータプログラムに埋め込むことは，人工知能の中心的課題の一つである．これは，プログラムに人間と同じような状況認識をさせる場合に必要となる．これは以下のような場合に必要となる：

1. 人間との対話や機械翻訳をする場合，言語の意味を表現し，操作（言語化）する必要がある．（たとえば Winograd Schema Challenge（7.2.3 項，147 ページ）などが良い例であろう．）
2. 航空写真から地図を作成する場合に，道とは何かの知識が必要である．
3. 文字読みとりや音声認識において，ノイズや歪みがあっても背景知識を用いることにより認識率を上げることができる．実際，心理実験においてノイズがあっても人間は意味（文脈）に応じた読み分け／聞き分けをしていることが確認されている．
4. 画像を人間と同じようにトップダウン（全体から細部への順序）に認識するためには知識の大局的構造を前提とするとうまくいく．これは，たとえば家の入口の扉を開けるとそこは玄関であるというような知識を利用することにより，玄関の家具や廊下の認識がトップダウン的に行えるようになる．

航空写真の認識などの課題は知識表現がキーになる例である．実際に道を歩いていればその状況における様々な情報が使えるが，航空写真のような表現物を扱う場合には身体性が使えない．

身体性を使うとは以下のようなことである．ブルックスの反応型ロボット（8.5 節，172 ページ）が道を歩いている場面を想定しよう．このロボットは固有の移動装置を持ち，それを固有の方法で動かして移動する．そのようなロボットにとっては，歩きやすいところが道である．最も基本的な仕様としては歩きやすい方向に進んでいくだけで道をトレースすることが可能になりそうである．実際，我々も森の中を進む場合には動ける方向に進むことにより自然に道をトレースしている[70] という経験がある．

70) ラリーのドライバーはグローバルな地図なしに，交差点ごとのローカルな指示に従って進むが，指示の無い場所では "道なり" に進むことになっている．Y 字路などで，この "道なり" がどちらか迷った場合に，速度を上げて再進入し，曲がりやすい方が道なりであるという判断基準もあるそうである．

しかしながら，上記のような完全な「反応型」の手法では失敗も多い．局所的には進みやすくても，すぐ先が切れている道よりは，局所的には少々の困難を伴ってでも将来が開けた道を進むのがよい．その場合には視覚などによるガイドが必要となる．視覚情報それ自体には "歩きやすい" という性質はないので，視覚情報のなかから歩きやすさを反映したなんらかの情報を読み取る必要がある．

話を元に戻して，コンピュータによる航空写真の読み取りの場合には，コンピュータが実際に歩くのではなく，人間が歩いたりクルマが走ったりする場合をシミュレートするか，あるいは道とは何であるかの知識を持つ必要がある．また，さらに，航空写真は通常我々が歩く場合の視覚とはかなり異なるアングルと距離から撮影されているのでその変換（道を上空から見るとどう見えるか）も必要である．通常はこれらの変換を終えた，上空からの道の見え方を知識としてプログラムに直接与える手法がとられる．

つまり，主体が実際に環境に埋め込まれて動作している場合には環境そのものを利用することにより，表象なしに行動できる場合であっても，(a) 写真の認識のように環境自体が対象でない場合や，(b) コンピュータのように，行動主体でないものが認識を行う場合などには知識の内部表象を用いる必要がある．

ファイゲンバウムらによる伝染性血液疾患を扱った MYCIN は初期の成功例として有名である．このシステムは医師やインターンと同等以上の能力を示した．MYCIN はプロダクションシステムとして知られる IF-THEN 型の単純な互いに独立な規則群から構成されており，その後のエキスパートシステムの標準となった．ただし，3.2 節（55 ページ）に述べたように身体性の欠如から実用にはならなかった．

実用レベルに達したエキスパートシステムの例としてはPROSPECTORがあり，これは推定価値が1億ドルのモリブデン鉱床を発見したし，ディジタルイクイップメント(DEC)社が開発したR1は顧客の要求に応じた計算機システムの構成を行った．また，現在の各エアラインの予約システムとしても実用化されている．

多くのエキスパートシステムで使われた知識表現技法は，それ以前に研究されたものに比べれば単純なものであった．推論もプロダクションシステムを基本とし，複数のモジュール間の通信として黒板モデル[71]を用いている．黒板はサブシステムが問題を提示したり，別のシステムがその解を書き込むなどの通信に使われる他，部分問題を解く順序の制御などにも使われる．ファイゲンバウムのスローガン「知識は力なり」が示すように，形式より中味が重要視されていたことがわかる．

71) 複数の問題解決モジュールが，黒板と呼ばれる一時記憶をシェアして問題解決にあたるモデル．

6.2 記憶と想起と利用

知能にとって不可欠の要素の一つに記憶がある．過去の出来事や，自分の行動に関する記憶の存在しない知能というのは考えられない．このような，知能の元となる記憶のことを知識という．

人間の記憶にはおおまかにいって推論や文章理解などの作業に使うために一時的にデータを蓄えておく短期記憶と，半永久的に蓄えておく長期記憶がある．また，記憶される情報の種類によって，

- 言語記憶,
- 画像記憶,
- エピソード記憶（出来事の記憶）

などに分類される．これらが実際にどのように蓄えられ読み出されるかについては，まだよくわかっていない．

我々人間の持つ知識の量は莫大である．実際，人間の場合は一生の間に見たものを全部記憶しておくことも可能だという計算もある [Sag78]．これをコンピュータに入力し，かつ自由に使えるようにしようというのが，知識表現の研究である．今のコンピュータのメモリ容量が人間に比べて問題にならないほど小さい[72]ことを除けば，憶えるだけならコンピュータは得意であるといってよい．人間の場合，ある情報を覚えるのに非常に苦労することがある．

72) 2045年頃には人間を超えるという予測 [Kur07] もある．

たとえば電話番号などは色々ゴロ合わせせなどして覚えなければならない．これに対し，コンピュータは即座に記憶できる．

問題は思い出す方である．覚えるだけでは“WOM”（write only memory）みたいなもので使いものにならない（多分「覚える」の定義には想起できることを含んでいるとは思うのだが）．たとえば電話番号の例にしても，コンピュータの場合，何番地にしまってある数字という形ではすぐに引き出せるが，誰それさんの電話番号という形で検索するにはちょっと工夫が必要である．ましてや，屋号を正確には覚えていない酒屋さんとか，昨日かけた2で始まる局番などという検索は（Google でさえ）かなり苦手になってくる．人間の場合，記憶には時間がかかるが想起のほうはかなり自由にしかも高速にできる．

少しの手がかりから必要な情報を想起するには，実は格納の仕方自体を工夫しておく必要がある．また，必要な情報を取り出すためには元の情報を加工したり，組み合わせて推論したりする必要があるかもしれない．このような操作も容易な形で格納しなければならない．したがって，知識表現の研究とは“自由に引き出せる形で，コンピュータに知識を蓄える”方法の研究であると定義できよう．

また，最近ではビッグデータからの情報発掘（データマイニング）の研究が盛んになっている．膨大なデータを蓄えたデータベースを作ったのはよいが，ほしいデータを探し出すことができないという問題が認識されている．また，格納されたデータの統計をとることによって初めて見えてくる新しい知識もある．コンビニエンスストアなどでレジのデータを集計し，時間や地域ごとに売れる商品の統計をとり，それによって品揃えを変えているのはこのようなデータ発掘の（小規模な）実用例である．

コンピュータにおける知識の表現にはおおまかに分類して二通りの手法がある.一つは連想記憶などに代表される大域的な記憶方式である.メモリの特定の番地にデータを格納するのではなく，メモリ全体にぼんやりとデータを格納する方式である．大量のデータは互いに重ね合わせて格納されている[73)]．情報がメモリ全体に拡散して格納されているため，メモリの一部が消えたりノイズが混じったりしても，データが完全に破壊されるのではなく，少しづつ変形されるだけですむ．この特徴を使えば部分的な情報からでも全体の情報が復元（完全に復元できる場合もあるし，そうでない場合もある）できたり，ある情報に似た情報が取り出せる（連想）という特徴をもっている．文字や画像などパターンの処理に多く用いられる．PDP(Parallell Distributed

73) 大局的記憶方式は，映像を干渉縞としてフィルム全体で記憶するホログラムに例えてホログラム方式と呼ばれることもある．

Processing あるいはコネクションマシンとも呼ばれる）などはそれである．1.1 節（1 ページ）で述べたように，この方式はボトムアップの想起とトップダウンの予測を融合できるという利点も持っている．

出力を入力に戻す構造を持ったエルマンネット（図 5.7，90 ページ）は時系列構造の記憶に有用である．言語や音楽などがそれに当たる．十二支の記憶なども時系列で，途中の任意の干支からの再現は「子丑寅…」と最初から始めるよりは若干困難であろう．これは先の出力が次の想起のトリガーになっているからと考えられる．

もう一つは情報を局所的に蓄える方式である．記号表現はこちらの方式をとるのが素直である．一般に知識表現というとこちらを指すことが多い．

記号による知識の表現では連想が表現できないというわけではない．たとえば，意味ネットワーク（6.3.1 項，115 ページ）はそのために誕生した．意味ネットワークでは概念と概念の間をリンクで結んでおり，それをたどることにより連想などが表せる．逆に大局的表現でも記号とその操作を扱うことができる（5.2.4 項，89 ページ）．

大脳皮質は主としてニューラルネットワークに近い大域方式で知識を蓄えていると考えられているが，実際に脳が大域記憶と局所記憶のどちらの方式をとっているかは古くから議論のあるところである．局所的表現派ではすべての概念に対してそれを表現する神経細胞（群）が存在していることになる．たとえば「お婆さん細胞」というお婆さんだけに反応する神経細胞が存在しているだろうか？

6.3　定性推論

知識表現を必要とするもう一つの場面は予測である．これはある意味で，自分が特定の行為を行った／行わないときに環境はどのように変化するかのシミュレーション能力である．囲碁や将棋の先読みと同じと考えてよい．この場合，実際に環境を変えてしまったのでは意味がない．環境を変えることなく，“頭の中だけで” シミュレートする必要がある．

状態の変化は，フレーム問題（6.7 節，127 ページ）として特に強調されているように，完全にシミュレートすることは不可能である．したがって，やってみて駄目なら考え直すという，環境と相互作用する方式が実際にはとられることになるが，それにしても頭の中でのシミュレーションが必要なことに変わりはない.

そのような場合，頭の中でモノや状況を変化させていく必要がある．外界は実際には変化しないのだから，そのような変化は頭（あるいはコンピュータ）の中で起こっている．つまり表象（あるいはメンタルモデル）が変化しているのである．

これについてもう少し詳細に見てみよう．石を投げてどのように飛ぶかのシミュレーションを考える（ゴルフやカーリングのプランニングでもよい）．どのような軌跡で石が飛び，どこに落ちるかの正確な物理シミュレーションは（少なくとも人間には）無理である．実際に投げて，環境に計算させるのが最も容易だし，確実である．もちろん，訓練を重ねることにより，シミュレーションの正確さはどんどん向上するし，実際に手で投げる（あるいはクラブを振る）ことの訓練を行うことにより，目的地点に正確に石を投げる（ボールを飛ばす）ことができるようになるが，ここで問題にしたいのはそのような熟達したシミュレーションではなく，初心者のシミュレーションである．熟達したことしかできないシステムはあまり知的ではない．自分のあまり経験したことのないような場面でも適切に反応できるシステムがより知的である．そのような非熟練タスクにおけるシミュレーションでは人間はかなり記号的な予測を行う．石を投げる場合には，力の入れ具合に応じて“近く–中くらい–遠く”くらいの三段階かもしれないし，外界に目標がある場合には机のあたり，椅子のあたり，その向こう，窓までという四段階かもしれない．いずれにしても，連続値ではない．

このような推論を，量を用いる定量的推論に対し,「定性的推論」と呼ぶ．この定性的推論は，我々が機械の仕組みなどを理解するときにもよく用いている．厳密な物理方程式を解くことなく，おおよその性質を知ることができる．たとえば，飛行機（図 6.1）が飛行中にエンジン出力を増加する場合を考えてみよう．

1. エンジン出力が増加する.
2. 速度が増加する.
3. 主翼の揚力と尾翼の下向きの力[74] が同時に増加する.
4. 機首が上を向く.
5. 上昇を開始する.
6. 速度が減少する.
7. 速度が，エンジン出力増加前の値に等しくなった時点で上昇速度が一定に

74) 通常の機体では尾翼は下向きの力を発生してバランスをとっている．これは，機体の重心を主翼の風力中心より前に置き，失速したときに（尾翼が主翼より先に失速する方が良い）機首が自然に下を向き，それによって速度を回復し，自動的に失速から脱出できるようにするためである.

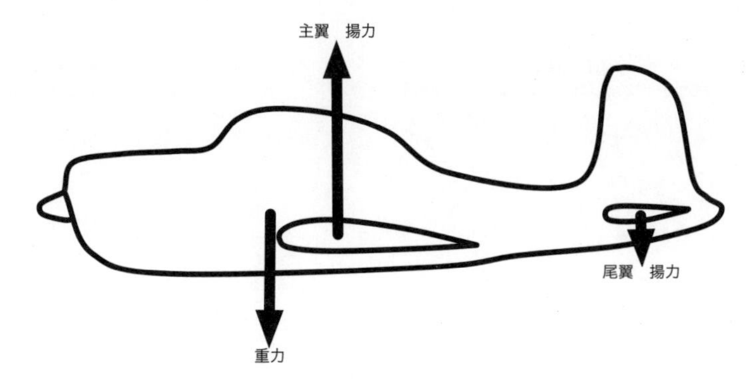

図 6.1 飛行機の力学的釣合

つり合う.(つまり, 出力増加は上昇に寄与し, 速度増にはつながらない.)

このように考える場合, 値の増加, 減少, 釣合などの語彙で思考していることがわかる.

6.3.1 意味ネットワーク

人間の持つ概念構成に関する心理学実験をもとに考え出された表現方法である. 一つには人間の連想機能をノード間のリンクをたどることにより実現したものである. もう一つは人間の持つ概念が階層構造を持っていることが実験で確認されていることの反映である. たとえば「鳥は飛ぶか?」という質問に答える反応時間と「鷲は飛ぶか?」という質問に答える反応時間を比べると前者のほうが短い. これは「鳥」という概念から直ちに「飛ぶ」という属性が連想されるが,「鷲」からは一旦上位の「鳥」に移った後でないと飛ぶにたどりつかないためと考えられている.

意味ネットワークは, 概念を表すノードと, 概念間の関係を表すリンクによって構成される. ノードやリンクには任意のものを対応させてよいが, 概念間の関係を示すisaリンクは, 属性の継承手段としてよく使われる. Isa (is a. 例:Cannary is a bird.) と AKO (a kind of. 例:Cannary is a kind of bird.) とは同じ意味であるが, 歴史的には意味ネットワークはisa, フレームシステムはAKOを使うことが多い.

鳥と鷲の例は以下のように表せる.

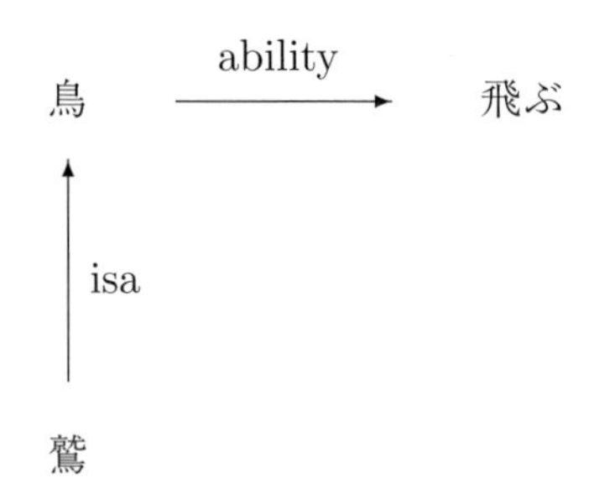

意味ネットワークでは各々の概念が記憶の構成単位になるが，その属性などをまとめて単位にしたのがフレームの考え方である．これは，対象に関する知識をまとめて記述しておいて，実際の認識の手間を省こうというものである．

意味ネットワークやフレームの表現で問題になるのは，それらが本当に意味を記述しているのか？という点である．たとえば

犬 $\xrightarrow{\text{isa}}$ 動物

という意味ネットワーク（の一部）に関して,「犬」,「動物」,「isa」といった記号は人間には意味のあるものだが，コンピュータにとってはその他もろもろの記号（たとえば「Px01_T9RaN」,「X0001」など）と全く同じ種類の，単なる記号にすぎない．つまり

X0423 $\xrightarrow{\text{L8096}}$ X1054

と書いてあるのと本質的には同じなのである．

では何が意味ネットワークやフレームをして意味（知識）表現ならしめているかといえば，それはそれらを用いる推論機構に他ならない．推論機構が適切なときに「犬」から isa リンクをたどって「動物」に行くからこそ，先ほどのネットワーク（の破片）でもって「犬は動物である」という知識を表現していることになるのである．

ところで，上記のような isa というリンクでつながった概念間の階層構造をつくることは，知識の整理に役にたつ．自然科学では自然界の対象（動植物）

を階層構造に分類する分類学が重要なのをみてもこれがうなずける．知識表現の場合にはさらに記述を簡潔にし，全体の記述量を減らすのにも役だっている．たとえば鳥は飛ぶと書いておけば，カナリヤは飛ぶ，鳩も飛ぶ，…と繰返さなくても，推論機構がその面倒をみてくれる．

最後になるが，自分の知っている知識に関して推論する能力（メタ推論）は知的システムには欠かせないものである．ここで，知っているとはその情報を直接持っていることの他に，考えればわかるとか，調べればわかるということを含む．たとえば，あなたが 3 の 3 乗はいくつかと聞かれたら，知っていればすぐに 27 と答えるし，知らなければ計算して答えるであろう．しかし，あなたが現在知られている最大の素数はいくつかと聞かれたら即座に知らないと答えるであろう．この能力は驚愕に値する．少なくともあなたはこれまで，自分が "現在知られている最大の素数を知らない" ことを知らなかったはずである．これがコンピュータなら自分の知識データベースをさんざん検索しなければならないだろう．そして，いつまでたっても自分が "現在知られている最大の素数を知らない" ことは，コンピュータにはわからないに違いない．

6.4　意味論の問題

ある記号の意味はどのように決められるのだろうか？哲学的には現実世界に接地させる必要があるという主張がある [Har90]．このように個々の記号を現実世界に対応させる手法の他に，システムとしての同型性を拠所とするのが，記号処理における常道である．

ある特定のシステムにおける記号の意味は，そのシステム内の他の全記号との関係において初めて決まる．『ゲーデル，エッシャー，バッハ』（[Hof79] 第 2 章）に，形式システム[75] とその意味に関する記述がある．わかりやすい例として pq システムが示されている．形式システムは記号，整式 (well formed formula)，公理（前提となる命題），推論規則の三つで定義される．

75) 意味を考えることなく，形だけをみて操作ができるシステムのこと．

pq システムは以下のように定義される：

記号：p，q，-
整式：x がハイフンだけの列であるとき，xp-qx-は整式である
公理：すべての整式は公理である

推論規則：x，y，z がそれぞれハイフンのみからなる特定の列のとき，もし xpyqz が定理[76] であれば，xpy-qz-も定理である．

76) 定理とは，公理から推論規則で導かれるもののことである．

なお，形式システムにおいては，

すべての記号列 $\supseteq$ すべての整式 $\supseteq$ 定理 $\supseteq$ 公理

の関係が成立する．

pq システムの公理は具体的には以下のようになる（1 次元に並べにくいので 2 次元の表にしてある）：

-p-q--	-p--q---	-p---q----	…
--p-q---	--p--q----	--p---q-----	…
---p-q----	---p--q-----	…	…
…	…	…	…

上記においてハイフンの数を数字，p を+，q を=と読むと足算になっている．たとえば、--p-q---は 2+1=3 と読める．pq システムの公理と足算の公理は一対一の対応を持っているのである．つまり，pq システムは足し算と同型である．

特定の記号（pq システムにおいては-と p と q）の意味は，そのシステムにおける定理によって規定される．そしてその定理の意味は，それと同型な別のシステムによって与えられる．AI の文脈でいうと，システム化したいなんらかの認知現象（記憶，言語の使用，視覚など）と動作が同型のプログラムを作れば，その現象をプログラム化できたことになる．この考え方によると，記号接地には物理的意味づけは不要で，モデル化したい現象と同型性を保つ写像であればよいことになる．

以下ではこの関係をもう少し掘下げて考えることにする．エキスパートシステム等でよく用いられるプロダクション規則等は

IF <条件> THEN <動作>

のような形をしており単独でも読めることが多い．つまり，個々の規則を見ただけでその意味というか働きがわかるようにできている．[77] つまり，他にどのような規則（知識）が存在するのかとは独立に個々の規則の妥当性について云々できそうである．これはどういうことであろうか？

77) このように，局所的に規則の記述が可能だというのがプロダクションシステムの長所であり，同時に短所でもある．長所としては大きなシステムに新しい知識を追加するのが容易なこと，短所としてはいくつかの規則を協調させて動作させるといった制御が不可能（あるいは非常に困難）なことが挙げられる．もちろん，後者を改良したシステムもある．

プロダクション規則のインタプリタは非常に単純なものである．短期記憶

に様々な情報が記録されており，IF 部を短期記憶に対して試み，それが成り立っているときに THEN 部を実行するだけである．THEN 部の実行とは（入出力を除けば）短期記憶を変更することである．[78] だから，ある規則を見たときにそれが全体の中で果たす役割が比較的簡単に理解できるのである．別の言い方をすると，規則間の関連が非常に少ないかあるいは全く無いようにセマンティクスが作られているのである．

78) 複数の IF 部が成立するときにそのうちの一つを選択する競合解消などの機構もあるが，ここでの議論には本質的ではないので，考えないことにする．

知識表現には，このような知識を解釈実行する機構の存在が不可欠で，これがある知識の断片と全体との関係を決めているのであるが，その機構の働きが単純明快であれば，現実問題として全体を見渡すことなく個々の知識片の意味を人間が理解できる．この，人間に理解可能であるという性質は，知識表現システムにおいては重要である．多くの知識は人間が書くのであるから．

プロダクションシステムでもう一つ忘れてならないのは IF 部の条件記述言語である．この IF 部は，システムの持つ短期記憶の状態を調べるために書かれるものであり，これだけでも（受動的）知識表現言語と言えよう．OPS5 [HRWL83] の例を見てみよう．短期記憶は

（物質　^名前　H_2SO_4　^色　無色　^分類　酸）

のようなデータ項で構成される．^で始まるのが属性名，それに続くのがその属性値である．条件項はこれとマッチする

（物質　^分類　酸　^名前　<物質名>）

のようなパターンで構成される．<>内は変数である．さらに，このパターンを並べることにより条件の AND による構成が可能であるし，OR や，否定に相当する-もある．-<条件>は，<条件>にマッチするものが短期記憶にない場合に成功する．他にも属性値の範囲の指定など様々な表現が用意されている．つまり，プロダクションシステムの条件記述はそれだけで命題論理式とほぼ同等の記述力を有するのである．そうすると，この部分の意味はどのようにして定まるのかが次の疑問となる．

論理では推論規則が明快である．したがって，ある知識の集合（公理）に対応する定理（公理から導出できる命題の全体）がはっきりと定義されている．他の知識表現の体系の場合にはそれを別に定義する必要があり，その作業は決して些末ではない．しかし，その手続きに関する部分がなんとなく直感的な説明で終始していたものが多い．そのような，意味論のはっきりしない知識表現の例として，プロダクションシステムの条件部の他に，意味ネット

ワークやフレームシステムを挙げることができる（要するにほとんど全部）．ただし，意味論に注目し，それを明確にしたものも存在する [LM79, Tou86].

次に，フレームシステム [Min75] の例を見てみよう．

```
(deframe bird
  (AKO ($value animal))
  (can ($value fly)))

(deframe canary
  (AKO ($value bird)))
```

を見て，

```
(fget 'canary 'can  $value)
```

が fly を値とするということは AKO(A Kind Of) というスロットの意味を理解して初めてわかることである．フレームシステムが Lisp[79] で書かれているとすると，AKO スロットを処理するための Lisp コードがそれに当たる．だから，原理的には，

79) Lisp はマッカーシー (McCarthy) らが開発した記号処理用のプログラミング言語で，AI で多用されている．

```
(deframe canary
  (AKO ($value bird)))
```

の意味を理解するには Lisp コードを毎回参照する（あるいは覚えている）必要があることになる．しかし，実際にはそういうことは行われない．我々は直感的に AKO のことを，クラスの上下関係を表現するものとして理解し，クラスの上下関係に伴う情報の継承などを行う関係として見做している．しかし，ことはそう単純ではない．

```
(deframe chicken
  (AKO ($value (bird meat)))
```

のように上位クラスが二つ（bird と meat）以上の場合には，継承パスを辿る順序とか，矛盾する情報の取扱いとかの問題が出てくる．

一般に知識表現システムはこれらの複雑な場合でも，その動作が我々の直観と一致するように設計される．そしてその使い分けの直観との一致度がこれまで唯一の評価基準であったが，そうではなく推論過程がいかに明白に規定されているかを基準として考えなければならない．

これまで見てきたように，論理システムやプロダクションシステム（の推論部分）ではインタプリタの動作は非常に単純で，意味が読み取りやすく，逆にプロダクションシステム（の条件部分）やフレームシステム，意味ネットワークでは意味の大きな部分がインタプリタに隠されている．

6.5　因果関係の定式化

因果関係という概念は人間にとっては自明のようでありながら，それをフォーマライズしようと思うと結構大変な概念である．古くから哲学や人工知能の分野でこれが試みられているにもかかわらず，いまだに成功していない．たとえば，単純な，スイッチを押すと電灯がつくという因果関係を，論理的に分析してみよう．“スイッチを押す”ということは“電灯がつく”ということとどういう論理関係にあるのだろう？十分条件だろうか？いや，そうではない．停電していたり，電灯のフィラメントが切れていたりすると電灯はつかない．では，必要条件だろうか？これもそうではない．通常はあまり起こらないことだが，スイッチがショートして電灯がつくこともありうる．それに，映画『未知との遭遇』ではUFOが飛来しただけで，あちこちの電灯がついたではないか．つまり，因果関係は（通常の）論理的には記述できない概念である．因果論理を考えている人もいるが，やはりまだ完成していないようである．

人間はおそらく膨大な条件や変化のなかから，ごく一部の，自分に合った複雑さの関係だけを因果関係として取り出しているのではないだろうか？もちろん，そのようなわけだからいつでも完全に因果関係が理解できるとは限らない．有名な例に砂漠での殺人というのがある．

- アキラ，ボブ，千夏の三人が砂漠でキャンプをした．
- アキラとボブの二人はそれぞれ以前から千夏を殺したいと思っていた．
- アキラは千夏の水筒にそっと毒を入れた．
- それを知らないボブは千夏の水筒の水を砂漠に捨てた．
- 千夏は水不足で死んだ．
- さて，ボブは千夏を殺したことになるか？

つまり，ボブの“水を捨てる”という行為は，あってもなくても結局千夏は死んだはずである．毒を捨てたのだから，一時的には千夏を救ったとも言える．

これを千夏の死の原因と呼べるか？という問題である．

このように因果関係というのは人間にとっても実はよくわからない問題である [中島 93b]．また，通常の論理の推論規則は因果関係ではなく，事象の包含関係を表すものであることに注意されたい．たとえば青年 A は親 P に叱られないと勉強しないとしよう．これを述語論理で表すと

$$(a)\ \neg 叱る\ (P, A) \rightarrow \neg 勉強\ (A)$$

となる．これと論理的に等価である対偶は（矢印の向きが逆転し，否定が反転するから）

$$(b)\ 勉強\ (A) \rightarrow 叱る\ (P, A)$$

となる．これを因果関係と理解すると“勉強すると叱られる”ということになってしまうが，勿論そうではない．元の論理式 (a) は“叱られないという事象は勉強しないという事象に含まれる”という意味である（図 6.2）．“叱られても勉強しない”ことがあるのに注意されたい．

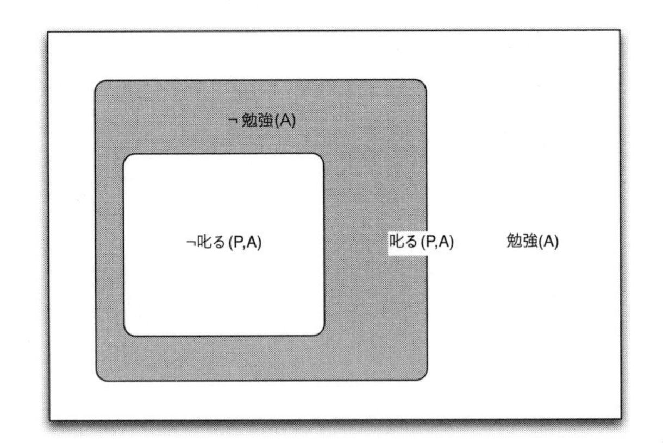

図 6.2　P が叱らないと A が勉強しない．灰色は“叱られても勉強しない”部分．

(b) は“勉強するという事象は叱るという事象に含まれる”という意味であるから，勉強しないという領域に叱られることは存在している（図 6.3）．両者は論理的には等価である．

以上のように因果関係というのは単純な論理式では表せないが，(b) の式は A が勉強するという事象は P が A を叱るという事象に含まれているということだから，“叱らないと勉強しない”ということは成立する．

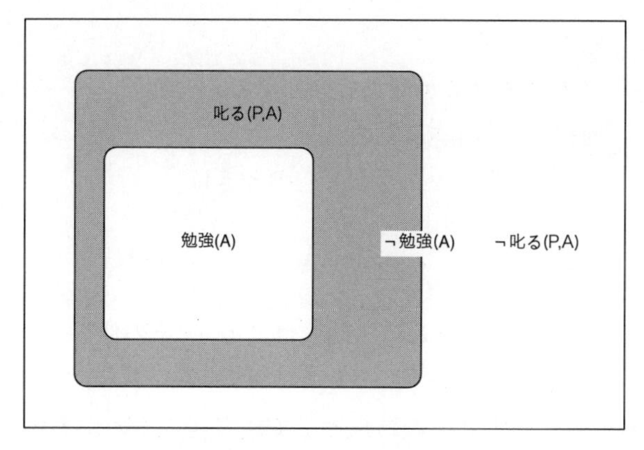

図 6.3　A が勉強すると P が叱る．図 6.2 とは対偶関係にある命題なので同値．内と外を裏返して見ると同じ図であることが判る．灰色は図 6.2 と同様に，“叱られても勉強しない” 部分．

上記では P と A という定数を扱ったが，述語論理ではもう少し一般的な記述が普通で，変数を含む

$$(c)\ \forall x, y.\text{勉強}\ (y) \rightarrow \text{叱る}\ (x, y)$$

のような記述になる．ちなみに，この否定は

$$\neg(\forall x \exists y.\text{勉強}\ (x) \rightarrow \text{叱る}\ (y, x)) \equiv \exists x \forall y.\text{勉強}\ (x) \wedge \neg\text{叱る}\ (y, x))$$

となって，“叱られなくとも勉強するものがいる” という命題になる．

さて，計算機プログラムとして，因果関係による変化の計算をさせようとすると，どういう条件のときに何が変化し，何が変化しないのかの記述や計算が膨大になってしまい，その計算が実用上不可能だとして指摘されたのが（広義の）「フレーム問題」[80] である．たとえば，先の例でスイッチを押すと電灯はつくか？ということをプログラムに推論させようとしたとする．そのプログラムは，

IF	スイッチを押すと
THEN	電灯がつく

のような単純な形では書けなくて

80) 狭義の，つまり元々のフレーム問題というのは，論理は永遠の真理を扱うもので，“変化” がそもそも定式化できないことに起因する．そこで，行為によりある状態から別の状態に移ると考えて，これらの状態を別々に記述しようとした．そうすると，前の状態で真だったものが，後の状態で真かどうかをいちいち記述あるいは推論しなければならなくなる．この記述／推論量が膨大であるというのが狭義のフレーム問題である．この問題自体はその後様々な枠組で解決されているが，解決の副作用がここに述べた広義のフレーム問題として残った．

IF　停電でなく
フィラメントが切れていなくて
回路が断線していなくて
... その他諸々の条件... のときに
スイッチを押すと
THEN　電灯がつく

というようなものになるであろう．問題はこの，“その他もろもろの条件” が書き切れないことにある．

また，スイッチを押すとその結果として何が起こるのか？単に電灯がつくだけか？ひょっとしたらショートして火花が散り，火事になるかもしれない．いずれにしても，一般論としてある行為の成功条件や結果を書き下すことはできない．相対性理論の教えるところによると，因果関係は光の速度を超えては決して伝わらないので，前提条件はその時点へ光が到達可能であった過去の全空間（光コーンと呼ぶ），影響はその時点から光が伝わりうる未来の全空間である（図 6.4）．こんなもの膨大すぎてとても扱えない（実用的な時間では計算できない）．

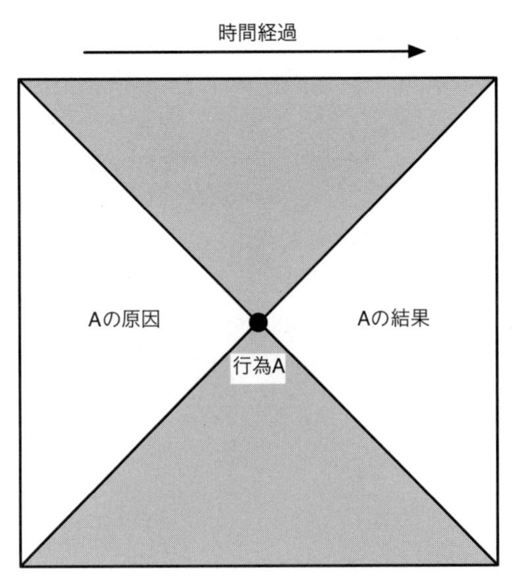

図 6.4　光の速度が規定する物理的因果の範囲

しかるに，人間の場合は，ある変化が何に影響を及ぼすかを因果関係として把握しているので，日常出会うような事態においては適切な推論ができる．つまり，人間は光コーンの中の全事象のなかから適切なパターンだけを見ることができるのである．

逆に人間には不得意な複雑さもある．たとえば多くのデータの間の一貫性の維持などはその例である．こう言えるかもしれない：人間はデータ全部を管理するのは下手だが，その中から意味のある一部だけを抽出するのはうまい．そして計算機はその逆である．

6.6 処理の有限性

6.3.1 項（115 ページ）で，表現されたものの意味は各々の要素で確定されるのではなく，他の要素全体との関係がその意味であることを述べた．つまり，ある表現システムにおいて表現された個々のもの（表象ということもある）の意味は，理論的にはそのシステム全体との関係において意味が定まるのであり，小数のプリミティヴの組合せによってその意味が定義できる性格のものではないのである．

国語辞典などの辞書も同じである．ある単語は別の単語列によって定義されている．そして，それらの単語はさらに別の単語によって定義されている．したがって，ある単語の意味は辞書全体で規定されていると考えられる．ただし，辞書の単語は実際には他の単語全部には関係せず，その一部のみに関連しているかもしれない（辞書の単語の依存関係がいくつかの互いに無関係なグループに別れる可能性がある）が，少なくとも原理的には全部と関連していると考えるのがよい．

以上は静的な枠組みの話である．以下では，動的な処理（推論）を中心にして，知識表現のもう一つの側面を考えてみたい．実際の単語の使用に当たって，「私はシェパードを飼っている」という文の意味を考えるには，なぜ「シェパード」の代わりに「犬」を使って「私は犬を飼っている」と言わなかったのか，等を考慮する必要がある．「シェパード」の意味は「犬」とか「コリー」とか，あるいは「動物」とか「猫」とか，あるいは「ドイツ」[81]とか，非常に多くの単語に依存している．というわけで，実際の単語の使用にも全単語とまではいかなくても多くの他の単語との関係が関与している．

81）ジャーマンシェパードが一番有名である．

しかし，我々が日常言語を使用するときに辞書に出ているすべての単語を思い浮かべ，それらの関係として意味を理解しているとは考えにくい．[82] 少なくとも辞書に出ている全単語を知っていないと言葉の理解はできない（あるいは不完全なものになる）ことになる．しかし，実際はそうではなかろう．何故「シェパード」の代わりに，全く関係のない，たとえば「ロケット」を使って「私はロケットを飼っている」と言わなかったのかとは普通は考えない．あるいは，不完全な理解でも実用上は困らないのかもしれない．

つまり，二つの問題がある．

1. 完全な知識を持っていても，それを実時間（つまり，短い時間）で処理するのは不可能である．
2. 完全な知識を持っていることも不可能である．

これは，フレーム問題（6.7 節，127 ページ）[HM87]：

1. ある動作の帰結を完全に予測するのは実用的な時間では不可能である．
2. ある動作の前提を完全に記述することも不可能である．

と同根である．

コンピュータの世界では原理的には上限がないものであっても実用上有限の範囲でさしつかえないことが多い．スタックやメモリの大きさがその例である．

一階述語論理では，公理 A が与えられた時に，ある命題 P がその公理から導出できる（証明できる）かどうかを決めるアルゴリズムは半決定的（肯定的には決定可能であるが，否定的には決定不能の場合を含む）である．つまり，P が導出できる場合はそのアルゴリズムは有限時間で停止するが，導出できない場合には止まらないかもしれない．しかし，この有限時間というのがくせもので，理論的にはそれでよいにしても現実問題として指針にならない．あるアルゴリズムがまだ止まらない場合に，それがいずれは止まるのか，それが 1 秒後なのか，100 年後なのか，あるいは永遠に走り続けるのかの判定ができない．だから，現実問題としては，ある命題 P が導出できるかどうかは，肯定的にすら決定できない場合がある．もっと悪いことに，ある程度以上に複雑で，記述力のあるシステム[83] ではそのシステムで真偽を定めることのできない命題が存在することがゲーデルによって示されている（ゲーデルの不完全性定理）．

人間もある種のフォーマルシステム[84] にすぎないという立場（大部分の

[82] この「考えにくい」という理由で人間の認知の仕組みを云々するのは非常に危険である．フロイトやミンスキーらの考え方に典型的に表れているように，我々の心の仕組みには本人の知らない部分が多い．したがって，ここでの実際にはすべての単語を思い浮かべて理解しているわけではないという主張も理論的支持がない限り空虚な主張である．全体を知っているわけではないし，知る必要もないというのが主旨なので後で精密に議論する．

[83] 命題論理や一階述語論理で記述できる範囲の命題はすべて決定可能だが，二階以上の高階述語論理は強力な記述力を持ち，不完全性定理が成立する．一般的には自己言及の能力がパラドックスの源であると考えられている．集合論でもラッセルのパラドックスが有名で「自分自身に属さないすべての集合の集合」

[84] 述語論理などがフォーマルシステム（形式システム，formal system）と呼ばれているのは form（形）だけを考えて，意味を考えずに，計算／変形ができるからである．フォーマルドレス／フォーマルスーツというのも形さえ決めておけばよいという場に用いられる外装である．

コラム 8　ラッセルのパラドックス

集合論において“すべての「自分自身に属さない集合」の集合”を考えるとパラドックスになる．$R=\{x|x \notin x\}$ を考えるとき，R は R の要素だろうか？R の要素だとすると定義により $R \notin R$ が成立し，自分自身の要素ではないことになるから矛盾．要素でないとすると $R \notin R$ が成立しているのだから，R の定義より，これは R の要素であり，やはり矛盾．このようなパラドックスが起きないように，自己言及を排除した集合の定義だけを許すという公理的集合論が考えられたりしている．
なお集合論だけでなく，パラドックス一般について深く考察したい人には『パラドックス』[林 00] をお勧めする．哲学，数学，物理学，確率論，経済学などの分野でのパラドックスがオムニバス形式で収められている．

AI 研究者同様，私もその立場である）をとれば，人間もこのゲーデルの不完全性定理に支配されている．ただし，不完全性定理は，決定できない場合があることを述べているだけで，ある公理系 A を与えたときに，それから導ける定理の全体が計算可能であることも多いが，そのような場合でも人間がそれを実質的に計算できることは少なく，いずれにしろ定理全体を知っているとは考えられない．（関連した議論は 7.3 節（148 ページ））

人間の場合と同様，プロダクションシステム等の実用的推論システムではすべての定理を計算（証明）できないことが多い．つまり，インタープリタの能力は論理証明系に比べると貧弱で，現実的に効率よく求められる帰結だけが得られるようになっている．つまり，定理であっても，それが導けない場合がある．どういう範囲の帰結が得られるのかはインタープリタを詳細に読まなければならない．だから，プロダクションシステムの表現の意味は実は明確には規定されていないのである．[85)]

85) この事情は論理型プログラミング言語 Prolog でも同様で，定理であるのに計算できないものがある．そういう意味で Prolog の手続き的意味論は未確定である．

つまり，一般的には 6.3.1 項（115 ページ）で述べたように楽観的に，意味とは全体との関係であるとは述べられない．もしそうなら意味が計算できないことが多いであろうから．

6.7　フレーム問題

「フレーム問題」[MH69] とはマッカーシー (McCarthy) らが発見した問題 [McC77, MHM90] で

> ある行為を記述しようとしたとき，その行為によって変化することがらと変化しないことがらをいちいち明示的に記述するのは（記述，

推論において）煩わしい（計算量が指数関数的に増大する）

というものである．行為の前提条件や帰結の記述の量を問題にする記述問題と，それらの規則を用いて（たとえば予測などの）推論をするときの計算量を問題にする処理問題がある [松原 89]：

初期フレーム問題

- 記述問題：ある行為の前提と帰結の記述量が膨大になる問題
- 処理問題：ある行為の帰結の計算量が膨大になる問題

フレーム問題の解決とは，行為の前提条件や帰結の記述の量，および行為の影響範囲の推論の量をともにある一定の範囲におさえ込みながら，なおかつ，いかなる場合にも行為の影響に関する完全な推論を行うことを意味する．行為の影響は，状況の変化の影響を受ける上に，状況というのはほとんど無限のバリエーションを持っていることを考えるとこの要請の充足は不可能に思われる．実際，人間にも解決できていない．人間の場合はむしろ逆に，多くの潜在的影響を排し，ある行為に関する "本質的な" 前提条件や影響だけを囲い込むことにより推論の量を減らしていると考えられる．つまり，人間が日常生活においてフレーム問題に悩まされていないように見えるのは，日常生活に支障をきたさないような範囲に推論を限定しているからであり，日常とはかけはなれたパズル的状況を人為的に作り出してしまえば，人間もフレーム問題を解決できていないことが明らかになる [松原 93].

たとえば，朝，クルマのエンジンを始動するときに，私たちはバッテリーがあること，ガソリンがあること，スイッチが壊れていないことなどをいちいちチェックしない．仮にこれらの始業点検を実施する人がいたとしても，排気管にじゃがいもが詰まっていないことまではチェックしないに違いない．これらは日常そのようなことがないと知っているからでもあるが，

仮にそういう原因でエンジンがかからなくて始動に失敗しても，その後で原因を調べればすむ

という理由が大きい．飛行機のように，一旦空に浮かんでから欠陥に気づいても遅いものの場合にはクルマとは比較にならない綿密さで始業点検を行う．それでもときどき墜落するわけで，人間はその経験に学び，次回からの始業点検方式などを改善している．

この意味で，環境と相互作用するシステムにはフレーム問題が存在しない

のではなく，存在しても構わない場合が多いだけである．

フレーム問題にはさらに以下の二つの問題があることが指摘されている：

後期フレーム問題

- 限定問題 (qualification problem)：行為の前提条件の完全な記述が不可能であるという問題．つまり，ある行為が成功するための条件をどのように記述するかという問題である．
  たとえば，自動車のイグニションキーを回してエンジンをかける場合に，どのような条件が成り立っていればエンジンがかかるであろうか．バッテリーに電気があるかどうか，電気コードが切れていないかどうか，セルモータが壊れていないかどうかなど，普段気にしないような様々な条件が必須で，これらの条件をすべて記述しつくすことはまず不可能である．
- 波及問題 (ramification problem)：行為の結果の完全な予測が不可能であるという問題．つまり，ある行為によって生じる効果をどのように予測するかという問題である．
  たとえば，ある自律エージェントが前方に移動するという行為を考えてみよう．もしも，その自律エージェントのまわりに何もなければ，その行為の効果として，その自律エージェントの位置が前方に変化するだけである．しかしながら，その自律エージェントの直前に軽いブロックがあれば，そのブロックも同時に先に移動することになる．すなわち，行為によって生じる波及効果は状況に依存して多様に変化するので，そのような状況依存の多様な効果をどのように記述しておいて，どこまで推論すればよいかというのが波及問題である．

橋田・松原 [橋田 94b] は人間にもフレーム問題が存在することを示し，この問題は情報の部分性という観点から考えなければならないことを主張している．従来は，フレーム問題は計算機だけの問題であり，人間には存在しないことを前提に議論されていたので，新しい視点といえよう．

人間には複雑な条件群の中から関係のあるものだけを取り出す能力が備わっている．この能力は日常生活のほとんどの場面でうまく働くのであるが，パズルのように特殊な場面設定ではそれが裏切られることがある（いや，むしろパズルは人間のそういう能力を裏切るものとして考案されたというべきであろう）．つまり，人間も，計算機と同じように，あらかじめ設定された条件のもとでしか正しい推論はできないのである．ただ，人間の場合，その設定範囲が格段に広く，日常出会うほぼすべての場面をカバーしているにすぎない．人間の錯視の問題もこれに似ている．通常の自然環境では適切に働く人間の視覚システムも，特定の人工的環境では裏切られることがある．たとえば錯視が典型的である．

最近のニューラルネットの研究などで，NP 完全問題も，最善解をあきらめ，近似解を許すことにすると非常に簡単に解ける場合があることが示されている．先に述べたように，人間も常に完全解を求めることができるわけではない．計算機が完全性を捨てたときに，人間に近づく道が見えてくるように思う．記号処理の場面でも実現してみたい．古くから AI 研究者の間で言われていた“計算機が知能を持ったときには，それは誤りを犯すようになるであろう”という言葉が思い出される．

6.8　知識表現の事例

6.8.1　故障修理

ハイデガーが使ったハンマーの例[86]を考えてみよう．ハンマーが正常の状態にある間は，その機構の表象を持つ必要はなく，単に使用することが可能である（というより，記号としてとらえてもハンマーの本質はわからず，ハンマーを実際に使用することによってのみハンマーの道具性が現われる）のはハイデガーの主張するとおりである．つまり，我々が（重心が上にあることにより，小さな力で強い慣性力が得られるという）ハンマーの仕組みを理解していなくても，ハンマーを振ることによって自然に釘を打つことができる．つまり，ハンマーがうまく動作するのは，人間の使用がうまいわけではなく，ハンマーというものがそうなる性質を備えているからである．このあたりはアフォーダンス（3.6.2 項，65 ページ）の考え方と同じである．

[86] ハイデガー自身はそれほどハンマー（槌）にこだわっているわけではなく，道具の一例として登場するだけであるが，解説書のほとんどはこのハンマーの例を好んで使っている．

> 「槌」という道具も有用性によって構成されているが，それだからといって槌が記号になるわけではない．表示としての「指示」は，ある有用性の用途の存在的具体化であり，ある道具をこの特定の（表示という）用途へ規定する．これに反して，「ある用途への有用性」という意味での指示関係は，およそ道具たるかぎりの道具にそなわっ

ている存在論的=カテゴリー的性格である.（[Hei27] 第 17 節「指示と記号」）

しかしながら,

- （良い）ハンマーを設計するとき
- ハンマーを製作するとき
- ハンマーを修理するとき

などにはハンマーの表象が必要であり，それを用いた定性的推論がなされているはずである.

クルマの修理もしかり．正常なクルマはその仕組みを知らずに運転できる（仕組みを知っているほうが，より適切な運転が可能になるが）．しかし，クルマの修理にはどうしても正常な状態に関する内部表象が要求される．また，そのような内部表象なしにはそもそもクルマが設計されなかったであろう.

同様のことはハンマーにも言える．クルマは自然界には存在していないが，ハンマーとして使うことのできるような石あるいは木ならそこいらに落ちているかもしれない．しかし，使う側に全くハンマーというものに関する知識がない場合に，偶然に外界のハンマー様のものをうまく使えるとは思えない．おそらく，サルは（単なる重い物体としての）石は使っても（先のほうが重くなっている）ハンマーは使わないだろう（未確認）．つまり，一旦ハンマーというものが製作された後ではハイデガーの主張するように，ハンマーの仕組みを知らなくてもハンマーが提供する機能を享受することができるが，ハンマーの存在自体は巧妙な設計の上に成立しているのではないだろうか.

6.8.2 人真似ロボット

人真似ロボットの研究を紹介しよう．これは，人間が積木を積み上げてテーブルを作るところを見せ，同じ作業をロボットに真似させるものである [KI93]．工業用ロボットで人間が作業を教え，そのとおりに再現するものはすでに実用化されているが，実用化されているものはロボットハンドの通過経路などを丸暗記してそのまま再現するものであるから，部品の位置などが想定された範囲にないと作業が再現できない．これに対し國吉のロボットは手の経路を覚えているのではなく，作業の内容を “理解” しているので，全く異なった初期配置から同じテーブルを組み立てる作業を再現できる.

これを可能にするためには，まずロボットが人間の動作の “意味” を理解する必要がある．単に特定の座標位置の物体を別の座標に動かすというような認識では，初期配置が異なる作業はこなせない．したがって，ロボットは人間がブロックを特定の “形” に “積み上げる” ために “移動” しているのだというような，作業の手順と目的を理解する必要がある．実際のシステムでは，4 本の柱と 1 枚の板からテーブル状のものを構成する作業が用いられた．

また，作業の手順を理解するには，作業を基本動作の列に分解する必要がある．実際の作業は切れ目なく続くものであるから，ここから “持ち上げる”，“置く” などの基本動作を切り出すのである．このシステムの場合，“持つ” “置く” などの基本動作の概念（内部表象）はあらかじめ与えてある．ここで，誤解のないように強調しておきたいのは，このようなロボットで用いられている記号表象は自分の動作列に関するものである点である．つまり，上の説明では “移動” のような書き方をしたが，これがそのまま表象として使われるのではなく，自分の動作プログラムへのポインタがあればよい．

後は，実際のカメラの入力画像からこれらの基本動作を切り出せばよい．詳細はここでの議論に関係ないので省略するが，これは，人間の手に注目し，それに接触する物体の初期位置と最終位置の確認，手の動く方向への追跡などでこの機能が実現されている．

ここで大事なのは実際の作業では様々な位置から，様々な経路で，しかも様々な手の形・速度で，様々な位置へ動く作業がすべて “移動” という範疇にまとめられることである．これはパターン認識と呼ばれている作業に相当し，パターンを記号に対応づけることである．内部表象なしには行為理解は行えない．

6.8.3 船や飛行機の操縦

人間は内部表象だけでなく，外部表象を用いることも多い．この場合の外部表象というのはメモ用紙に書いた記号であったり，本のページに付けられた折り目であったり，あるいは碁盤や将棋盤であったりする．また，次の例に見られるように外部の制約に関する規則（内部表象）の利用であることもある．

ハッチンス [Hut94] は様々な場面で人間が外部補助記憶を用いる例を報告している．たとえばある船が 3 分間に 1500 ヤード進むことがわかっている場合に，船の速度を “海里／時間” で計算することを考えると，四つばかりの現実的な可能性がある：

1. 紙と鉛筆を使い，1 海里 = 2000 ヤード，1 時間 = 60 分，距離 = 速さ × 時間という知識を使って計算する．
2. 1 と同じだが，紙と鉛筆の代わりに電卓を用いる．
3. 専用の計算尺を用いて直接計算する．時刻尺の 3 と距離尺の 1500 を結ぶ直線を延長して速度尺の数字を読めばよい．
4. “3 分” ルール（3 分間に進むヤード数を 100 で割れば 1 時間に進む海里数になる）を用い，100 で割るだけ．

1 のやり方が最も一般的であるが，様々な知識や計算能力を必要とする．2 の場合には四則演算の能力は必要ない．3 は外在化された特殊な器具を用いることにより，知識や計算能力はあまり必要としない．4 は外在化された器具の代わりに内在化された特殊知識を用いる．これらは，特殊な器具や知識を用いることにより認知的負荷が軽減される良い例であるが，同時に手順の内的表象によってもそれが可能 (4) なことが示されている．

ハッチンスはコクピットでの作業も入念に調査している．[87] 旅客機の着陸は，パイロットにとって最も負荷の大きな仕事である．これを間違わずにこなすために，コクピットでは様々な補助外部表象が用いられる．速度計に付けられたバグと呼ばれるマーカー（小型機の場合は計器板の色分け）や，あるいは操作手順を記したチェックリストがそれである．

[87] 私も小型機のパイロットなので，操縦に関してはある程度わかっているつもりである．

ハッチンスらは，個人ではなくコックピットの計器や乗員が全体として作業をこなしているという見方に至った：

> コックピット・システムが速度を記憶し，記憶プロセスがパイロット達の活動の中から出てくるが，コックピットの記憶はパイロットの記憶からできているわけではない．ひとりひとりの人間の記憶の完全な理論があっても，我々が理解しようとしているものを理解するには，不十分であろう．なぜなら，非常に多くの記憶機能が，個人の外側で起こるからである．ある意味で，ひとりひとりの人間の記憶の理論が説明するものというのは，システムがどのように働くかではなくて，なぜこのシステムが，コックピットの記憶の中で機能的に絡まり合ってはいるが，ひとりひとりのパイロットから見ればその外側にあるような，非常に多くの構成素を含んでいなければならないからである．[Hut94]

ハッチンスらの研究は状況認知 (situated cognition) という分野 [Cla96] を

作り上げた．これは主として教育学の分野を中心とした活動になる．またこれより先に主として哲学・言語学を中心とした状況理論 [BP83] の流れもあるが，両者ともに状況（あるいは環境）の重要性を主張したものである．詳しくは 8 章（153 ページ）で述べるが，表象は頭の中だけに存在するものではないことがわかる．しかも，頭の中の表象が，それだけで意味を持っているわけではない．しかし，内部表象がなければ外部表象は意味を持たない．相互作用するトータルシステムとして考える必要がある．

コックピットはパイロットが記憶しないでも操縦が可能なように外在化されている．しかし，記憶しなくても操縦できることではなく，記憶のみに頼っても操縦できるという側面も重要である．あるいは，それらの中間の，内部表象と外部表象の組み合わせによっても行える．ある意味では，表象が外部にあるのか内部にあるのかは，知能にとって本質的な区別ではないのかもしれない．ここで，“脳は外界からの入力と脳自身が想起した情報とを区別できない”[88] という，ホーキンスの言葉 [HB04] が思い出される．脳にとっては表象が外界から来たものでも，自身の記憶から再生したものでも，同じように扱うしかないのである．

88) この記述は私にとって目から鱗の衝撃であった．よくよく考えて見れば，確かに区別する手段はない．短い言葉では説明できないが，じっくり考えれば納得してもらえると思う．もちろん夢を夢と判断することは“覚醒後には”可能で，これは他の記憶（自分の行動履歴など）との照合によって可能になるものだ．

ミラーニューロンというのが存在することがわかっている．これは自分の行動（たとえばボールを投げる）と他人の同じ行動との両方に反応するニューロンである．幼児の発達からいうと，おそらく親の動作を認識するニューロンがそのまま自分の動作制御に使われるようになったのではあるまいか．これなども外界からの情報と自分の生成した情報の区別が付かないという具体例だと思う．

6.8.4 時間の表現

離人症[89] という病気がある．自己に関する感覚がなくなり，自分の知覚している，ものとものの裏にある豊富な関係が感覚できず，自分とか時間の経過が実感できなくなる神経症のことである．

89) 英語では depersonalization．個人性が脱落してしまうというような意味だろうか．

> 患者はたとえば，（中略）窓の外の景色を見ても，あれは松だ，あれは屋根だ，あれは空だということはわかるのに，それが一つのまとまった風景になっているということが感じられない，温度計を見ればいま何度だということはいえるのに，暑いとか寒いとか，季節感とかがわからない，喜怒哀楽というものが感じられなくなってしまった，（中略）なにをしても，自分がそれをしているという感じが持て

ない，自分がここにいるのだということがわからない，「ここ」とか「そこ」とかいう意味がわからない，空間にひろがりというものが感じられない，遠いところも近いところも区別がなくなって，なにもかも一つの平面にならべられたような感じがする，というような体験を語ってくれる．（[木村 82] p26）

これを読んで，まさに知識表現を持ったコンピュータのプログラム（たとえばエキスパートシステム）のようだと思ったのは私だけだろうか？

知識表現や推論において，時間を表現する場合にもそのスナップショットを重ねて使うことが多い．

時刻 1:太郎は生きている．
時刻 2:銃に弾丸を装填する．
時刻 3:なにもしない．
時刻 4:銃を太郎に向けて引き金を引く．
...

という具合である．これは実際にフレーム問題の例として使われているものである．しかも，太郎は撃たれて死ぬ（変化 1）という推論と，時刻 3 に弾丸が消えてしまって（変化 2）太郎は無事であるという二つの推論が可能になる．どちらかの変化を推論しなければならないが，コンピュータは人間のように，撃たれるという推論を優先できない．これは離人症患者の以下の状況に似ていないだろうか？

ある患者は，「時間の流れもひどくおかしい．時間がばらばらになってしまって，ちっとも先へ進んで行かない．てんでばらばらでつながりのない無数のいまが，いま，いま，いま，と無茶苦茶に出てくるだけで，なんの規則もまとまりもない」という．（[木村 82] p27）

私の勝手な解釈かもしれないが，離人症は表象の存在を示唆していないだろうか？外界を観察し，その内部表象は作れるが，表象間の有機的な関係づけができないのである．つまり，現在の人工知能は間違った方向に進んでいるのではなく，離人症で失われている機能を追加すれば人間のように理解できるようになるのではなかろうか？

状態の変化を表現する手法としては状況計算 [McC77] や情況表現 [中島 88, 中島 90] などがあるが，いずれも “ばらばらの今，今，今” を表現しておき，これらの間を推論で連結する手法が採られる．事象の継続などを記述できる，より豊かな構造を持った時制論理 [McD82] もあるが，やはり個々の事象の間をつなぐ推論に関しては問題が多い [SM88].

1.2 節（4 ページ）で挙げた『順列都市』[Ega99] における意識のシミュレーションもこのようなスナップショットの連続であった．記号を用いた知識表現においては，実際の時間間隔ではなく順序だけが問題になる．しかしながら，生物の脳においては実際の時間の経過や同時性を用いた認識が行われている．たとえば，藤田 [藤田 11] によると，メンフクロウの両耳に入る音の情報から音源の方向を同定するための神経系はよく研究されていて図 6.5 のような配線になっている．ニューロンが複数個（図では 5 個）並んでいて，それぞれが空間の特定の方向（A が左，E が右）からの音に対応して発火するようになっている．つまり，脳内に空間の位置関係に対応した形でニューロンが並ぶのである．右方向から来た音は右耳に若干早く到達するし，正面からの音は左右の耳に同時に到達する．その信号が神経を伝わってニューロンに到達するのだが，神経の伝達速度は有限であるから右耳からの情報は A から E の順に[90]，左耳からの音情報は逆に E から A の順に少しずつ遅れて到達する．これらのニューロンは両耳からの刺激が同時に到達したときにより大きく発火するようにできているので，右方向からの刺激が早い場合は左からの刺激と E のあたりで合流することになる．もう少し正面に近い音は D で，真正面からも音は中央の C で合流することになる．

90) 図では，右耳からの情報が左から入るように書いてある点に注意.

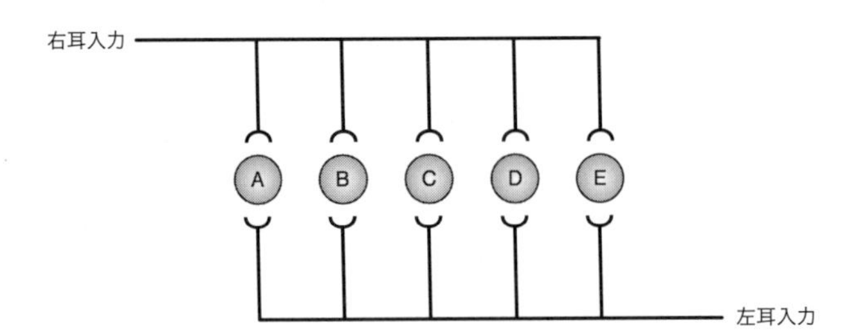

図 6.5　メンフクロウの聴覚のモデル．左からの音には A が，右からの音には E が，中央からの音には C がそれぞれ反応する．

木村敏 [木村 82] は世界を客観的に，つまり主体と切り離された存在「モノ」として見るかぎりそこには豊かな認識は起こりえないと言っている．そうではなくて，主体がその認識過程の一部として存在するような「コト」の認識が必要であり，離人症患者には後者（コトとしての認識）が欠けているのではないかという．

コトの認識をコンピュータ上で実現する手法は今のところ見えていないが，状況依存性や身体性の活用がヒントとなろう．

6.8.5　視覚情報の表現

これまでは主に記号による知識の表現を考えてきたが，ここでは視覚情報の表現を考える．たとえばロボットに視覚を持たせるにはどうすればよいだろうか？

初期の研究では立方体などの，輪郭がはっきりした物体の認識が中心課題であった．これは頂点などの特徴点の抽出が容易という理由で，比較的容易な対象であったからだ．しかしこれですら，様々な問題があった．ここでは問題の列挙だけをしておく：

- 見る方向で形が異なって見える．
- 物体の裏側が隠れて見えない．あるいは手前の物体に一部が隠される．(人間はこのような場面でも問題なく対象を認識している．図 6.6 のような画像に人間は騙されるかもしれない．コンピュータはどうなるだろうか？私としては人間と同じように騙されるプログラムがほしい.)
- 光の具合で見え方が異なる．色さえ違って見える．(デジカメではホワイトバランスや色温度の調整が必要だが，人間は不要である.)
- 他の物体の影などが映り込んでしまう．特に屋外では日陰の影響が大きい．
- 表面の柄（模様）が邪魔をする．(これは人間の場合にも起こる．見え方に関する知識が逆に働く可能性を示唆する例.)
- 映像によっては稜線の一部が消えてしまう．

角度による見え方に関しては，およそ 8 方向からのモデルがあれば足りるという研究もある．たとえば家屋の場合は図 6.7 のようなモデルを持っていれば中間の角度は補完できる．

人間の場合，椅子の内部表象はどのようになっているのだろうか？椅子のような簡単なものでもその形は千差万別であり，その見え方は図 6.8 のように様々に変化する．網膜やカメラに写るのはこのような平面情報であるから，これを内部に持っている椅子の表現と照合する必要がある．しかも，特定の

図 6.6 ルネ・マグリットの騙し絵 (“Le blanc-seing”). 手前の物体が奥の物体の一部を隠していると認識が困難になる.

家の角度による見え方の違いとは異なり，すべての椅子の形の表象を個別に持つわけにはいかない．椅子の，体を支えるという機能の表現や認識も重要である．見ただけでは確実にわかるものではないにしても，強度の予想もある程度見かけから可能である．

現在では Google などで顔の自動認識などの技術が使われている．原理的には目や口などの特徴点とそれらの間の関係を比較しているという意味では上記の立方体などと同じである．

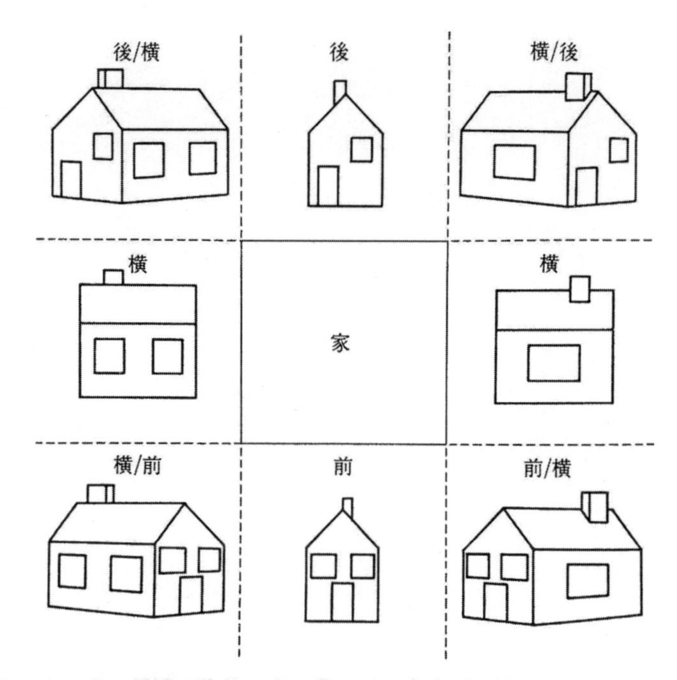

図 1-17 家の景観可能性．家の像はどの角度から眺めるかによって計量的には無限に変化するが，質的には 8 つの景観の 1 つに分類される．
(I. Roth & J. P. Frisby, Perception and Representation, 1986, Open University Press, p. 173)

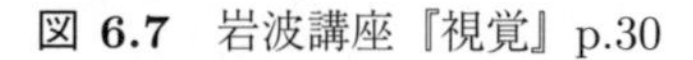

図 **6.7** 岩波講座『視覚』p.30

図 **6.8** 様々な椅子 https://dlmarket-jp.s3.amazonaws.com/images/consignors/9/904/chairset11.jpg

7 チューリングテスト再考

7.1 チューリングの設定

チューリングテストは，1950 年当時主流であった「機械が知能を持つことは原理的にありえない」という主張を反駁するためにチューリングによって設定された思考実験である [Tur50]．テレタイプによる応答で相手が人間か機械かを見分けようという設定で，見分けがつかなければ機械にも人間並みの知能があるとしてよいというものである．知能は応答の見かけ（行動）だけで判断できるという主張と，知能の本質は記号処理であるという主張（後にニューウェルとサイモン [NS76] によって物理記号仮説として定式化される）[91] の二つが立脚点である．

ただし，最近では物理記号仮説を信じる AI 研究者は少なくなり [中島 96b]，記号の実世界へのグラウンディング [Har90] や知能と環境との相互作用を考える，あるいは環境の中でしか知能は捉えられない [Bro91] という考え方が台頭している．Total Turing Test [Har91]（総合チューリングテスト）はこの文脈で生まれたものであり，体を含むものとなっている．石黒のロボットもその実現の試みの一つである [石黒 11]．環境との相互作用に関しては最後に振り返ることにする．

ここで注意しておきたいのは，元々のチューリングテストはあくまで思考実験であるということ．人間を真似るのが目的ではなく，知的であるとはどういうことかを考えるためのものである．実際にチューリングテストに合格するプログラムを開発する競技（たとえばローブナー賞が有名）はこれとは別の遊びであると考えるべきである．人間を真似るには，その欠点も真似る必要がある．たとえば大きな数の四則演算を即座に正確に行ってはいけないためわざと間違える等，知能の本質とは関連しない上辺だけの要素[92] が入ってくるからである．

91) テレタイプによる文字通信に限定しているので，絵画を描かせたり，運動させたり，声や姿が問題となることはない．つまり身体性の問題を避けているのであるが，身体性に関する知識の質問は可能である．たとえば映画『ブレードランナー』において，人間とレプリカントを見分けるために「犬を食べた」という発言をして，それに対する相手の反応を見るシーンがある．

92) 知能の本質と関係する間違いもある．特になんらかのヒューリスティクス (heuristics)（傍注 98，151 ページ）を用いたことによる間違いは，本質的に避けようがないものと考えられる．

7.2　サールの中国語の部屋

サールは「中国語の部屋」という思考実験を考え出し，チューリングテストに反論した [Sea80]．外見的テストであるチューリングテストを満足しただけでは思考しているとは言えないというものである．これは，機械は決して「理解」しないということを主張するための仮想実験である．元々はチューリングテストで知能の存在を計れるという主張に反対するためのもので，全く中身を理解しないシステムでもチューリングテストの設定で知的に見えるように振る舞えるというものである．

7.2.1　サールの議論

中国語の部屋の設定とは以下のようなものである：部屋には中国語の理解できないアメリカ人が一人居る．その部屋に中国語で書かれた質問が投げ込まれる．彼女は中国語は理解できないが，分厚い英語のマニュアルを持っている．投げ込まれた紙の文字を順に辿って（読めない文字を探すのは大変だと思うのだが，そこには目をつぶるとして），マニュアルの指示に従って作業をしていくと，最終的には紙に中国語の返事が書かれることになる．これを部屋の外に返すのである．

中国語の部屋の外に居る人間から見ると，中国語の質問を入れたら中国語の答えが返ってくる．これを見て，人間の反応と区別がつかなければ部屋には知能があると言えるし，部屋は中国語を理解していることになる．しかるに，部屋を中から見ると，そこに居る人間は全く中国語を理解していないし，もちろん質問のや回答の中身もわかっていない．つまり，チューリングテストが主張するような，外から見た行動だけで知能の有無を判断するのは間違いであるというのがサールの主張である．

これには AI 側から様々な反論がある．一つはアメリカ人＋マニュアルの系（つまり部屋全体）が中国語を理解していると考えるべきであって，その要素である人間が理解しているのではないというもの．これは中国人であっても，その脳神経 1 本 1 本が中国語を理解しているのではないのと同じである．サールはこれに対して，ではアメリカ人がマニュアルを記憶してしまえばよいではないかと再反論している．マニュアルを完全記憶し，外部の助けなしに中国語の返答を返していても，なおかつ中国語を理解していない場合があるという主張である．本当だろうか？

もう一つの反論は計算量・記述量に関するものである．あらゆる質問を想定したマニュアルはそもそも作れないとは思うが，仮に作れたとしてどれくらいの量になるのだろう．とても現実的なものとは言えない．レベックはこの点を定式化して反論した（7.2.3 項，144 ページ）．

7.2.2 中島の反論

サールに対する私の反論は以下である：

中国語の部屋はチューリングテストの中国語版である．質問をし，それに対する回答が，人間並のものであれば，その部屋には知能があると考える．サールはそれでもその部屋には中国語を理解しているものは何もないと主張している．

第一の問題点は，サールには作業量の見積りができていないということである．あたかも数分かせいぜい数時間で回答が作成できるような感じで問題が語られているが，とてもそんなわけはない．

チューリングテスト並の作業を人間とマニュアルに実行させるとすると，どれくらいの時間がかかるのであろうか？また，マニュアルはどの程度の厚さが必要なのであろうか？ざっと見積もって，現在のコンピュータは毎秒 1 メガ回から 1 ギガ回の演算をこなしている．そのコンピュータで 1 秒で答が出せる問題だと仮定しよう．低めにみて人間が 1 メガ回マニュアルの検索をしなければならない．人間の速度で考えると，1 秒でマニュアルが引ければ速い方だろう．それでも 1 メガ秒かかる．これは 11 日以上，休みなくマニュアルを引き続ける作業量である．実際にチューリングテストに合格できるような内容の文であれば，この 100 倍や 1000 倍はゆうにかかるだろうから，ある意味，中にいる人間は一生かかって 1 回の返答をするようなものである．

ではマニュアルは何ページくらいになるのか？このマニュアルには，この本で問題にしているような知識の表現が書き込まれていなければならない．こちらも想像がつかないが，百科辞典の各文字を 1 ページの英語の指示に置き換えたぐらいの量は最低限必要であろう．そのようなマニュアルの 1 項目を 1 秒で引いて作業ができるとは思えないから，ますます総時間は延びる．また，中にいる人間は変換途中の情報は全部頭のなかにしまっておけるはずもないからメモ帳が必要である．このメモも膨大なものになろう．

実際的には部屋の中には数千人の人間と数千冊のマニュアルと，そしてそれらの間で行き来する膨大なメモが必要となろう．

だとしたら，このシステム全体が中国語を理解していると言えないか？部屋が脳に相当し，人間は脳細胞に相当するのだ．だからサールは間違ったレベルの比較をしていることになる．我々だって自分の脳細胞が日本語を理解しているとは主張しないだろう．

マニュアルに書かれている知識の断片は，先にも述べたように

$$\text{C00034} \xrightarrow{\text{L61542}} \text{C10548}$$

のような格好をしているだろう．サールはこれを見て，中国語の理解はできないと言っているだけではないのか？このようなグラフが膨大な数集まって，全体として中国語の知識体系を表しているという可能性は，サールの思考実験では捉え切れていないと思う．

このようなグラフがどの程度膨大になるかについては『ゲーデル·エッシャー·バッハ』[Hof79] に例示されている（図 7.1）．

7.2.3　レベックの足し算の部屋

レベックは IJCAI 2009 で反チューリングテストとしての「中国語の部屋」の再検証を行う論文を発表した [Lev09].「行動（外見）だけを真似ることは可能か？」という問いに関する計算論的考察である．骨子は 7.2.2 項（143 ページ）の計算量に関する考察と同じであるが，それをさらに明解な具体例で示してくれた．個人的には中国語の部屋への画期的かつ決定的な反論論文だと思う．

彼は計算量を的確に見積もるために，中国語の部屋より遥かに単純な足し算の部屋を設定する．これは 10 桁の数を 20 個足すという単純なタスクである．中国語の部屋と同様に，計算のできない人間と足し算のマニュアルとを想定する．人間がマニュアルを完全に記憶し，すべての操作を頭の中で行ったとしても，なおかつ「足し算を理解していない」と言えるようなマニュアルが作れるか？というのが彼の問題設定である．

我々が足し算を習ったときには，1 桁の数の足し算は一応暗記し（暗記しなくても指を使えば足し算はできるが），2 桁以上の数はアルゴリズム的に 1 桁に還元して足し算を行う方法を習ったはずである．これは足し算を理解したことに相当する．

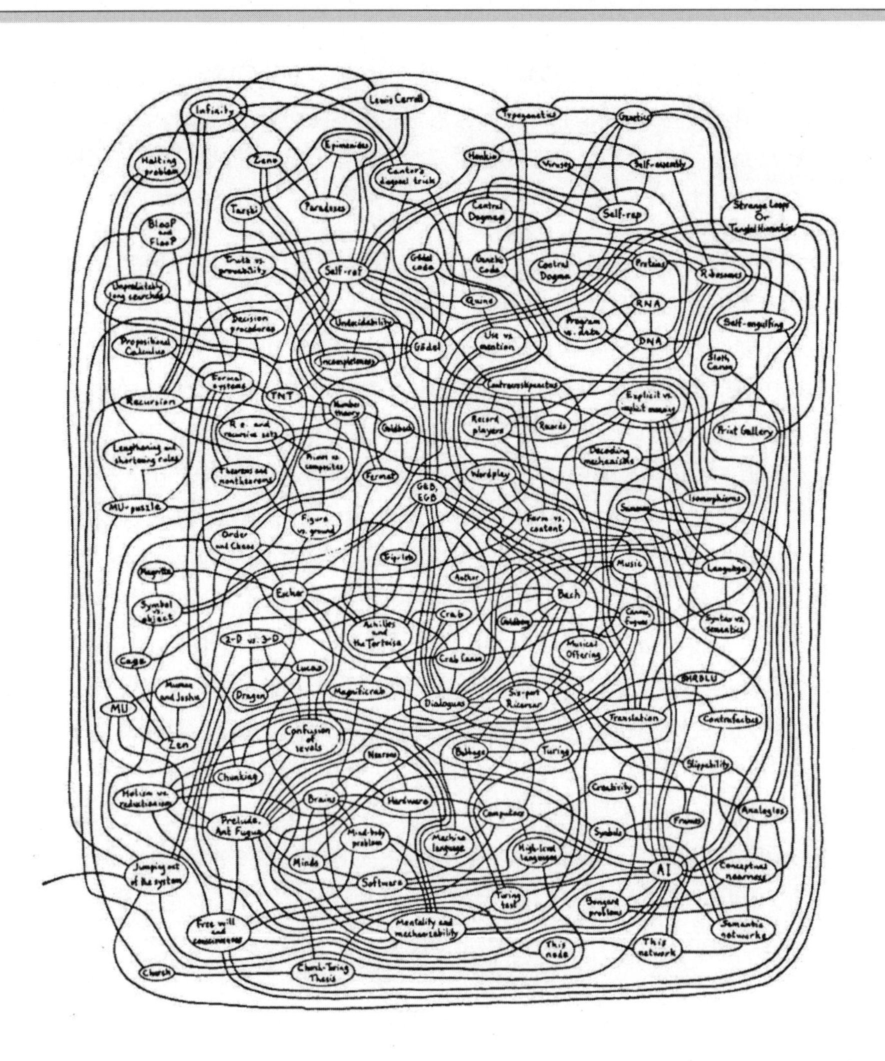

FIGURE 70. *A tiny portion of the author's "semantic network".*

図 7.1　ごく単純な意味ネットワークですらこれくらい複雑になるという例 [Hof79] p.370

そうでない足し算のマニュアルが作れるだろうか？以下に一つの方法を示す（これを A 方式と呼ぶ）．このマニュアルには以下のような指示が書かれている：

最初の数と同じ番号の章に行く．その章内で 2 番目の数と同じ番号の節に行く．さらにその節内で3番目と同じ番号の副節に行く．これを20個の数全部にわたって繰返す．すべてが終わったらそこには最大12桁の数が書いてあるはずであるから，それを紙に写して部屋の外に返す．

このマニュアルに従って作業している人間は，サールの主張どおり，足し算をしていないことは明らかであろう．では，このマニュアルにはどれだけの容量が必要だろうか？マニュアルには，1番目の数に対応する10000000000（10の10乗）章が必要である．各章には2番目の数に対応する10000000000節が含まれる．これを20段繰り返せば10桁の数を20個足すためのマニュアルが作れる．10の10乗の20乗であるから，表の大きさは10の200乗になる．ところで，宇宙に存在する分子の数は10の100乗個程度である．したがって，足し算マニュアルを作るためには各原子が10の100乗個のデータを格納しなければならない．これはそれぞれの原子が宇宙1個分の原子に相当するデータを持たねばならないことになる．マニュアルを物理的に作ることすらできない．ましてや，それを記憶するなど論外である．

もちろん，この簡単な手法が失敗したからといって，足し算マニュアルが作れないということにはならない．読者はただちに様々な圧縮手法を思いつくことだろう．ここでは詳細に紹介しないが，レベックはそれらを吟味している．10桁の数をそのまま足すのではなく，1桁ごとに分解し，1桁の数の10×10の表を使う方法（B方式と呼ぼう）や，サブルーチンを用意して，それを繰返し利用することにより記述量のオーダーを減らす方法など様々なものが考えられる．特に前者は我々が学校で習った方法と同じである．レベックはそれらの主なものを拾い出して，各々は結局足し算のアルゴリズムになっていること，したがって，それを暗記し実行できる人間は（我々が学校で習うのとは異なる方法であっても）足し算を知っていると見なしてよいことを議論している．

たとえば次のようなC方式はどうだろう？

10桁の数20個のリストが与えられる．同時にある機械が与えられ，これは10桁の数2個を入力すると11桁の数を1個返してくる．Sという数を最初0000000000にセットする．そして，リストの各数字に対して以下を繰り返せ：リストの現在の数とSを入力として与えられた機械を使い，11桁の数を得る．この数11桁目（左端の桁）を紙に記録し，Sにはこの数の残り（右側）の10桁をセットする．

> 数のリストが尽きたら，その時点の S を紙に書き写す．これは答えの 12 桁のうちの右側の 10 桁になる．残りの 2 桁を得るためには次のページの指示に従え．

次のページにある繰上がりの計算法の記述を含めて，このマニュアルに書いてあるすべての指示を記憶した人間は足し算を理解したことになるだろうか？なる．この場合,「ある機械」がこなしている 10 桁の足し算表（10000000000 × 10000000000 の表）も覚えなければならない．これは我々の覚えた 1 桁の足し算表（10 × 10 の表）とは随分異なるが，本質的には同じことである．

A 方式を全部覚えたとしても足し算を理解したことにならないが，B 方式や C 方式では足し算を理解したと見なせるという主張の根拠は何か？レベックは両者の本質的な違いは一般性にあるとしている．A 方式はちょうど 20 個の数の足し算にしか使えない．20 段目にしか答えが書いてないし，21 段目は存在しない．それに対し B 方式や C 方式は数がいくつあっても使える．この一般性こそが本質的な差だとレベックは主張している．足し算というものは，数をなんらかの形で分解し，各々に一定の操作を加えて，それらを再び統合するというのが本質であり，分解の仕方，操作，統合の仕方には様々な方式があるが，それらは皆けっきょく足し算のアルゴリズムだと認めることができる．A 方式は，これとは異なり一定の固定された組み合わせのものにしか適用できない，柔軟性を持たないものである．

つまり，10 の 200 乗にものぼる記述を，実際に格納できるサイズまで縮小するには，何らかの形で足し算の本質を表現したアルゴリズムを用いる他無いのである．そして，このアルゴリズムは必ず一般性を持っているのである．

なお，レベックはチューリングテストに代わる知的能力の有無を測るテストとして “Winograd Schema Challenge” [Lev11] というのを提案している．これはウィノグラードの歴史的な自然言語対話システム SHRDLU に関する著書 [Win72] に掲載されている，内容を理解していないと答えられない単純な設問群を使おうというものである．たとえば

> The trophy would not fit in the brown suitcase because it was too big. What was too big?
> （そのトロフィーは大きすぎて茶色のスーツケースに入らなかった．大きすぎたのは何か？）

という問いに対して以下のどちらが正しいかを回答するものである．

Answer 0: the trophy（トロフィー）
Answer 1: the suitcase（スーツケース）

これは Answer 0 が正解である．スーツケースより大きなトロフィーは入れることが出来ないというのは人間にとってはごく自然であるが，機械的な推論は困難である．[93] また

Joan made sure to thank Susan for all the help she had given. Who had given the help?
（ジョアンは彼女の助けに対してスーザンに感謝するのを忘れなかった．助けたのは誰？）
Answer 0: Joan（ジョアン）
Answer 1: Susan（スーザン）

に対しては Answer 1 のほうが正解となる．[94]

このような質問–回答ペアは同じスキームでいくらでも作ることができる．単純な設問だが，機械的な回答は不可能で，背景知識がないと正解できない．なお，これらのペアを大量に作りたい場合，それらを機械的に作り出すのも同じ理由で困難である（背景知識が無いと問題文が作れない）という問題もある．

93) fit の意味の解釈にもよるが，大きすぎるスーツケースには壊れやすい小さなトロフィーを安全に入れることができないという読みも存在し，その場合は Answer 1 が正解となる．

94) 日本語に訳すときに注意が必要．"the help she had given" の she がどちらかというのは英語の構文では指定されていない点がミソなので，うっかり「スーザンの助けに対して彼女に感謝」と訳してしまってはいけない．

7.3 ペンローズの議論

物理学者のペンローズは『裸の王様』をもじった *The Emperor's New Mind* [Pen89] という本を出版して機械は知能を持てるとする AI 研究者を批判した．

彼の主張はヒルベルト・プログラムの失敗に端を発する．ヒルベルトは数学の証明を形式化することによって数学全体の完全性と無矛盾性を示そうと試みた．つまり，形式的な証明を機械的に適用することによってすべての定理が証明できることを目指し，そのような証明法を求めた．ところがこの問題はゲーデルによって否定的に解かれてしまう．ゲーデルの不完全性定理がそれで，ある程度強力な論理体系（正確には自然数論にマップできる体系）はその体系内で肯定も否定もできない命題を必ず含むというものである．ブール代数や命題論理，一階述語論理などは記述力が弱いのでこのような命題を

形成できず，したがって完全な体系であることが分かっているが，知能を問題にする場合はこれらより強い記述力を持ったものが必要となり，それらはゲーデルの不完全性定理の対象となる．その典型的なものとして自己言及力がある．実際にゲーデルが証明に使った命題Gも「Gは証明できない」という自己言及命題である．

しかるに，数学者は“「Gが証明できない」という命題は証明できない”ことを主張している不完全性定理自体を証明し，理解することができるではないかというのがペンローズの主張である．自分が行っている思考の限界を超えた理解を持てるというのである．数学者（人間）は必要に応じて新しい証明手法を考え，それを使って新たな命題を証明する能力を持っている．したがって機械以上の知能を有しているというのだ．

ペンローズの主張にはAI側から少なくとも二つの反論が可能である．

一つはゲーデルの不完全性定理は新しい証明法が機械的に作れるということを否定したものではないという点．機械にもゲーデルの不完全性定理を証明できる日がくるかもしれない．つまり，単一の体系で証明することはできないが，複数（おそらく無限）の体系を用意し，体系Aに関しては体系Bで証明し，体系Bに関しては体系Cで証明するということを繰返せばよいのではないか．

先の“証明できない”問題を私を主体としてパラフレーズすると“中島秀之はこの文が真であることを証明できない”となるが，この文が偽だとすると，この文が真であることを証明できることになって矛盾するが，この文が真だとすると，証明はできないが真であることになる（これがペンローズの言いたかったことで，人間は証明できなくても真だとわかることがあるというのである）．

しかし，人間の思考体系にはゲーデルの不完全性定理が適用できないということも証明されていない．人間にも証明できない命題は存在する．以下，背理法（二重に使う）で証明したい．

人間に不完全性定理が適用できないとすると，すべての命題の真偽が決められる（完全性の仮定）ことになる．先ほどの例の真偽を反転した命題“中島秀之はこの文が偽であることを証明できる”を考えてみよう．真であるとすると，偽であることを証明できたのだから，この文は偽である．偽であるとすると，偽であることを証明できないのだから，完全性の仮定より真であることが証明できることになる．パラドックスである．背理法により“中島秀之はこの文が偽であることを証明できる”という命題の真偽を私が決めることは不可能であることがわかった．まあ，私が不完全でも人類の皆がそうだという証明にはならないが，すべての数学の問題が解けているわけではないし，それ以上に，今後新たな問題が発見されるかもしれない．

なお，チューリングマシンの計算理論，チューリングテストやゲーデルの不完全性定理などの話題は原理的可能性を問題にしたものであって，実際の計算時間や必要なメモリ量には言及していないことを注意しておきたい．たとえば万能チューリングマシン[95]は他のすべての計算機械を原理的にはシミュレートできるが，その計算量については考えられていない．これが数学と計算科学や人工知能を分けている点である．コンピュータプログラムは計算量の理論抜きには語れない．計算オーダーやNP完全問題が話題になる世界なのである．そして，後述するように，知能の本質は計算量の観点抜きには語れない．チューリングテストに反論したいなら計算量を持ちだすことが近道（というより正道）だと思うが，哲学者のサールにはそうできなかった．それだけではなく中国語の部屋という反論は，まさにその計算量の観点から却下されてしまうのである．

95) チューリングによって1936年に定式化された抽象的な計算モデル．無限長のテープと，それに読み書きするヘッドから構成される．ヘッドは，テープを左右に送ることによって，テープ上の任意の位置に移動できる．

7.4　計算の複雑さ

サールの思考実験の（というか哲学者一般[96]の）最大の欠点は計算量あるいは計算の複雑さという概念の欠落[97]である．レベックの反論（7.2.3項，144ページ）はここを突いたものだが，計算オーダーがべき乗になることの恐ろしさがよくわかる．江戸時代の数学書『塵劫記』（じんこうき）には以下のような話が書かれているそうであるが，サールの国にはこういう逸話は無いのだろうか：

> 豊臣秀吉のお伽衆の一人に曽呂利新左衛門という男がいた．その男の話が面白いので，秀吉から褒美をもらうことになり，そのときに彼は「初めは一粒．その後は毎日，前日にもらった米の二倍の米を下さい」と言った．しかし，10日ほどで米蔵の奉行が事の重大さに気づいて秀吉に報告し，秀吉は新左衛門に謝罪して褒美を取り消したそうである．

サールは一応，思考実験なのであるから，記述量などの細かい点は気にしないという言い訳をしているが，思考実験だからといって計算量を考えなく

96) 哲学者だけでなく，計算機屋以外のすべての人と言った方がよいかもしれない．ウィンの『計算論的思考』（私が現在邦訳中で，この題にする予定．）(*Computational Thinking*) [Win06] という記事には，未来のこととして，「このエッセイはコンピュータ科学者だけではなく，すべての人が学び，そして使いたいと考えるに違いない一般的な態度とスキルに関するものである．」と書かれている．

97) 私は専門家と素人の違いは，定量的議論ができるか，定性的な議論で終わるかの違いだと考えている．計算量の見積もりは正に専門家でないとできないものである．計算論の素人である哲学者は定性的な議論しかできないことを明確に示しているのが，この中国語の部屋の議論であろう．

てもよいという理屈はない．計算量の細かい定数は無視できても，計算オーダーは無視できない．知能の本質を考えるときに記述量や計算時間を無視してよいというのは一つの立場ではあろうが，あまり（いや，決して）受け入れられない立場であろう．

私は知能とは複雑系の中でなんとかやっていく能力だと理解している[Nak99]．つまり，完全探索が行えなかったり，完全解が存在しない世界でも適切に行動できる能力が知能なのである．たとえば将棋や囲碁などの完全情報ゲームでは，盤面にすべての情報があるのだから，勝つための（あるいは負けないための）手順が“原理的には”計算可能である．しかし，現実問題としてそれができないから[98] 将棋や囲碁がゲームとして成立しているのである．なお，情報の不足と計算資源（時間あるいはメモリ）の不足は計算主体にとっては区別できない [橋田 94a]．このまま計算を続ければいつかは答えがえられるのか，それともそもそも情報が不足していていつまでたっても厳密な答えがえられないかはわからない．したがって，本質的な意味でヒューリスティクス (heuristics) に頼らざるを得ないのが知能である．ヒューリスティクスとは，通常は少ない計算量で正解（あるいは近似解）を得ることができるが，たまには間違うような方式のことである．別の言いかたをすれば計算オーダーを下げても正解率があまり下がらないように工夫されたアルゴリズムである．「発見的手法」と訳されていた時代もあるが，それは計算量という本質を見ない用語である．

将棋の着手可能性（探索空間）は 10 の 220 乗程度だと見積もられている．情報処理学会がプロに挑戦して勝ったプログラムの命名「あから」は 10 の 224 乗を指す「阿伽羅」という単位に由来している（中国人は無量大数[99] より上の単位も持っていたのだ！）．[100] ただし，将棋の可能な盤面はこんなに多くなく 10 の 70 乗程度である．つまり，当然のことであるが将棋は探索するうちに同じ盤面に行きつくことが多い（典型例は千日手）．いずれにしても探索空間を減らす工夫が必要である．実際のプログラムはすべての盤面を探索することできないので，評価関数を用いて望みの少ない盤面を切り捨てる．この評価や切り捨て方の中に知能がある．

中国語の部屋のようなマニュアル（対象に関する完全な記述）があらかじめ与えられているという仮定は，現実的ではない．情報が不足していても（あるいは将棋のように完全探索ができなくても）それなりの判断が下せるものでなければならない．マニュアルにするとおそらく加算無限の容量が必要となろう．また，ヒルベルトプログラムが失敗したのと同様に，単一のアルゴ

[98] 2015 年現在，人間が楽しむ有名な対戦型ボードゲームのうちコンピュータで完全に解析されているのはチェッカーだけである [SBB+07].

[99] 無量大数は 10 の 68 乗で，漢数字としては最大の単位．日本の『塵劫記』には 10 の 88 乗として記されているらしい．華厳経にはもっと大きな数が示されていて，阿伽羅はそのうち小さい方．ちなみに，不可説はなんと 10 の 4652297985247205555163324710981206016 乗とのこと．

[100] あからの対戦は数年続き，トップ棋士とも対戦する予定（残念ながら実現していない）であったので年号を入れて「あから 2010」と命名していた．あからが 2^{224} だから「千 10」が 1010 になるのと同じ意味で「あから 2010」も数になり
10000000000000000000
00000000000000000000
00000000000000000000
00000000000000000000
00000000000000000000
00000000000000000000
00000000000000000000
00000000000000000000
00000000000000000000
00000000000000000000
00000000000000000000
02010
となる．

リズムですべての場合が解決できるという性質のものでもない．状況に応じた切り替えが必要となろう．ロボットや認知科学の分野では環境との相互作用を重要視しているが，私も知的振舞いは環境との相互作用抜きには語れないものだと考える．

したがって，チューリングテストで知能が計れるというのは，やはりおそらく間違いなのである．しかし，それはペンローズやサールの主張する意味においてではない．環境との相互作用を考えなければならないという意味においてである．トータルチューリングテスト [石黒 11] がそれに代わるものとなろう．

なお，環境との相互作用というときに，主体と環境との境界があらかじめ定められていると考えることも間違いである．そうではなくて，この境界は主体の行動によって自ずから決まるものであり，また変化していくものなのである．この考え方に関してはオートポイエシス [MV80] を参照されたいが，事前にマニュアルが書けないだけではなく，事前に境界すら定められないというのが知能の本質であり，また奥深いところである．

8 環境と知能

ここまでの議論を受けて，環境と知能の関係を論じておきたいと思う．以下の 2 つの方向がある：

1. 環境が支える知能
2. 環境に知能を与える

以下で順に議論したい．

8.1 環境が支える知能

心理学や AI の初期の知能のモデルは，知能というのは独立したシステムで，外界からの情報を採り入れ，それに関して様々な推論を行い，その結果に基づいて行動するというものであった.「読み・書き・そろばん」という言い方があるが，これを読み（情報の取り込み）・そろばん（計算）・書き（情報の書き出し）という順序で逐次的に行うというモデルである（図 8.1）．私が研究を始めた 1970 年代前半までの人工知能研究はこういうモデルであった．そして，行き詰まりを見せていた．

その後，環境が知能を支えている（あるいは「アフォード」[Gib85] している）という考え方に傾きつつあるが，これは虫の視点に立たないと生まれてこない．全知全能の存在なら環境に支えてもらう余地がない．

完全な情報が入手可能で完全な処理が可能であれば，神の視点に立てばよい．たとえば，データの集合の最大値を探したり，あるいはそれらを値の順に並べ替えたり，複数の都市を最短時間で巡回するルートを求めたり，ある自然数を素数分解する問題であれば数学的アルゴリズムが存在し，それらは常に正しい解を有限時間内に計算することを保証している．たとえ膨大な時間を要することになろうとも，それを待てるのであればこれらの問題の解決

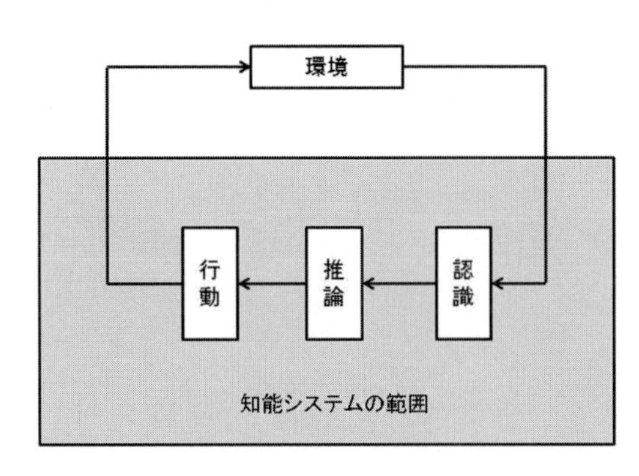

図 8.1　古い知能観（色を付けた部分が知能システムで，環境を含まない）

には知能を要しない．

しかし，すべての情報が入手できない場合や，囲碁や将棋のゲームのように，原理的にすべての情報は入手可能であるが，状況が複雑すぎてそれをすべて処理する時間やメモリ容量が不足している場合[101]には別のことを考える必要がある．私はこれが知能だと考えている．これらの場合には過去の経験や状況判断によって様々な方略を採用する．それらは一般的にヒューリスティクスと呼ばれているが，すべて虫の視点で考える必要がある．

101) 情報が不足しているのか処理資源が不足しているのかは原理的には識別不能である（[橋田 94a, 橋田 94b]）．これはチューリングの停止性問題と類似している．

私は知能を以下のように定義している:

情報が不足した状況で適切に処理する能力

先導的ロボット研究者たちは，もう少し過激な意見を持っていて，知能は個体と環境の総体の中に存在すると主張している．たとえば國吉は知能を

変動する複雑な環境中で安定に目標を達成する行動を生成する能力

と定義している（[浅田 06] 第一章）．これはロボットの文脈で語られているため行動に特化しているが，推論や小説などの抽象的行為を含めてもよいと思われる．私と彼の定義には表面的な差があるが，よく考えれば同じ性質の問題であることがわかる．情報の不足と環境の変動というのは知能にとってはどちらも同じことである．環境のすべての情報が得られていれば，それは変動を含めたより大きい環境として一定であることになる．

AI の初期と異なり，近年提案されている様々な知能観は，総じて環境との相互作用を重視するものである．知能の本質は環境との相互作用の中にあるということを，サイモンは蟻の足跡にたとえて説明した [Sim96]．地面を歩く

蟻の軌跡は複雑であるし，障害物をたくみに避け，しかも最短経路をたどっているように見える．しかし，いくら蟻の内部構造を調べてもこの複雑さを生み出す機構は見付からない．たまたま歩きやすい方に歩いている蟻の軌跡が総体として複雑に見えているだけである．このように結果として知的に見える振舞いの半分は環境の起伏などの複雑さが担っているというのである．環境と主体のインタラクションという観点を抜きにして，いくら主体の構造や性質を調べても本質にはたどりつけない．

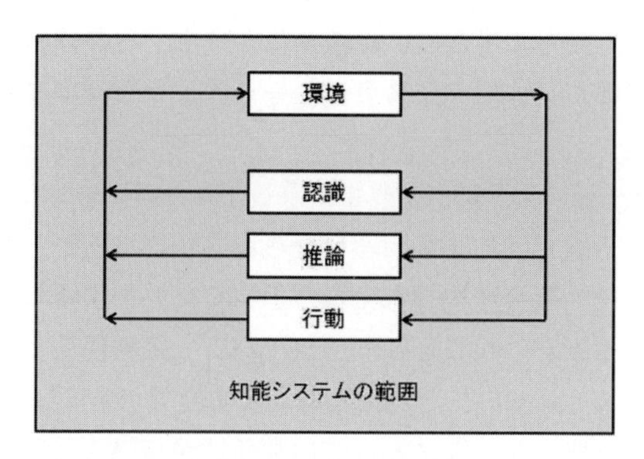

図 8.2 新しい知能観（色を付けた部分が知能システムで，環境を含む）

ブルックスのロボット [Bro91]（8.5 節，172 ページ）は，まさにサイモンの蟻の思想の具現化であると言うこともできよう．図 8.2 はブルックスの服属アーキテクチャ (subsumption architecture) の特徴である，さまざまな知的モジュールの並行動作（図 8.1 の直列動作と対比すれば違いがよくわかる）に加え，各モジュールが環境と直接相互作用をしていることを明示したものである．アフォーダンス [Gib85,佐々木 94] というのは，この環境との相互作用の部分にだけ焦点を当てた言い方である．

8.2 環境に知能を与える

これまでに述べてきたような形で知能を研究する分野は “AI (Artificial Intelligence)” と呼ばれてきた．最近では “IA (Intelligence Amplifier)” という言い方も聞かれる．これは人間が知的作業をするのを支援する AI のことである．IA はもう一つの “AI (Ambient Intelligence)” へとつながっていく．

"Ambient Intelligence" という言い方は，どちらかというと環境に知能を与えるという概念である．SF にはこういった知能を持った環境の例がたくさん出てくる．私が最も好きな映画である『2001 年宇宙の旅』[102)] に出てくる，HAL 9000 が統括する宇宙船ディスカバリー号の船内もそういった環境の例であろう．

102) 原題は *2001 : A Space Odyssay* で，ホメロスの『オデュッセイア』の未来版．クラーク自身が映画をノベライズした小説も出ている．

また，インターネットとロボット技術を合体させた「ネットワークロボット」[土井 07, 萩田 08] の研究も進められている．個々のロボットがネットワークに繋がっているだけではなく，センサ単体やアクチュエータ単体の接続も考えられており，後者の場合には環境全体がロボットの体のような感じになる．将来的には都市全体をディスカバリー号のような環境にできるかもしれない．

ディスカバリー号のように，すべての乗員が単一のミッションを果たすために乗り込んでいる船ではあまり問題にならないのだろうが，ふつう人が大勢暮らしている一般の社会環境を考えるときすぐに浮上するのがプライバシーの問題である．やっかいなことに，プライバシーと利便性という二つの概念は相反していることが多い．たとえば個人の居場所が常に公表されていれば，その個人に連絡を取りたい人にとっては利便性が高いことになる．ディスカバリー号では何の問題もないことだが，実社会においてはちょっと困ったことになる．借金取りから逃げている人ではなくとも，勧誘の電話からは逃げたいだろう．また，自分の年収や趣味が公開されていれば新車を買うときに値切りにくくなる[103)] かもしれない．

103) 欧米の研究者と話していると，おそらく神の下では隠し事はしないという宗教観の影響だと思うのだが，プライバシー情報に関して日本よりはオープンである．個人情報を秘匿したいのは後ろめたいことがあるからだという人まで居たが，この値切りの例を持ち出すと秘匿の効用に賛同してくれた．

プライバシーと利便性のバランスを保つための技術としてエージェント（8.7.1 項，177 ページ）が役立つ．「エージェント」の本来の意味である，個人の代理人としてのソフトウェアエージェントの出番である．すべての情報を扱うのではなく，限定された範囲の情報だけでエージェントが様々な場面を切りぬけることにより，総体としてはプライバシー保護と利便性確保のバランスがとれる．

たとえば，自分の居場所を家族と大学の同僚になら教えてもよい場合，家族にしか教えたくない場合，あるいは家族にだけは知られたくない場合などがある．このような場合，相手からの電話を受けて対応しているのではそもそも手遅れであるから，なんとか自動的に処理したい．エージェントに処理させればよい．ネットワーク上の自分のエージェントの居場所だけは世界中に向かって公表しておく．自分と連絡をとりたい人はまずこのエージェントに（おそらく先方のエージェントから）コンタクトする．その時点で居場所を教えてよい相手であればエージェントが通信を中継するのである．通信を拒否された家族にどう言い訳するか？仕事中にしてもよいし，通信が途絶してエージェントすら居場所を知らないという言い訳も（エージェントが全知でないからこそ）通用するかもしれない．虫の視界が限られていることの積極的利用だ．

いやいや，こんなところで留まっていてはいけない．これでは環境知能 が自分で持ち込んだプライバシーの危機というネガティブな要素を自分で取り除くだけだ．もっと積極的な知能化を考える必要がある．実はその方向ではここに書ききれないくらいの可能性がある．以下，簡単にいくつかを例示したい．

- 知的移動環境 [車谷 02]．現在のところ，家庭，職場，食事，ショッピング，ときには病院，そしてそれらの間の移動，という行為はそれぞれが別のものとして存在している．これらの間の連携をとることにより利便性が飛躍的に向上するだろう．個人がクルマを運転しなくても，公共交通機構が自家用車並の利便性を持てばよい．

  たとえば都市の公共交通をすべてコンピュータ制御し，柔軟に運行すること [野田 03, 中島 11, 中島 14] も可能である．バス[104] に病院へ行きたいと伝えただけで，その情報が病院にも伝わり予約も行われると便利である．あるいはその逆に，病院に予約を入れた時点でバスが呼ばれてもよい．

  都市の道路が知能化することによって信号の制御も最適化され，クルマがいないのに無駄に青になっているというようなこともなくせる．あるいはもっと進んで，クルマ同士が直接通信してタイミングを合わせて交差点を通過することにより，信号システムを廃止することも可能であろう．

- エネルギー利用の効率化[105]．省エネや地球温暖化対策の議論において情報技術は忘れられがちであるが，実際には環境知能の実現により様々な効率化が期待できる．前出の交通・物流システムの効率化はその良い例であろう．渋滞を軽減できれば省エネになるし，環境対策にもなる．

  一方でデータセンターなどが増えており，情報機器自身の電力消費増大への対策なども考えておく必要がある．

- エンタテイメント．映画や TV ゲームとは異なる種類の，環境に埋め込まれたエンタテイメントを考えたい．その場にいなければ享受できない情報があるだろうし，それをよりうまく提示して楽しめるようにする技術がほしい．これによって動物園やテーマパークを高度化できるに違いない．

104) 我々の構想ではバスやタクシーといった区別は不要になる．環境知能的見地に立ち，車輛というハードの個別性を隠し，モビリティを仮想的に提供すること (Mobility as a service) が目標である．

105) 日本における “スマートシティ” プロジェクトの多くはこのエネルギーに関するものである．

あるいは観光や歴史探訪などにおいてもデジタル情報と実世界の融合が進むだろう.

- 健康. 今盛んに議論されているのが在宅医療. 特に遠隔地医療は緊急の要請だ. 以前 NHK で放送された『50 年後の未来』という番組でも, 毎朝のトイレ情報が病院に送られているシーンがあった. 必ずしも外部にデータを送らなくても家庭の環境内で日常の健康診断程度なら可能なはずだ (たとえば [西田 02]).
- 人の輪. ICT (Information Communication Technology) すなわち情報通信技術は人と人を繋ぐためにある. 情報を作り出すのも, 受けるのも人間である. コンピュータやインフラは情報を加工せずに, "いつでも, どこでも, 誰でも" アクセスできるようにする. ところが, 現状の ICT は必ずしも人の輪, あるいは人と人の絆作りに貢献しているとは限らない. これまでなら対面で話したり, あるいは一緒に飲んでいた人達をテレビ会議が引きはなしてしまう例もある.

  もう少し環境をうまく設計して, 人の輪を維持したり, あるいは新しい人の輪を作り出すことに貢献できるシステムを考える必要があろう.
- 農林水産. 気温, 海水温, 降水量, 日照量などの計測と, それに応じた作業の自動化が考えられる. 大規模農業や牧畜の自動化など陸上での作業の他に, 海での効用も大きい.

  たとえばホタテ等の養殖においては水温変化に応じてこまめに貝の入った養殖棚の上げ下げが行われているが, これの自動化あるいはモニタリング [和田 15] と遠隔操作により, 荒天時を含み毎日沖合いまで出ていく必要が軽減される.

このようにして, 環境自体が知能を持ったとき, その中にいる知的主体はどうなるのか？いや, どうなれるのか？知能の "協創" あるいは, 環境との "共生" と呼べるような状態に到達できるのか？そのためには, 環境というキーワードを越えて自然言語 (あるいは知的コンテンツ) の処理 [橋田 02, 橋田 04] といった領域に踏み込む必要がある. 従来は書物や論文といった知的生産物の作成は個人的営みであったが, 最近では Web の活用 (Wikipedia などに見られる) を通して集団による営みとなりつつある. これをさらに押し進め, Web などのデジタルデータに閉じた世界から, 実環境へと広げることにより, 様々な可能性が開けると考える. ここから先は読者の想像力におまかせしたい.

8.3 状況と推論

8.3.1 状況の活用

様々な意味と手段により状況を参照しながら推論を行うことが考えられている．その一つが状況理論をもとにした状況推論の考え方である．

状況と環境は同じものと考えてもよいが，スタンフォード大学を中心として定式化された状況理論 [BP83] では環境の論理表現を「状況」と呼んでいる．しかし，9.1 節（183 ページ）で議論するように，知的主体にとって環境をすべて知ることは不可能であるから，環境自体とその表象は厳密には区別すべきものである．本書では以下のように使い分けている[106]：

環境：主体の外にある世界．

状況：環境の論理表現．神（あるいは理論家）の視点からの記述と言ってもよい．(日常用語としての “状況” にもこれを使う.)

情況：主体の認知している状況．

106) 日本語としては「状況」と「情況」は同じ意味である．

状況推論とは，たとえば囲碁を打つ場合に，盤面の内部表現を持たなくても盤面を参照しながら手を考えられるようなものである．一部を内部表現に持ち，他を外部情報に頼るのである．このような推論においては，その推論の正しさは状況のほうが保証することになる．つまり，ある推論の仕方は常に通用するとは限らず，たまたま特定の状況でのみうまくいくのである．

状況理論の提唱者の一人であるペリーが好んで用いる例としては（推論しないですむという例だが），ねずみとりがうまく働くのはねずみが特定の大きさや重さであるという状況をうまく利用しているからである，というのがある．ねずみとりは，ねずみの大きさを測定してそれに合わせた位置にバーを落しているわけではないし，ましてやねずみの大きさ等に関する内部表現を持っているわけではない．ねずみが小さければバーは空ぶりするし，ねずみがチーズが好きでなければそもそもバネが落ちない．つまり，ねずみとりの側だけを “閉ざされた系” として取り上げてみても，これでねずみが取れるという保証はないのである．実際のねずみとねずみとりの構造が一致していることが重要なのである．

このように，状況に依存した推論は常に正しいとは限らない．特に，状況の認識を間違うと成立しなくなる．したがって，実際の認識主体の行為においてはこの状況の認識というのも重要な要素になる．したがって，状況も推論の対象とする必要がある．さらにすすめて，推論に用いる表現や規則自身が状況に依存するような推論を考えることができる．そうすると，どのような状況で推論するかを自分でコントロールする必要がある．[片桐 89] [NT91].

6.8.3 項（132 ページ）で，かなり知的レベルの高い，コックピット作業を取り上げた．これが AI 研究の目指している知的レベルの一つの典型であると考えられる（もちろん，幼児の外界認識のモデル化の研究などはこれに含まれないので，あくまで典型例の一つにすぎない）．このような作業においては内部表象と外部表象の相互作用を考える必要がある．では，それらをどのようにして使い分けるのか？それが本節の主題である．

ブルックスの反応型ロボットは，状況に応じて異なる行動をするが，この対応のしかたは固定である．様々な地形に応じて異なる歩きかたはできても，同じ地形なら常に同じ歩き方になるという意味である．もちろん，高次の機能からの抑制がかかって特定の反応が抑えられたり，入力にオフセットがかかり，真っ直ぐ歩いたり左右に曲がることはあるが，反応が起こる場合は（量の差を除いて，質的には）同じ反応となる．

ヘリコプターの操縦は，離陸，水平飛行，着陸で全く異なるそうである．そこでヘリコプターの自動操縦においては，複数の状況に応じたモードを使いわける必要がある．これは，操縦系が非線形であるため，入力にオフセットをかけるという手法が使えないからである．ヘリコプターと飛行機の両方の形態を持つオスプレーの変形時の操縦操作はもっと大変だろう．

知的な作業の場合には，反応を含めてすべての行動様式を変更する必要が起こりうる．膨大な環境からの情報のどの部分に注目するのか，また膨大な内部知識のどの部分を使うのかを決定しなければならない．ヘリコプターの操縦は複雑すぎるので，もう少し単純な例で考えてみよう．たとえばマニュアル車の運転において，エンジン回転が上がってくるとシフトアップをするし，回転がある程度以下に落ちるとシフトダウンする．しかし，トップギアで走っている際にはそれ以上シフトアップできないからそのままで走行を続ける必要があるし，ローギアで走っている場合に回転が下がればクラッチを使う必要がある．

エンジン回転上昇 $\wedge$ トップではない $\rightarrow$ シフトアップ
エンジン回転下降 $\wedge$ ローではない $\rightarrow$ シフトダウン
エンジン回転下降 $\wedge$ ロー $\rightarrow$ クラッチ

このような規則として書かなくても，エンジン回転とシフトレバーの位置を入力として，操作を出力とする反応回路をつくることは可能である．しかし，問題は回転が変化したときにシフト操作をする前にレバー位置を目あるいは手で観測する必要がある点である．もし，トップで回転がある程度以上上がった場合にはレバー位置の確認し，これ以上シフトアップできないと判断し，そして回転が上がったことを認識してレバーの位置を確認し，ということを続けなければならない．それよりはレバー位置を“覚えておく”方が実用的である[107]．もっと良いのは自分で自身の動作モードを切り換えることである．シフト時には同時にレバーの位置がわかるのでそれを利用して，以下のようにモード切替えを行う．

107) 最近はマニュアルシフトのクルマはほとんど見なくなってしまったので，この例はピンとこないかもしれない．マニュアル車のシフトはローから2速と，2速から3速ではレバーを動かす方向が逆になるので，運転する場合は常にギア位置を覚えていたものである．そうでないと逆の操作をしてしまうことがある．

通常：　エンジン回転上昇→シフトアップ ∧
　　　　　　　　　　　トップに入ったら**トップ**モードへ移行
　　　　　エンジン回転下降→シフトダウン ∧
　　　　　　　　　　　ローに入ったら**ロー**モードへ移行
トップ：エンジン回転下降→シフトダウン ∧ **通常**モードへ移行
ロー：　エンジン回転上昇→シフトアップ ∧ **通常**モードへ移行
　　　　　エンジン回転下降→クラッチ

この方式では5速のギアの位置を常に覚えておいてもよいが，上記の例は三つのモードですましている．もしどのモードか忘れた場合には通常モードに戻ればよく，その場合にはギア操作をしようとして失敗することでトップやローのモードに戻ることが可能である．

もう一つ例を考える．内部表象として時刻の表象，外部表象として時計を使おう．腕時計[108]が4時35分を指しているとしよう．これは現在時刻の外部表象である．腕時計を持っているなら，現在時刻の内部表象を持つ必要はない．必要なときに時計を見ればよい．ここで，5時にデートの約束をしている場合を考えてみよう．5時までどれくらい時間があるかを知りたければ，5時という内部表象（あるいはそれに相当する文字盤の表示）と4時35分という環境の提供してくれる情報を比較すればあと25分あることがわかる．

108) 数字ではなく，針による文字盤を使うと計算も容易になる．90度は15分あるいは3時間であるし，180度はその倍なのでビジュアルに計算ができる．とくに11時の4時間後など12時を超える計算は文字盤を思い浮かべると簡単にできる．日本時間の時計からグリニッジ標準時を読み取る（航空機の運行にはこれを使う）のに，9時を上（12時）だと思って読むと計算不要である．これはグリニッジ標準時が日本時間から9時間遅ているからである．

この行為は一見何の問題もないように見えるが，たとえば以下のような事情があると少し異なってくる：

- 時計が15分遅れている場合
- 時計が英国時間に合わせてある場合

これらの場合には以下のようなことが起こりうる．

1. 上記の事情を知らない場合：間違った推論を行う．クルマの運転の例で述べたように，実際はギアがトップに入っているのにそれを忘れていた場合に間違ってシフトしようとしたのに似ている．ただし時計の場合はその失敗の事実がわかるのは後になってからで，彼女の怒った顔などの環境入力を待たねばならない．
2. 上記の事情を知っている場合：しかるべきモードで推論すればよい．以下ではこれを可能にする知識表現について提案する．

時計がどの時間帯の時刻を表示しているかとか，今自分がどの時間帯にいるかということは日常生活では考慮する必要がない．[109] 両者が一致しているという環境の構造を利用しているのである．したがって，これらの情報は普段は無視している．しかし，時間帯の情報はクルマのシフトレバーの位置とは異なり，必要になったときに環境から読み出すというのは困難である．通常は覚えている必要がある．つまり，我々は時間帯という情報に関しては覚えている（表象を持っている）にもかかわらず考慮していないということになる．これも先ほどと同じようにモードを考えることで説明できる．

109) 時間帯を意識しないというのは日本の特殊事情かもしれない．私は以前，カナダをレンタカーで旅行中に時間帯を超えてしまったことに気づかず，失敗したことがある．

通常：	時計の表示=現在時刻
時間帯考慮：	時計の時間帯と自分が知りたい時間帯の時差を計算する

また，この場合には通常モードと時間帯考慮モードの間の表現の変換も必要となる．

通常：	h 時	=	時間帯考慮：	日本時間 h 時
英国用腕時計：	h 時	=	時間帯考慮：	英国時間 h 時
時間帯考慮：	英国時間 h 時	=	日本時間	h–8 時

操縦，運転，時計などの例で必要とされている能力は生得的ではない点に注意してほしい．ギブソンが研究していたような視覚系は長い進化を経て環境の一部として構成されたと考えてもよいが，自動車や時計は突然現れたものであるからそれに対応する仕組みは自動車や時計に出会ってから構成されたと考えるのが自然である．このような外部の変化に対応する内部の変化は広い意味で表象と呼ぶべきであろう．これがニューラルネットワークの学習

で実現されるのか，ここで用いられているような記号表現となっているかはあまり本質的な問題ではない．

8.3.2 状況内オートマトン

通常は特定の状況（と言っても，地球環境のようにほとんど不変のものもある）に埋め込まれていることを利用して状況内推論を行うことにより行動が可能である．広い意味では，推論すら必要でなく自動販売機のような単に決められた入力に決められた動作を行っているだけでよい．[110] この考え方を押し進めたのが状況内オートマトン (situated automata) の考え方や，それを応用したブルックスのロボットである．

110) 自動販売機は地球の重力や貨幣の質量／デザインという外的状況を利用して投入された金額の判別をしている．

> 旧来のアプローチでは機械は論理的主張を言語的な対象としてコード化してできたデータ構造を操作するものとみなされている．新しいアプローチでは，論理的な主張は機械の知識ベースの一部分ではないし，機械によってそれらが何らかの仕方で形式的に操作されるわけでもない．むしろ，これらの主張は設計者のメタ言語におけるものであり⋯．（中略）背景的な制約条件そのものを機械の状態の中に明示的にコード化する必要はない．⋯それらはあらゆる状態変化のもとで不変であるからである．([Ros87])

状況と機械の動作の関係は設計者の頭の中にあればよく，実際の機械がそういうことを“知っている”必要はない．ローゼンシャインらはこの考え方に基づき，設計用のメタ言語による動作記述を実際にオートマトンの回路にコンパイルする技法を与えている．人間の小脳における学習（コンパイル）もこのようなものと考えてよいだろう．

8.3.3 状況の表現

状況に関する推論ではその状況の内部表現を持つことが必要である．状況理論においてはある状況に関する情報を

$$s \models \sigma$$

のように書いて，状況 s において σ（情報の素という意味で「インフォン」(infon) と呼ぶ）が成立しているという，s に関する情報の記述とする．これはその状況に関する情報のすべてではない．当面わかっている部分情報によっ

てその状況を記述するのである．

状況推論で用いる表現は以下の特徴を持っている：

1. 推論に用いられる表現は必ずしも表現される対象や状態を完全に模倣する必要はない．表現が環境に適切に埋め込まれている，あるいは表象操作とそれに基づく行為のための主体の構造が適切であれば推論に用いる表現自体は簡略化することが可能である．さらにそれにともなって推論操作も簡略化し，効率的に推論を行うことが可能である．
2. 必要に応じて環境への依存度の異なる表現を使い分けることが可能でなければならない [片桐 91].

状況に依存した表現を用いることにより，以下のような利点がある：

1. 外部の状況が保証してくれることがらは，推論や計算の対象としなくてよいので推論や計算が効率化される．
2. 同じプログラムが別の状況でも使える．

しかしながら以下のような欠点もある：

1. 想定したものと一致していない状況では推論が破綻する．
2. 状況を完全に想定しようとすると結局計算や表現が複雑になる[111]．

111) フレーム問題と同じであるから，完全な記述は不可能である．

つまり，近似解であきらめる必要があり，そうする限り効率の良い計算が保証される．

8.3.4 情況推論

抽象的な状況の表現と，それを利用した推論の例として，鳥は飛ぶという知識を考えてみよう[112]．論理式では，これを

112) 鳥には例外的に飛ばない鳥がいるというようなことは常識推論（傍注30，43ページ）の問題であるが，話を単純化するため，ここでは考えないことにする

$$\forall x.\mathrm{bird}(x) \rightarrow \mathrm{fly}(x)$$

のように書くことが多いが，私 [中島 90] は，これを状況に依存する知識として

$$S_{\mathrm{bird}} \models \langle\langle \mathrm{fly} \rangle\rangle$$

のように表現することを提唱している[113]．これは，抽象的な“鳥”という状況では，“飛ぶ”という性質が無条件に成立するということを表している．つ

113) 9.1 節（183 ページ）で詳しく述べるが，日本語の係助詞「は」は状況を指示していると考えると都合が良い．「鳥は」は「鳥という状況内で」と読む．

まり，思考の対象になるものは鳥に限ることを状況が保証しているので，前提条件として対象が鳥であるかどうかを考えなくてすむということである．

さらにすすめて，推論に用いる規則自身が状況に依存するような推論を考える．そうすると，どのような状況で推論するかを自分でコントロールする必要がある．これを，状況内推論に対し，「状況に関する推論」と呼ぶことにする [NT91].

状況理論における「状況」というのは世界の一部のことである．もちろん，対話者も世界の一部であるから，対話者の内部状態も状況となる．しかしながら，この状況という見方は客観的なもの（つまり，理論家の立場）である．対話者による主観的な世界（状況）の表象を，これと区別するために「情況」と呼んでいる．これは対話者の持つ情報の有り様という意味である．情況は状況の内部表現であると考えてよい．ある状況に関する完全な記述というのは原理的に不可能であるから，情況は不完全な情報表現しか持たない．状況理論では情報の単位をインフォン（情報子）と呼ぶ．インフォンと状況が合体して命題を構成している．命題の状況依存性は考えられているが，インフォンには状況依存性はないことになっている．我々は，同じ情報でも状況ごとにその表現が異なるかもしれないという立場に立ち，その表現を「情子」と呼ぶ（情子と情況で命題が構成されることに変わりはないが，どちらにも明示されていない情報がありうることを前提としている）．

対話者がある状況に同調している場合には，様々な推論を省略することが可能になるが，別の状況では別の推論法が必要となる．状況の変化にともないこれを切り替える必要がある．ここで切替えられるものは状況自身ではなく，その表象（情況）である．ここでは，推論に用いる規則も情況に付随しており，それらも情況と同様に切り替えられるものとしている．

通常，日本で時刻に関する情報を考えるとき，日本時間であることはその状況により保証されている[114] 実際，時計には“日本時間”という表示はないので，時計が持っている情報はたとえば

《 時刻, 4 時 》

だけである．ところが，実際にはそれは日本時間のことである．つまり，

《 時刻, 4 時, 日本時間 》

という情報を持っていると考えてよい．つまり，時計 1 だけの情況を考えると

114) 物理的に日本にいることが日本時間の十分条件ではない．日本でアメリカ時間のことを考えていることもある．そのような思考の文脈を含むものとして情況をとらえているので，日本の情況にあることが日本時間の必要十分条件となる．

$$\text{時計 } 1 \models \langle\!\langle \text{時刻}, 4\text{時} \rangle\!\rangle$$

となるが，まわりの情況まで広く加味すると

$$\text{世界} \models \langle\!\langle \text{時刻}, 4\text{時}, \text{日本時間} \rangle\!\rangle$$

となる．この記法は時計の持っている暗黙情報を陽に記述したものである．この議論は “4 時” という発話にも同様に通用する（と考える）．

発話や表現に陽に現れない要素は情況の側に含まれる情報であると考える．上記の例では “日本時間” は時計情況には含まれる（だから発話しなくてよい）が，世界情況には含まれない（だから発話の必要がある）情報であると考える．

8.3.5 状況への同調と切替え

状況内で効率良く推論できるのはその推論主体が状況の持つ制約に同調しているからである．たとえば地球で我々がうまく歩けるのは地球の重力，地面の摩擦その他多くの地球環境でのみ成立する制約に同調しているからである．自動販売機は挿入された硬貨を識別し，それに応じて適切な行動をとる．しかし，硬貨の直径や重さにより硬貨を弁別しているため，偽造硬貨に対しては対処しきれないし，製品の価格変動にも自らは対応できない．すなわち自動販売機は設計された範囲内では適切な行動をとるが，そこからはずれると対応しきれない．動物行動学でも動物の同様な環境依存が示されている [Tin51]．しかし，“知的な” 行動にはこのような予期された状況からの逸脱に対する適切な（あるいは可能な限りの）対応が含まれると考えられる．

通常は状況を陽に意識することなく推論や計算ができる．しかし状況が変化した場合にはその推論や計算はもはや正しいものではなくなるかもしれない．そのような場合には状況の変化に適応するための別の機構が必要となる．推論の場合には，これまで推論の対象外であった状況を再び意識化する必要がある．ある状況に同調している場合には，様々な推論を省略することが可能になるが，別の状況では別の推論法が必要となるので，状況の変化にともないこれを切り替える必要がある．ここでは，推論に用いる規則も状況に付随しており，それらも状況と同様に切り替えられるものとしている．

このようなことを行うためには，状況間の構造をあらかじめ学習しておく必要がある．これは人間なら長い間の生活によって学習されるものである．プログラムする場合には，あらかじめそういう構造を与えておくことになるが，

それは常に機能するとは限らない．柔軟性を持たせるためには，やはり何らかの学習機構が必要であろう．

状況理論では，従来，状況に対する適応（attunement）しか考慮されなかったが，ここでは “知的” 行動のための状況の把握やその利用を考える．そのために，“状況に関する推論” の必要性を提唱する．

つまり，状況とのかかわり方について以下の二つを考える：

1. 状況への同調

   システムが “知的” に振る舞うためには，そのシステムが状況を把握し，それに対して適切な行動をとる能力が必要である．しかし，状況を完全に把握していなくても適切な行動をとることは可能である．たとえば，自動販売機は挿入された硬貨を識別し，それに応じて適切な行動をとる．この場合，適切な行動をとるのに必要な情報をすべてシステムが持っているのではなく，システムをとりまく状況内にある情報（コインの直径や重さと金額の関係など）に依存している．
2. 状況の扱い

   自動販売機は，設計された範囲内では適切な行動をとるが，そこからはずれると対応しきれない．単に状況に同調しているだけではなく，状況との積極的なかかわりが要求される．これには，状況からの情報の収集や状況の切替えなどが含まれる．

状況に応じて使う推論規則を切り替えることに対応して，逆に同じ推論規則を別の状況で用いるような推論も存在する．たとえば他人の推論プロセスをシミュレートするという行為は，自分と同じ推論規則を他人状況で使うことに相当する．中島ら [NPS91] は状況推論の考え方を三賢者問題（図 8.3）に応用してこれを示した．これは自分の帽子の色を推論するのに他人ならどう考えるかを使うものである．三人が同じ推論規則を持ってはいるが，お互いに持つデータが異なるというもので，状況を切り替えての仮説推論が行われている．

8.3.6 計算の効率化

プロダクションシステムなどの従来方式では，知識の増加に従い計算時間や探索時間も増大するという欠点があった．人間の場合は，逆に，知識の増加に従い効率が向上する．

ある王様が，自分の顧問の賢者たちの推論能力を試すために，次のような問題を与える．三人に帽子をかぶせる．各自，他の二人の帽子の色は見えるが，自分の帽子の色は見えない．王様は賢者達に“帽子の色は赤又は白で，少なくとも一つの帽子は白である”という情報だけ教える．そして，王様は三人に白い帽子をかぶせる．三人は自分が見ている帽子の色を相手に伝えることは許されない．
王様は最初の賢者に帽子の色を聞く．

賢者 1：わかりません．
王様は次の賢者に帽子の色を聞く．
賢者 2：わかりません．
それを聞いた**賢者３**：わかりました．私の帽子は白です．

賢者３はどのように推論して自分の帽子の色がわかったのか？

図 8.3　三賢者問題

状況依存表現を用いることにより，より多くの状況に関する知識を得れば，その状況に於ける推論が効率化されることがわかる．複雑な問題を分割しない代わりに，その問題の状況に適した推論／計算方式を用いるのである．そうすると，その問題に適した状況表現を探し出すというメタ推論が必要になり，そちらの計算時間は増えるのではないかという疑問がわく．これに関しても，状況構造の特定のものにフィットしたメタ状況表現を再帰的に用いることにより解決できると考えている．

ある n 項関係を $n-1$ 項関係に落とすことを投影という．ここでは，情況にある情報を表象（思考，言語両方を含む）中の引数から落すことを指す．投影によって表現が簡素化され，計算に必要な資源も小さくなる．

パロアルト[115] で “It's 4pm.” と言う／考えることは，実際はパロアルトが PST (Pacific Standard Time) で 4pm であることを意味している．

115) パロアルト (Palo Alto) はスタンフォード大学に隣接する都市である．シリコンバレーの中心地でもあり，ゼロックスパロアルト研究所などがある．

$$\langle\langle \text{4pm, PST, Palo Alto} \rangle\rangle$$

が実際に仮定されている情報である．

もし，実際の発話が

$$\langle\langle \text{4pm} \rangle\rangle$$

（に対応する自然言語の）のかたちをしており，その発話の内容が

$$\langle\langle \text{4pm, PST} \rangle\rangle$$

だとすると，“PST” は発話には含まれないが情報の構成要素であるという意味で unarticulated constituent（非発話構成要素）[Bar89] と呼ばれる．投影とはある構成要素を非発話にする操作である．

ただし，投影前の表現は固定でも完全な情報を含んでいるわけでもない．完全な情報とは

$$\langle\langle \text{4pm, PST, Palo Alto, 太陽歴, ...} \rangle\rangle$$

のように，すべての情報を含んだものだが，これはフレーム問題的に何が必要かわからない．多分，その状況（メンタル・スペース [Fau85] に近いもの）がサポートしている “関係” を全部並べたものがフル情報だろう．

したがって，

$$\langle\langle \text{4pm} \rangle\rangle$$
$$\langle\langle \text{4pm, PST} \rangle\rangle$$
$$\langle\langle \text{4pm, Palo Alto} \rangle\rangle$$
$$\langle\langle \text{4pm, PST, Palo Alto} \rangle\rangle$$

等のすべてを実際のものとして認める．つまり，何らかの完全情報とそれを省略したものという対比をとらずに，すべてが実際にあるものとして考える．上記の例では（上が下の）投影の関係になっているが，必要に応じて元の情報を復元できる．それは，状況の側にその情報が含まれているからである．[NO96] つまり，

$$\text{PaloAlto} \models \langle\langle \text{timezone, PST} \rangle\rangle \wedge$$
$$\text{PaloAlto} \models \langle\langle \text{4pm} \rangle\rangle$$

と

$$\text{USA} \models \langle\langle \text{4pm, PST} \rangle\rangle$$

とは同じ情報を持っていると考えることができる．つまり，アメリカ全体（あるいは地球全体）を問題にしているときの “4pm PST” という発話／思考と，カリフォルニアを問題にしているときの “4pm” という発話／思考は同じ情報内容を持つと考える．

8.4　オートポイエシスの実装

オートポイエシスとは，自己産出するシステムのことである．これは“生命とは何か”という昔から考えられていたシステム論に対する一つの答えである．河本 [河本 95] によると，システム論には 3 世代ある．第 1 世代が動的平衡システムとしての捉え方．物質は出入りしているし，構成要素はどんどん変わるが，全体として平衡を保っているというのが動的平衡システムである．第 2 世代の考え方は，その上にさらに自己組織化が加わる．

第 3 世代の，オートポイエシスという見方は，この自己組織化の極端なもので，常に自己組織化をしながら動いているシステムのことである．マツラナとバレラ [MV80] では“神経システムには入力も出力もない”という言い方をしている．これはちょっと考えると変な話で，神経というのは外界の刺激に対応して何かやっているに違いないわけである．マツラナは神経生理学者で，視神経のことを調べている研究者で，鳩の視覚系を調べているうちに，外界にない色が見えるという現象を発見した．物理的に色を規定すると“波長の大小”ということになり，普通は大体それに近いものを我々も見ているわけだが，条件によってはまるきり違うようなものが見えてしまう．一つの例は白いライトと赤いライトで照らしたときの影が緑に見えるというもの [MV87] で，緑に対応する波長はどこにもないにもかかわらず緑色が見える[116)]．もう一つは，実際にモノを照らす照明の照度あるいは光度を変えてやると，物理的に出てくる波長はどんどん変わるのにもかかわらず，我々には大体同じ色に見ている．見ている対象の中で一番明るい色を白だと思って，それで補正しているのではないかというような説があるけれども，実はまるっきり対象の波長と違う色を見ている可能性はあるわけである．モザイク模様のようなものをつくって，各色のところから出てくる波長の成分を物理的に見ると必ず白になっているような模様をつくっても，人間には色が見える．ところが，そのモザイク模様の他の部分を隠して，その単色のところだけを見せると白に見えるというような実験がある．そのようなことから“神経システムというのは，外界の刺激を取り込んで，そのマッピングをしているのではない”というのである．

116) これは，我々の網膜が三原色に対応する神経しか持たず，すべての色はその合成で認識されていることと関係している．つまり，我々の見る色は波長そのものではなく，それを網膜（そしてその後の大脳視覚野）がどう検知するかにかかわっているのである．

では，どう考えるのか？神経システムを考えるときに，目の表面に境界があって，そこから外が外界で，それより内側が内部だという見方ではだめで，光の刺激と対象，さらに環境全体をひとまとめにして，一つの系として見なければならないのである．そう考えると，全体のシステムには入力が必要がなくて，系全体の状態が系の次の状態を作りだすだけだというのである．

オートポイエシスの考え方はホーキンス [HB04] の説明のほうがわかりやすいかもしれない．彼は脳の入力は神経刺激のパターンであり，脳の処理の仕組みは入力のモダリティに依存しないというという仮説を持っている．聴覚も視覚も痛覚も同じように大脳にパターンとして入力され，パターンとして処理される．だとすると，大脳自体は外界からの刺激と体の内部からの刺激，さらには脳の他の部位からの刺激を区別する手段を持たないことになる．外と内の区別が本質的に存在しないのである．怪我で失った手足が痛むという幻肢もこの考え方で同様に説明可能である [Ram99].

有機的プログラミング [中島 96a] が，ある意味のオートポイエティック・システムになっている．固定的なプログラミングの枠組みの場合には，入力に対してそれを IF 文で状況判定をし，判定の結果に従って条件分岐後にしかるべき行為を行うというのが普通の動きである．有機的プログラミングでは，できるだけ少ない判断での行為を可能とし，行動した後で状況判断を行うという立場をとる．そのため行為の後に条件判定を行い，自らの状態を変化させる．

従来方式（たとえばプロダクションシステム）では図 8.4 のように状況判断を行った後に行為を行う．これは判断に時間がかかるが毎回すべての条件を考慮するので間違いも少ない．

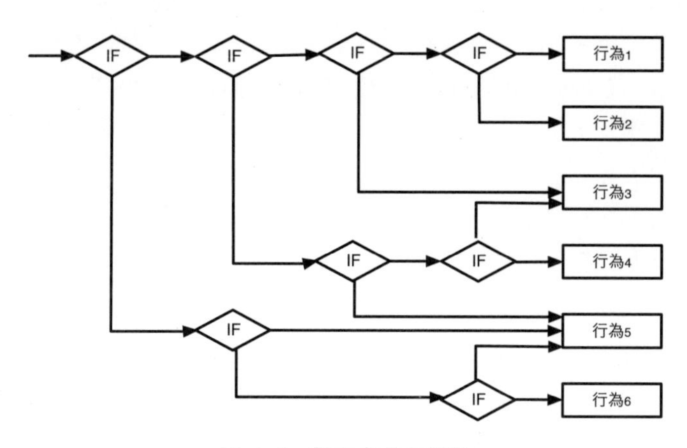

図 8.4 従来方式の判断

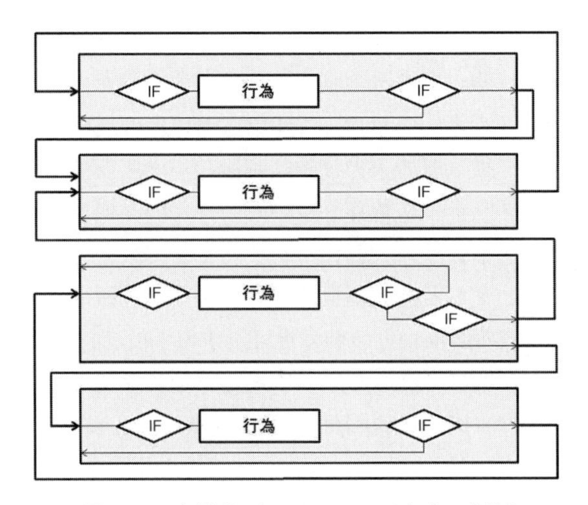

図 8.5　有機的プログラミング方式の判断

これに対し，各規則を状況依存に書くと早い対応が可能となる（図 8.5）．この方式では入力に対応して（軽い判定の後）すぐに行為が可能である．そして，行為の結果を観察してから次の状況変化への対応を計算する．つまり，従来方式は<認識→行為>の順であったのに対し有機的プログラミングでは<行為→認識>の順序を可能にしている．

図 8.5 で，左側にある IF は外界の認識に使うが，右側の IF は自分の行為の結果の認識に使う．行為の結果によって，状態を遷移するのがミソである．外界の刺激に反応して行為をした結果，次に自分の状態を変えてしまう．そういう意味でオートポイエティック・システムということができる．

この場合，システムの現在の状態の表現はシステムの中に有るとも無いともいえる．実はプログラムとしては，外とか中とかという問いがあまり意味を持たない．思い込みだけで（内部状態だけを参照して）走ることもできるし，常に外界を観測しながら走ることもできる．場合によって使い分けることもできるし，プログラム中に混在させることも可能である．

8.5　ブルックスの反応型ロボット

ブルックス らによる知識表現や問題解決機構を持たない自走ロボットは反応型エージェント (reactive agent) と呼ばれている．これは外界に受動的に反応するだけで知的な行動を可能にするような機構やその設計方針に関する研究であるこの考え方は，一見複雑に見える魚や鳥の行為も，実は単純な反応の連鎖にすぎないとする ティンバーゲン [Tin51] らの動物行動学の成果 35節（53 ページ）によく一致する．彼らの枠組みにおいては従来知能の必需品であると考えられていた知識表現（操作対象の内部表現）とそれを操作しての推論というものを否定する[117]：

> 非常に単純なレベルの知能 を調べてみると，世界の明示的な表象やモデルは全く邪魔であることがわかる．つまり，世界をそれ自身のモデルとして用いる方がよい，ということが判明する[118]．([Bro91] 下線は私が付けた)

いうなれば環境に条件反射的に反応するいくつかのサブモジュールを用意し，それらの協調・競合により知的に振る舞うシステムを構築しようとする考え方である．扱う対象の抽象度の異なるモジュールをいくつか “垂直” に結合して図 8.7 に示すようなモジュール間の協調による動作を考える．上位のモジュールは下位のモジュールの出力を利用したり，また下位のモジュールの動作を抑制したりする働きを持つ．

内部表現なしに知的な振舞いが可能になるみそは,「服属アーキテクチャ」(subsumption architecture) と呼ばれる機構の設計方針にある．

117) ブルックスの “表象なしの知能 (intelligence without representation)” [Bro91] という論文の表題はアメリカの独立戦争当時の “no tax without representation” (representation の意味が異なるのに注意) というスローガンのもじりだそうである．本人の弁によるとちょっと極端な表題であり，本人も広い意味での表象の必要性は認めている．たとえばセンサ情報をそのまま内部表象として用い，ロボットを特定の順路に沿ってナビゲートする実験などは行っている．例に使った地図作成という作業はまさにこれに相当する．

118) この考え方はもともとローゼンシャイン [Ros87] の提案した状況オートマトン (situated automaton) の考え方を発展させたものである．状況オートマトンという考え方は，状況に埋め込まれた形でオートマトンの動作をとらえようとするものである．どのような状況で動作するのかは設計者の頭の中や設計仕様には存在するが，オートマトンの内部表現として存在する必要はないという考え方に基づき，仕様をオートマトンにコンパイルする技法を開発した．

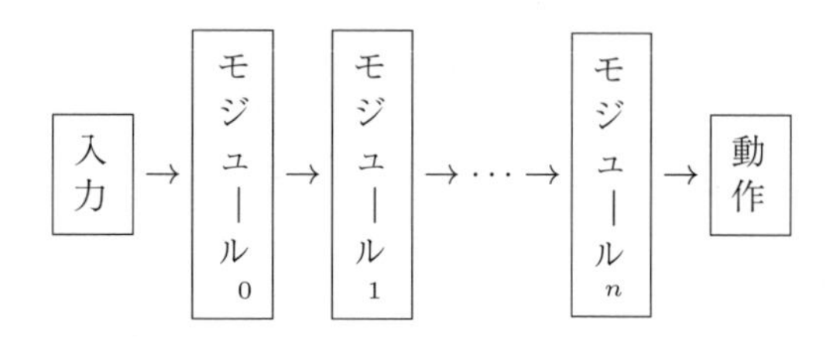

図 8.6 横型アーキテクチャ

従来のシステムにおける処理の流れは図 8.6 のようなものであった．図中で→は情報の流れを示す．これを「横型」[119] アーキテクチャと呼ぶ．それに対し図 8.7 のような「縦型」[120] アーキテクチャが服属アーキテクチャである．→と↕は共に情報の流れを表している．この縦型アーキテクチャにおいては，たとえばロボットの場合を考えると図 8.8 のように，下層だけで完

119) 情報の流れからいうと「直列」なのだが，ブルックスが横型 (horizontal) と呼んだのでそれに習う．

120) 同じく「並列」が良いと思う．

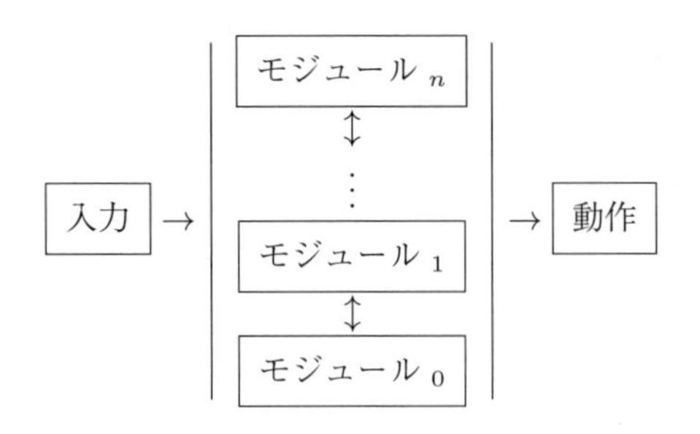

図 **8.7**　縦型アーキテクチャ

図 **8.8**　ロボットの下層システム

全なシステムになる．つまり，これだけで歩き回ることができる（歩行自体がかなり困難な問題である）．ただし，これでは障害物回避ができないので図 8.9 のように上位の層をかぶせる．歩行は左右の足を均等な速度で動かすこと

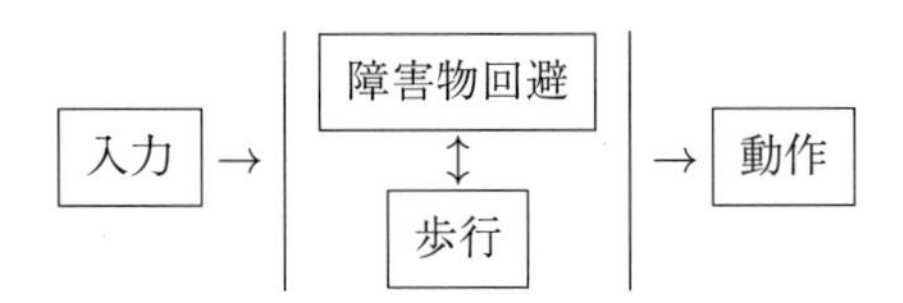

図 **8.9**　障害物回避を重ねたシステム

によって行われているが，障害物回避モジュールは，この速度の制御ループの入力にバイアスをかけて，左右のアンバランスを作りだして方向を制御する．つまり，上位モジュールは下位モジュールに干渉することができる．さらに図 8.10 のようにどんどん上位の層を重ねていくことが可能になる．下の層の完全な動きを期待できるので，上位の層，たとえば目標到達は障害物を避けて歩く機能を前提に設計できるという点が服属アーキテクチャのみそである．

注意していただきたいのは，ブルックスらが表象が不要としているのは地図作成より下の機能である．地図というのは当然のことながら内部表象のこ

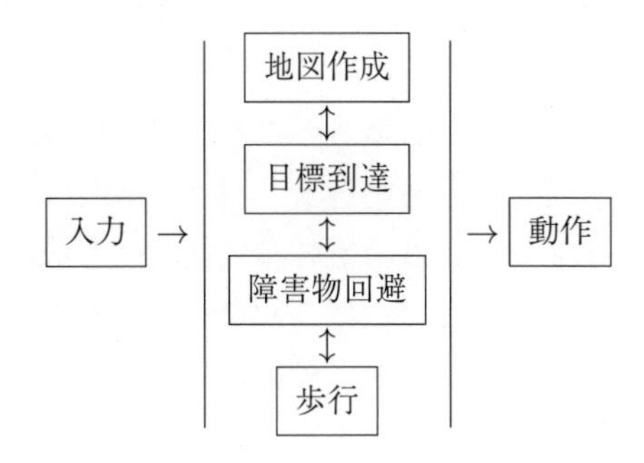

図 8.10 上位層を重ねたシステム

とであるし，地図を頼りに，言語で目標地点を人間が指示する場合には言語表現から地図上の場所を同定する機能が必要で，これらには当然のことながら表象操作が必要となる．昆虫を作るのには表象は不要かもしれないが，人間を作るのには表象は必要である．

8.6 ユビキタスな神と八百万の神

コンピュータシステムの動作を考えるときに，コンピュータ自体だけではなく，それを使う人間と，それらを含む環境にまで意識を広めたのはワイザーによる「ユビキタス・コンピューティング」[Wei91] の提唱であろう．それ以来，この ubiquitous という形容詞は pervasive や ambient という他の形容詞に置き換えられ，それぞれ若干拡張された概念として使われてはいるものの，環境を考えるという大筋においては一致したものとみなしてよいと思う．

しかしながら，人間にとって環境とは何かということを考えるときに，西欧流の征服すべき環境と日本流の共存すべき環境という二つの世界観の差は意識しておく必要があろう．この差は西欧の庭園と日本の庭園の造りの差[121] にも見てとれるし，アメリカで岩肌に大統領の顔を刻むのと，東洋で仏像を刻むことの差にも見てとれるが，ここではそれを指摘するに留め，それらの差自体には立ち入らないことにしたい．

AI も最初はアメリカで生まれた学問分野[122] であるから，環境は征服すべきものとして捉えられていたが，近年は知能は環境との相互作用にあると考える研究者が（私を含め）増えている．

121) 西洋の庭は上空から見たときに美しい幾何学模様的に構成されることが多い（たとえばベルサイユ宮殿）のに対し，日本の庭はその中を探索するときに心地よい景色が見えることを目指している（たとえば京都のお寺の庭）．

122) 1956 年の夏にアメリカのニューハンプシャー州ハノーバーにあるダートマス大学で開かれた会議で Artificial Intelligence という名が初めて使われたとされている．

コンピュータシステムの話題に戻る．坂村 [坂村 02] は「ユビキタス」すなわち“神の遍在”に対する日米の違いとして，欧米における神は唯一絶対神であり，ただ一つの存在があらゆるところに現れるのに対し，日本における神は「八百万の神」であり，万物各々に別々の神が宿っている．坂村はユビキタスコンピューティングは八百万の神に近い概念だとしている．たしかに，欧米の研究者と話しているとやはり欧米流の神の概念がシステムの設計にも現れているように思う．環境中に設置されたセンサ等個々のデバイスはもちろんある程度自律的に動くのであるが，最終的には，それらの間の通信による情報共有（あるいは絶対的な情報の表現）を目指しているように見える．個々のデバイスが勝手に人間を支援すれば良いという考え方はあまり見られないのである．もちろん，日本でも全体としての統一を保ったシステムの方向を目指す研究は多い．しかしながら，環境知能を考えるとき真の意味で分散された知能——つまり，全体としては整合していないかもしれない知能——を考えることは意義深いと考えている．

個物を中心にした概念として，日本には付喪神（正式には九十九神）というのがある．物を使い続けることにより，そこに神が宿るという考え方である．これなどは日本的ユビキタスコンピューティングの概念にぴったりであろう．それら個物の機能の総体として知能がボトムアップに形成されるのである．余談であるが Internet of Things (IoT) [Ash09] の方向性もこれであろう．

マルチエージェントシステムを例にこの論点を確認しておきたい．なお，環境知能を考える上でマルチ・エージェントの概念（傍注 103，156 ページ）は欠かせないものである．西洋的立場に立てば，各エージェントは神の一化身であるから，神同様に完全な推論能力を有する自律エージェントであることが理想である．実際には技術的な問題からそういった全知全能のエージェントを作ろうとはしていないが，目標はそこにあるということである．したがって,「マルチ」よりは「エージェント」に力点が置かれており，想定されているエージェント集団のマルチ度も数十，せいぜい数百のオーダーである．ここで問題とされるエージェントは BDI(Belief-Desire-Intention) アーキテクチャ[Bra87] によって動作する．Belief（信念）とはエージェントの持つ世界像である．知識ではなく信念が扱われるのは，エージェントが全知ではないためである[123]．世界の有り様とエージェントの思い込みの間にずれが生じることを見込んだ定式化である[124] が，日本的感覚から言えばこれらを区別できるのは神のみであるから，エージェントの定式化にこの区別を持ち込んでも実効上の意味はないということになる．Desire（欲求）とはエージェントの

123) 「知識」は実際に真である「信念」として定義される．

124) 近年様々な分野で，神の観点による，完全情報と完全処理を前提とした“正しい”推論ではなく，エージェントの限定合理性を扱う研究が主流になりつつある．経済理論もその一例である．その意味では世界的に日本的世界観化が起こっているという言い方もできる．しかしながら私には，これらはまだまだ西洋的世界観の掌の上での話に思える．

内部状態から自発的に導かれるゴール状態．この状態と現状に関する信念の差を埋めるべくIntention（意図）が生成される．たとえば腹が減っているという信念と，満腹になりたいという欲求の差から，その欲求を満足させるための行為の一つを成し遂げようとする意図が生まれる．具体的には，たとえば，レストランで昼食を取るという意図が生まれる．ここから先は従来から知られている計画立案とその実行というフェーズに入る．このような，意図に基づき自律的に動くエージェントの集団を対象とし，エージェント間の競合・折衝・共同行為を扱うのが西洋型マルチエージェント研究の主流である．

一方，日本型マルチエージェント研究では，“三人寄れば文殊の知恵”という言い方に代表されるように，個々のエージェントは完全無欠である必要はなく，むしろ“協調”[125]によって個体の能力の和以上の能力を発揮することをよしとする．私が2015年現在主査を務めている「ネットワークが創発する知能」研究会 (WEIN)) [NKN06] の命名自体がその好例である．ネットワークが創発する知能の典型例は我々自身の脳であり，これは100億のオーダー[126]の神経繊維が構成するネットワークである．なお，WEINの興味の対象は脳だけではなく，交通網，蟻や人間の社会システム等，広範囲のネットワークを含んでいる．

125) “協調”に相当する英語は存在しない．最も近い単語であるcooperationには強制にしたがうというニュアンスがある．

126) ヒトの大脳の神経数は100億から200億程度だと言われている．小脳の神経数はさらに多く1000億のオーダーという計算もある．

このようなノード数が万以上の，統計的性質で語れる数のオーダーのネットワークは海外では物理学者が分析の対象としていることが多く，マルチエージェントの分野で研究されることは少ない．ほぼ唯一の例外としてはネットワークの最適ルーティングの発見に昆虫がフェロモンを残すのと類似の方式を使う研究は内外で盛んである程度だ．日本ではWEINのように，情報系と社会学系の異分野交流としての活動が始まっている他，数十万より上のマルチ度のシステムを想定するためにわざわざ「マッシブリー・マルチ」(massively-multi) という用語を使ったワークショップ [IGN05] も開催された．

8.7 マルチエージェント

8.7.1 マルチエージェント研究の歴史

英語のエージェントというのは代理人のことであるから，基本的には人間の代わりに仕事をするプログラムを「エージェント」と呼ぶ．したがってなんらかの意味で仕事を委託できる相手をエージェントと呼ぶことになる．そ

の意味で

- 自律性
- 有目的性

はエージェントの持つ最低条件であろう．

それらのエージェントが複数存在する時の研究分野がマルチエージェントである．単一エージェントの研究は，その対話能力やスケジュール管理といった知的側面の他に人間に似た外見や動作を持たせるという側面が強い．人間がエージェントにどれくらい感情移入 (emphasy) できるかという研究もある．一方でマルチがつくと，エージェント間の協調や競合が問題とされるようになる．

マルチエージェントとという研究分野は，米日欧でそれぞれ独立に，しかも少しずつ違う方向性を持って生まれた．

年代的に最も早いのはやはり米国で分散人工知能 (Distributed AI) First International Workshop on Distributed Artificial が 1980 年に MIT で開催されている．

ヨーロッパでは First European Workshop on Modelling Autonomous Agents in a Multi-Agent World (MAAMAW-89) の開催が最初である．

日本ではソフトウェア科学会の研究会として我々が始めた MACC-91 (Multi Agent and Cooperative Computation) [中島 93a] が最初である．

これら三つの地域別のワークショップは 1995 年に ICMAS (International Confecence on Multi-Agent Systems) として統合され，後にはさらに autonomous agent コミュニティーと合体して 2002 年に AAMAS(Autonomous Agents and Multiagent Systems) となる．AAMAS から multi と agent の間のハイフンがとれ，multiagent という一単語になっている点にも注意されたい．

この流れにはいくつかの研究要素が含まれている．一つは分散 AI に見られる分散探索問題である．古来からの AI の探索問題は，単独プロセッサのものでも，複数台のプロセッサで並列探索を行うものでも，基本的にはすべての情報を管理した上で探索が行われていた．これに対して分散探索問題では互いの探索が独立に行われるため，それらの間の情報統合が問題となる．典型的な例は北米レーダー網で捉えた飛行物体の間の同一性判定である．互いのレーダーは自分中心座標で飛行物体を追跡するため，それらの間の座標変換や，一部のレーダーから隠れた場合の情報補完などが問題となる．

これらの技術要素はそのまま複数のエージェントの協調の問題に使える．米国では独立したエージェント間の交渉が主要課題となっており，現在でもオークションの研究等が盛んである．

ヨーロッパではワークショップの題名からもわかるように，マルチエージェント環境下でのエージェントの自律性が中心となって研究が行われてきた．

日本ではやはり“三人寄れば文殊の知恵”というスローガンが表す，個々のエージェントの集まりより強い知能を目指す研究が多い．あるいはより良い社会制度を目指すものもある．もちろん，これらの分類は典型化のしすぎであり，MACC の立ち上げ当初から，日本の研究者のなかには米国で DAI の指導を受けてきたものも多いし，最近では AAMAS のオークションコンテストの優勝者が日本からも出ている．

8.7.2 分散人工知能

もともとは，米国国防省の要請でレーダー網からの情報を統合し，敵味方の判別などを行うために発展した分野らしい．たとえばデービスとスミス [DS83] はコントラクトネットを DSS (Distributed Sensing System) に応用することを示している．これは航空管制などにおいて，各地に分散しているレーダー等の感知装置の情報を統合し，飛行機の感知，判別，追跡などを行うシステムである．地理的に分散するステーションは感知あるいはデータ処理の能力を持ち，これらが協力して単一のエリア地図を作成することが目標である．最終的な情報の統合と制御は一つのステーションが受け持つことになる．

コントラクトネットにおいては各ノードが問題を提示し，それに対し入札，落札という手順によって他のノードへ部分問題が割り当てられる．具体的には，仕事を持つノード（マネージャーと呼ぶ）と仕事を引き受けるノードの間で以下のような通信が行われる．

- マネージャーからノードへ：仕事のアナウンス（ブロードキャスト）
- 暇なノード：仕事のアナウンスを聞く
- ノードからマネージャーへ：入札を行う
- マネージャー：様々なノードの入札を聞く
- マネージャーから選ばれたノードへ：仕事の報酬を伝達（コントラクト成立）
- 仕事を終えたノードからマネージャーへ：完了報告（コントラクト終了）

様々な問題設定によるマルチエージェント系の性質の解析も行われている [大

沢 92]．たとえば追跡問題においては，複数のエージェントが単一のターゲット（比較的単純な規則で逃げ廻る）を追跡するときにエージェントの組織としてどのようなものが効率が良いかを解析している．ここで言う組織とは

- エージェント同士は通信のみを行う
- エージェント同士は通信の他，行動の協調を行う
- 特定のエージェントが命令を下し，他のエージェントはそれに従う

などを様々に組み合わせたものである．ベンダら [BJD85] によると（残念ながら）命令するエージェントと互いに通信する部下エージェントの組合せが最も効率が良いらしい．しかし，これは仕事の性質によって大きく左右されるものであるうえに，反対意見も出ている．結論よりも，このような組織の評価問題を構成した点を認めたい．

8.7.3 エージェントオリエンテドプログラミング

複数エージェントを含む系の動作をプログラムする際，特にエージェントの一つとして人間を含んでいる場合 (すなわち，計算機と人間の協調作業)，従来の "処理" あるいは "計算" としてのプログラミング言語の抽象化の方向は適切なものではない．このような場合には自主性を持った独立単位としてのエージェント同士の，情報の伝達や，共同作業を素直に記述できることが望ましい．

そこで，情報の伝達行為を定式化した言語行為 [Sea86] の理論や，そもそもそういった行為を引き起こす意図の理論 [Bra87,CL90] を基本動作原理としたプログラミング言語／システムも提案されている [Sho91,Sho93,FFMM94,BF95]．

我々は，言葉を使用して，真であったり偽であったりする事実の記述しているだけではなく，それ以外の行為，たとえば，約束，宣戦布告，感謝などの行為もまた行っている．このように，言葉を発することによって実現される行為を一般に「言語行為」と呼ぶ．この最も典型的な例は "約束" である．「明日 10 時に来るよ」と言うことによって "約束" という言語行為が実行される．このように言う（書くことを含むが，とにかく言語を使用する）こと以外に約束をすることは不可能である．このような行為の場合には，とくに "約束する" という言葉をつかって，自分がたしかに約束をするということを明示することが可能であり，そのようにして明示することができる種類の行為を発話内行為という．[127] このような種類の言語行為を，言語媒介行為と

127) "狼だ！" と言うことによって，警告するだけでなく，驚かすことできるが，これは発話内行為とはいわない．また，"驚かす" と言うことによって驚かすことはできないのでこれも発話内行為ではない．

呼ぶ．発話内行為は，この研究の発端となったオースチンの調べでは，1,000個と10,000個のあいだ程度 [Aus61]，日本語では，すくなくとも2,700程度は存在しているそうだ（土屋俊による）．

プログラムにおける計算やエージェント同士の通信も，このような言語行為（主に発話内行為）によって行おうというのがエージェントオリエンテドプログラミングの提案である．ショーハム [Sho93] によると，従来のプログラミング言語の基本機構であった，変数への代入，関数呼出し等に代わり以下のようなものをプリミティブとするのである．

- 行為の実行
- 情報伝達
- 要求
- 同意
- 提案
- 約束
- 督促
- 折衝

そしてプログラムの内部表現としては目標，意図や信念が用いられることになる．

これによってプログラムされた2台のロボットが廊下で出会い，以下のような会話を交わすシナリオが考えられている．

A： 私は北の廊下へ曲がりたい．
B： 私も同じだ．お先にどうぞ．どこへ行くのか？
A： コピー機．
B： そうなら，この書類をコピーしてジョンのオフィスに届けてくれないか？
A： 了解．

ただし，AGENT0 [Sho91] ではこの概念の一部だけが実現されている．これは DO, INFORM, REQUEST, UNREQUEST, REFRAIN, IF-THEN をプリミティブとして持っており，これらを通じて信念管理と行動プランを行う言語であるが，信念表現や信念改訂の機構がまだ未熟である．また，プログラミングの新しいパラダイムというには範囲が狭く，エージェントの行動の記述にしか使えない気がする．

9 自然言語と対話

9.1 日本語の視点

2.4.2 項（32 ページ）で英語と日本語の視点の違いについて少し述べた．ここではもう少し詳細に説明したい．

川端康成の『雪国』[川端 86] の第一文の記述を比較すると，日本語は汽車内に視点がある（図 2.7）のに対し，英語では外部（空中）視点（図 2.8）になる．

(1) 国境の長いトンネルを抜けると雪国であった．

(2) The train came out of the long tunnel into the snow country.

日本語の構造は状況依存性を表現しやすいものになっている．助詞の利用により，状況からは明らかでない要素のみを明示すればよいのが日本語の文法である．これに対し英語では主語を明示する必要がある．(1) では「汽車」が陽に示されていないのに対し，(2) では主語として現れている．「トンネル」などの情景描写から自然に汽車が想起されるのが日本語の読み方である．できる限り状況をシェアし，それを陽には述べない．金谷 [金谷 04] は日本語と英語の視点の差に注目して，英語は神の視点，日本語は虫の視点から，それぞれ情景を記述していると主張している．

なお，学校文法[128] では日本語の「主語」という概念を学び，「は」や「が」という助詞が主語を示していると習う．しかし，日本語には主語という概念はないと考える方がよいという主張 [三上 60] があり，金谷や私もそれに賛成である．学校文法では「象は鼻が長い」[129] という文には主語が二つあることになってしまう．どちらも主語ではないと考えた方が素直だ．

もう一例示しておこう．自分が道に迷ったとき，日本語では「ここはどこ？」と聞くが，英語では “Where am I?” となる．これも図示すると図 9.1 の左右

128) 文部科学省の指導要領で教えることになっている日本語の文法．英語文法を日本語に焼き直したもの（と書くと多くの言語学者の反感を買いそうだが）．

129) 三上章はまさに『象ハ鼻ガ長イ』という題名の本を著しているが，この初版のカバーは「ハ」を二つに割って「ノ」の意味も表すという気の利いたものであったそうだ．下図は [三上 60] の内扉．

の差となろうか．自分内視点からの問いと，神の視点からの問いの違いである．英語では一応 “I” という一人称代名詞を用いてはいるが，その “I” を上空から眺め，“I” の居るこの場所は何かというのが英語の視点である．

図 9.1　日本語の視点（左）と英語の視点（右）

また，日本語は英語等に比較して（特に会話において）統語的な制約が少ないという特徴を持っている．極言するならば，自立語＋助詞という規則さえ守れば，あとはこの単位を任意に並べ，必要とあらばどこかに述語を挿入することで文が構成できる [三上 53, 中島 99]．そして，この性質を生かして，伝達に必要な要素だけを並べて文にすることができる．一方，英語では，語順に基づく統語法の要請により必ず形式上の主語が必要となる（たとえば “It is required that ...” における “It”）など，発話に必要とされる最低要素のうちどの部分が情報伝達に必要な要素でどの部分が統語的に（つまり形式上）必要な要素であるかが見えにくい構造になっている．

AI 研究においては機械（コンピュータ）をプログラムすることにより知能に関する知見を得ようとしている．ここではその方法論を踏襲し，機械的な対話モデルを考えてみようと思う．

自然言語は従来の人工言語（論理やプログラム言語など）にない多くの長所を持っている．柔軟性はその一つである．この差は自然言語が人工言語に比べて状況への依存度が大きいからだと考えている．したがって，自然言語をある意味では模倣することが我々の目標である．そして，我々の工学的アプローチが自然言語の持つ特定の性質を反映できたときには，逆に，自然言語が現状のように構成されていることの根拠（の一つ）を示せることになるのではないかと考えている．

以下では，モデルの状況依存性の理由を示し，状況の内部表現である情況を用いた推論機構を構築する．その上で，これら内部表現の伝達としての対話のモデルを構築する．なお，このモデルは工学的なものであるから，自然言語による人間の対話モデルとしては単純すぎるものとなっている．例外も多いはずである．しかしながら理想化した物理モデル同様，ものごとの本質は捉えているものと考えている．なお，9.4 節で述べるアプローチは，発話された文の意味が発話の状況に依存するという点において状況意味論 [BP83] を踏襲している．

9.2　状況を利用するということ

我々が対話する場合，すべての情報を陽に伝えるわけではない．状況から明らかな情報はそのまま利用して，言語化は行わない．たとえば「じゃあ，4 時に会いましょう」と言った場合には，普通 “日本時間” であることが明らかなので，わざわざそれを言うことはしない．それ以外にも “午前／午後”，“日付” などの情報も言語化されていない．つまり，実際に言語化される情報は氷山の一角であって，それ以外に共有されているその場の状況，常識といった要素を考慮しないと対話のモデルにはならない．このうち常識の必要性については古くから強調・研究されているのでここでは繰り返さない．

さて，上記の発話において，日本時間であることを “省略した” という言い方は適切ではない．なぜなら，そのことを話者自身考えもしていないからである．つまり，“X という情報は言わなくてもわかるから省略しよう” と考えて省略したのではないということである．言う必要とか，そもそもそういう情報があるということを意識していないのである．その意味では思考自体が状況を利用している．

また，同じ情報を伝えるのに様々な表現が考えられるときにどのような表現を用いるのかという問題も興味深い．

1. 東京で一番高いビル
2. 新宿で一番高いビル

という二つの言い方があり，両者は同一のビルのことであるとする．この場合，(1) の表現のほうが (2) の表現に比べて情報量は多い．しかしながら，実際に新宿駅で降りて建物を探す人にとっては (2) の表現のほうが有用である [Gin92]．なぜなら，そういう状況においては (2) の表現は目指す建物が新宿にあるという情報を含み，探し手にとってはこのほうが情報が多いからである．

これらの例でわかるように，対話における情報伝達では発話者および聞き手の状況を考慮したうえでないと最適の発話は決まらない．以下では，このような状況を加味した対話モデルを考える．その際に状況の内部表現（情況）を用いた推論を行う，情況推論という考え方を導入し，その上でモデルを構築する．

これらの例における状況依存性とは，

1. 実際に文には表れてこない情報（unarticulated constituent）が内容には含まれること．上の例では時間や場所の情報がそれにあたる．
2. 単語とその内容とのマッピングが状況に依存すること．上の例では,「晴れ」の日常的意味をとるか，航空法に規定された意味をとるかが状況に依存している．

の二つがある．

ここでは，このような二つの状況依存性が自然言語だけの特徴ではなく，思考の言語，つまり内部表現にも見られると考える．つまり，言語は偶然そのような特徴を持っているのではなく，我々の思考がそうなっているからこそ言語もそれを反映しているのだと考える．しかも，この依存性を積極的に操作することが可能であると考えることにより，知識表現の柔軟性，推論の効率化などが可能になる．これが情況推論である．しかも，言語（外部表現）と内部表現が一対一の対応を持つことになり，発話時の変換操作が軽くなる．

しかしながら，このような情況推論を考えるとき，その内部表現は自分自身の状況に完全に依存してしまうことになる．そうすると，会話などにおいて相手が自分と異なる状況にいる場合に，その内部表現をそのまま発話したのでは相手に通じないことになる．そこで，どこまで状況依存性を取り除いた発話を行うべきかという新たな問題が発生する．

9.3　解釈と視点

ある単語とその指示対象（内容）の関係を解釈と呼ぶことにする．この逆の関係が視点である．後者はある概念をどういう目でみるか？どういう単語で表現するか？という選択である．たとえば，ある色を「赤」というのか,「紅」というのかの選択；ある動物を「シェパード」というのか,「犬」というのか,

「動物」というのかの選択，等がそうである．

視点は話し手，解釈は聞き手の選択である．両者が一致したときに初めて意味が正しく伝達される．

思考の場合には，思考言語に対してこれがみられる．思考の場合は同一人物が行うので視点と解釈の不一致は普通は考えなくてよい．しかし，ある思考が実世界で（つまり鳥の視点から見たときに）何を指すのかは状況依存である.「喉が渇いた」という思考は，万人に対して同じ行動を惹き起こす．つまり，太郎が「喉が渇いた」と思う時は太郎が自分で水を飲めばよいし，花子が「喉が渇いた」と思う時は花子が自分で水を飲めばよい．

一方,「太郎は喉が渇いた」という思考は，太郎と花子に対しては異なる行動を要求することになる．つまり，太郎が「太郎は喉が渇いた」と思う時は自分で水を飲めばよいのだが，花子が「太郎は喉が渇いた」と思う時は太郎に水を飲ませるという別のタイプの行動をとる必要がある．つまり，同じ思考が人によって異なる行動として表れることになる．

ジョン・ペリー [Per79] はこのような自己相対的表現は単に都合がよいだけではなく，主体の行動のためには本質的なものであると述べている．

視点の移動の例としては以下のようなものが考えられる：

- 自分から見ると右，相手から見ると左．

  ダイレクトな変換では相手の位置によって多くの規則が存在するのであまり嬉しくない．一度共通座標に出し（投影の逆写像）その後で再び目的の情況への投影を行う．
- 国際電話で相手が子供のとき，相手の時間で喋る．

  この場合はグリニッジ標準時などの標準系は経由しない．ダイレクトな変換が地球情況に書かれている（これは学習の成果）．
- 言葉の指示対象が視点によって変化する．

  ある単語の指示する外延が変化するばかりでなく，内包的な読みをしなければならない場合もある[130]．

130) たとえば，推理小説の登場人物 A が犯人を B だと誤解している場合に，A の「犯人」という発言は，B（外延的読み）と理解すべき場合と，“誰だかわからないが本当の犯人”（内包的読み）と理解すべき場合（たとえば,「犯人は B に違いない」の「犯人」）がある．

9.4 対話のモデル

9.4.1 情子伝達としての通信

言語と思考が同様の構造を持っているとしたら，我々が推論に使っている表現形態をできるだけそのまま投げ会うこととして通信／会話を定式化できないか，というのが本節の主題である．

たとえば「7 時だ」と言った場合には

《 時刻, 7 時 》

という情報が伝達されると考える．注目すべきは日本時間という情報がないことである．

《 時刻, 7 時, JST》

は,「JST（日本標準時）7 時だ」に相当する．国際電話による会話では時間帯が陽に現れて以下のようになると考えられる：

話し手の情報表現は話し手の情況に依存しており，そのままでは聞き手の情況での情報表現にならない場合がある．上記のように適切に要素を追加して伝える必要がある．“腹減った” という発話で《 腹減った 》が伝達され，それがそのまま聞き手に取り込まれると

聞き手 $\models$ 《 腹減った 》

となり，聞き手が空腹になってしまう[131]のは困る．

131) 土屋俊の指摘．認知科学会 L&L 研究会にて．

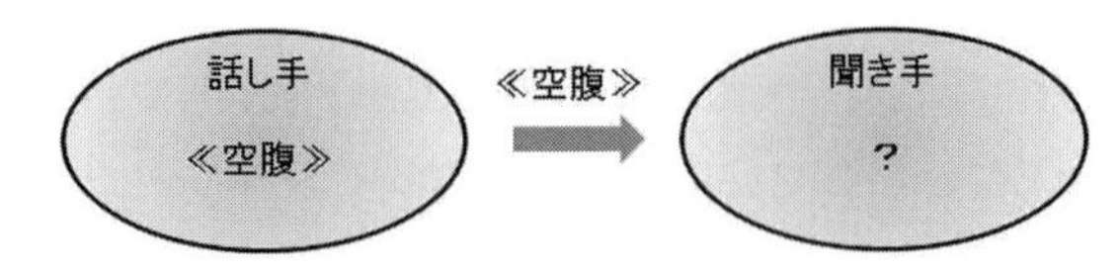

では，発話はすべて話者の情報であるとすればよいかというとそうでもない.「顔色が悪い」というのは聞き手の状態に関する平叙文である．また，一般的にいって，発話に現れない要素は，状況から明らかなものすべてであり，話者／聞き手といった情報はその特殊例にすぎない．また「右」,「今」などのような位置情報に関しては，その基準点に (1) 話し手, (2) 聞き手, (3) 対象物, の可能性があり，問題は複雑である [Kat90]．「ここ」に関しても話し手と聞き手が離れている場合には問題になるし，書き言葉では「今」でさえ書いた時と読んだ時の両方の可能性がある．たとえば操作マニュアルに「今

〜 してください」とあれば，それは読み手の今である．

以下では情報の帰属する主体を問題として取り上げるが，これはあくまでも一例であって，目標は任意の情報の再構成にある．ただし，ここで言う再構成とは陽に（たとえば述語論理式のような形で）表現することを意味せず，話し手の環境における情報と，聞き手の環境における情報が同じものになるような伝達メカニズムを構成することが目標である．

9.4.2 観察によるモデル構成

対話のモデルを構成する前に，より一般的な認識モデルを考える．たとえば赤い花をみたときに，《赤い》という情報が手に入る．この情報は花に関するものであるから，観察者のなかの花に関するモデル（情況として表現する）に格納するのが適切であろう．

$$花 \models 《赤い》$$

あるいは

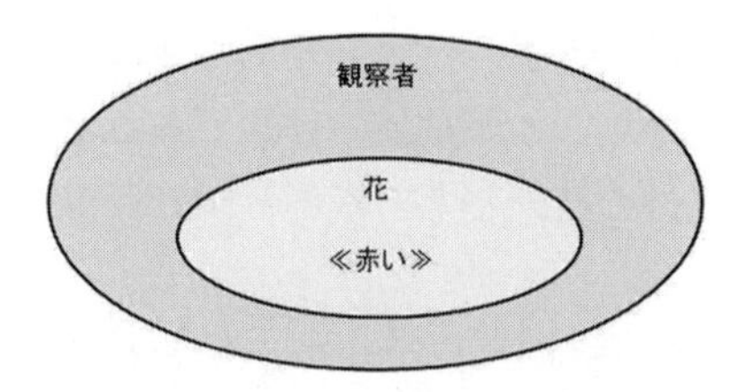

となる．

言語によって得た情報も同様に処理するのが妥当である．《腹減った》という情報は

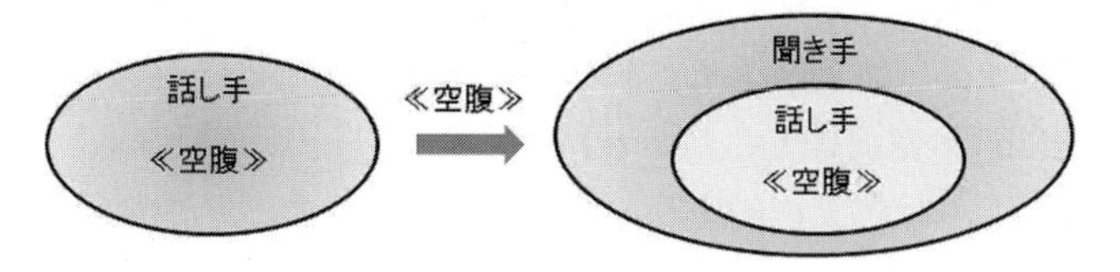

のように格納すると考える．外側の“聞き手”は聞き手そのもの，内側の“聞き手”は聞き手の聞き手によるモデルである．

どの情況に格納するべきかについては現情況という概念を導入する．現情況とは対話の流れにおいて話題がそこにある情況のことである．通常の対話では聞き手と話し手の現情況は一致している．他のキューがない場合には情報は現情況に格納される．しかしながら，これだけでは前述の問題（顔色や左右）が全く解決できない．この問題は次に述べる，信念維持で解決する．

その前に対話において情況を陽に指示することについて述べておきたい．話し手が情況を変えたい場合に用いるのが「は」という係助詞だと考えている．先の「象は鼻が長い」の例でいうと「象」が情況,「鼻」が「長い」の主体である．

象 ⊨ ⟪ 長い, 鼻 ⟫

あるいは格助詞を明示することにして

象 ⊨ ⟪ 長い, が (鼻)⟫

とするのがよいと考えている．私は一時期この方向で対話プログラムを作ろうと奮闘していた [中島 99] 時期があるが，未完成に終わっている．

9.4.3　対話と信念維持

発話はなぜ行われるのか？一つには情報を伝達するためであるが，それだけではない．一般的には聞き手の信念を変えさせる（そして，その結果として特定の行動を引き出す）ことが対話の目的である [Gal91].

顔色の問題は信念維持の結果と考えることができる．もし，

⟪ 顔色が悪い ⟫

という発話を聞いたとしよう．しかし，相手（話し手）の顔色を見ても青くない．これらを同時に話し手のモデル（情況）の中に放り込むと矛盾が生じる．そこで，どちらかを放り出す必要が生じる．信念維持の詳細は述べないが，自分で見た情報と，相手から聞いた情報を比べた場合，聞いた情報が負けるのは自然である（もちろんそれ以外のキューがあればそれに左右される）．負けた情報は別の情況のところへと移動される．

移動先に関しては情況の優先順位付リストが（過去の対話内容を反映して）構成されていると考える．特に話し手と聞き手しか存在せず，話題が両者のことで閉じている場合はこのリストは［話し手，聞き手］あるいは［聞き手，話し手］になっている．ここでは前者を想定していたから，話し手から除外された情報は聞き手情況に移動される．ここで矛盾がなければそこに格納され，聞き手の顔色が悪いという意味になる．

疑問文の場合は，話し手のモデルに情報があればそれを使って答え，なけ

れば外側の聞き手のモデルを探索する．“腹減った？”の場合は聞き手のモデルに情報があるので，それが使われる．

このモデルは話し手と聞き手が第三者や他の物に関して対話している時にもそのまま使える．ただし，この場合は

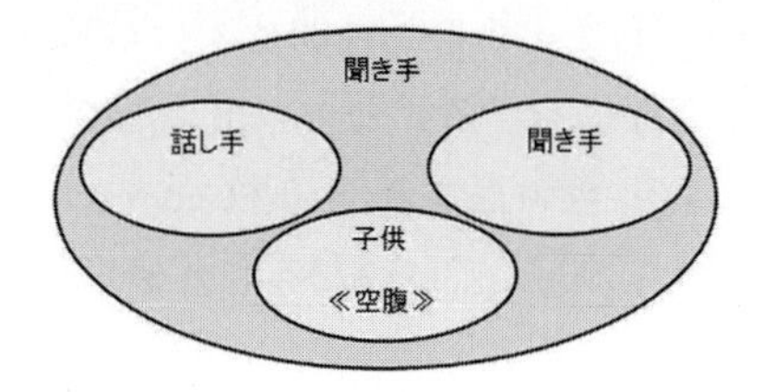

のように三つのモデルが使われ，現情況リストの先頭には話題になっているものがくるので，特に理由がない限り情報は対象物に関するものとして処理される．

9.5　対話の成立要件

コンピュータと人間との対話の成立要件は何であろうか？人間同士の対話でも同じだが，実は客観的な（神の視点からの）条件判定は不可能であると考えている．対話の当事者たちが成立していると思えばそれで良いとしなければならない．

先ずは例を指したいと思う．落語に『こんにゃく問答』[飯島 90] というのがある：

落語家の説明： 元こんにゃく屋の和尚と旅の僧が問答をすることになった．問答をして破れたほうがお寺を去るという決まりになっていたから，さぁ大変．旅の僧が問答を切り出すが和尚には何を言っているのかさっぱりわからないので，黙っていると，旅の僧は黙行だと勘違いして，今度は両手をおなかにもっていき，小さな円を作る．和尚はこれに応じて空に大きな円を描く．すると旅の僧が平伏して，今度は両手を開いて前に差し出す．和尚はそれに対して，片手を差し出す．また旅の僧は平伏して，3 本指だけを前に差し出す．和尚が，あかんべぇをすると，すっかり恐れ入った旅の僧はそそくさと逃げ出してしまう．

旅の僧の解釈： 「当寺の和尚は博学多識．拙僧の及ぶところではございません．私が『天地の間は』（と言って，小さな円を作る）と伺ったら，『大

海のごとし』とお答え,『十方世界は』と問えば,『五戒で保つ』さらに『三尊の弥陀は』と聞けば,『目の前を見ろ』とおっしゃられた．まことにすばらしい方でございます」

元こんにゃく屋の解釈： 「あれは，俺の昔の商売を知っていてからかいに来たに違いない．おまえのところのこんにゃくは，こんなに小さかった（と言って，小さな円を作る）と言い出したので，そんなことはない，こんなに大きかったと言い返すと，10 枚でいくらだと値を聞いてきた．『500 だ』と言うと,『300 文ぐらいだろ』と値切り出したので,『あかんべぇ』......」

この落語は，明らかに両者の勘違いを笑うものである．旅の僧と元こんにゃく屋は，互いに対話が成立しているように思っているが，落語家と観客はこれらが明らかな誤解だと知っている．

では，こんにゃく問答は対話として成立していないるのだろうか？

対話のシステムの外にいる観測者—落語家や観客—（神の視点）にとっては，こんにゃく問答は明らかなすれ違いの例としかならないだろう．しかしながら，内部観測者たる当事者（虫の視点）から言うと，この対話は成立しているし，元こんにゃく屋が勝ったという判定も両者共通である．私はこれを成立という以外のプラクティカルな方法論はありえないと考えている．つまり実世界の対話では，それを外から解説する落語家がいないのである．当事者しかいなければ，成功としか判定できまい．こんにゃく問答の当事者たちは同じ状況におりながら，その内部表象たる情況は全く異なっているのである．しかし，彼らにはその情況しか判断の手がかりがない．

図 9.2 が神の視点から見た理想的な対話状況のモデルである．実際の状況を共有した対話が行われている．このモデルでは，“誤解” は A と B が現実状況の異なる部分を参照することに相当する．しかし我々は対話者が直接に現実世界を参照できるとは考えていないので，図 9.3 のように，対話者は情況しか参照できない．しかも，異なる対話者が同じ情況をシェアすることすら不可能なので，実際には図 9.4 のようになってしまう．このモデルでは上で述べたように，誤解を客観的に判断することができない．各々の対話者の情況内で整合していればそれで良しとしなければならない [NH94, 中島 99].

ところで，観測事象に対し，両者のような一貫した解釈を付ける能力こそ問われるべきではないだろうか．ある意味では物語生成能力とも言え，今の AI に欠けているものである．外部に真実があるとする視点からは決して生ま

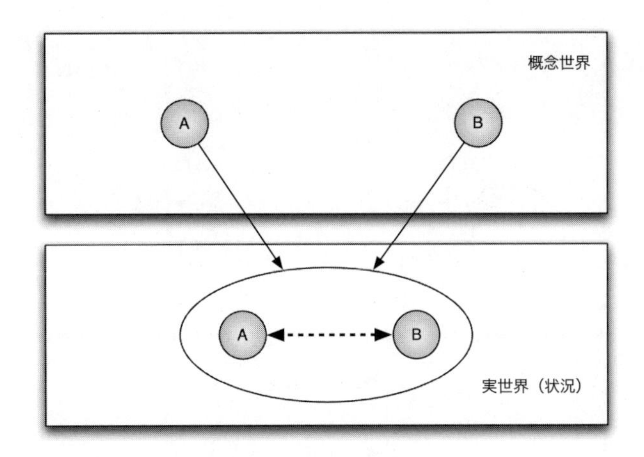

図 **9.2** 状況理論的対話モデル

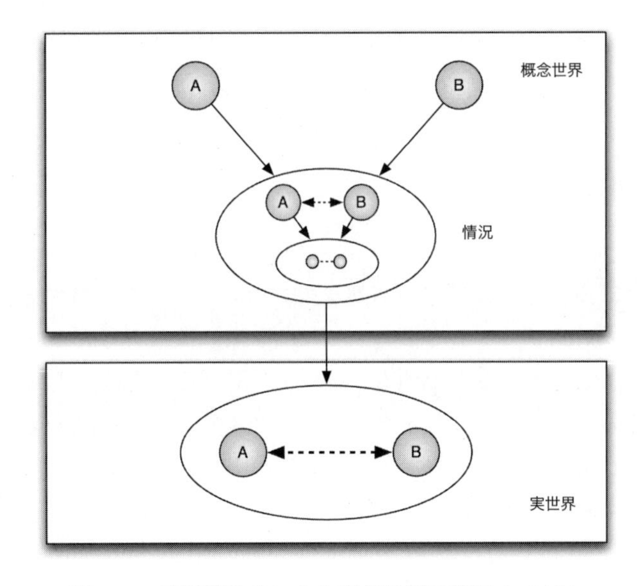

図 **9.3** 情況理論的にみた理想的対話状況のモデル

れてこない研究ではないかと思う．つまり，対話研究は客観的な情報伝達モデルの研究（分析的解釈）ではなく，主体が伝えたい内容を外在化させたり，あるいはそれから一貫した解釈を得たりする構成的手法の研究を行うべきである．これに関する私の試みは9.4節（187ページ）に示したとおりである．

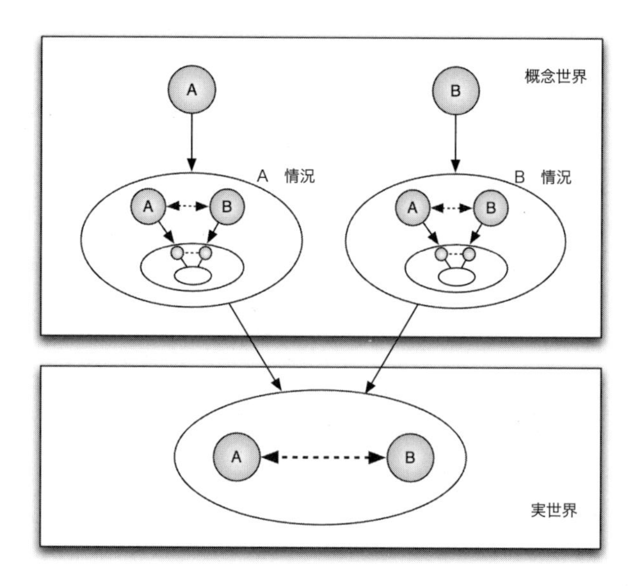

図 9.4 実際に可能な対話状況

9.6 意味の理解

ここまでに述べたのは対話のメカニズムであって，その内容には立ち入っていないが，対話システムを構築するには意味処理は不可欠である．しかしながら，ウィノグラードら [WF86] が主張しているように，人間と同じレベルでの意味の理解はかなりむずかしいか不可能である．その一番大きな理由はコンピュータが身体を持たず，生活していないからである．

それにもかかわらず，従来より様々な対話システムが構築されている．それらには大きく二つの方向性がある．一方の極としては，特定のタスクを遂行することを目的として対話はその補助的立場であるものがあり，もう一方の極には人間とシステムのインタラクションを中心課題とし，言語対話はその一部として捉えるものがある．どちらも，無限定な意味理解の問題を避けるための限定である．

前者のタスク遂行型には，マルチモーダルによる様々な案内システムや，オフィスでビジターの案内やメンバーのスケジュール情報管理などを対話的に行う事情通ロボット [松井 97,MAF+99] などが含まれる．もう少し実用に近いものとしては，航空券の予約をオンラインで行う音声対話システム PE-

GUSUS [ZSP+94] がある．対話をコンピュータが扱えるタスクのドメインに限定することにより身体性の問題を避けることができる．Google が検索エンジンと大量のデータを武器として音声理解を行っているのも，考え方は同じで，Web というドメインに限定することによりコンピュータが扱える範囲に限定している．しかも，検索エンジンは意味すら扱っていない．

後者のインタラクション型の代表としては今や古典となった Eliza [Wei66] が挙げられる．意味の問題に立ち入ることなく（あるいは表層的な意味処理だけで）対話を継続させている．トーキングアイ [SIO98] を始めとして最近様々な形態のロボットによる対話も同様と考えてよいだろう．

以前の我々の研究 [高木 99] から問題点だけ指摘しておく．

柔軟な言語処理の実現を困難にする要因の一つは，表層の単語間の依存関係によってもたらされる意味表現の多様性である．どのような意味を表す意味表現がどのような構造を持つかということを形式的に決めることができない．したがって，自由な文体で入力された文の意味を正しく識別することが困難であることに加え，入力文の意味を文脈と照合しようとしても，どのような意味表現を探せばよいかを判定することが極めてむずかしい．

また，対話において伝達内容を単独の文だけで説明することは困難な場合が多いから，複数の文によって細切れに伝達することが多い．したがって，それらの文の意味を総合して，発話者が全体としてどのような作業を要求しているのかを認識する意味解釈能力を実現しなければならない．たとえば以下のような発話は自然であろう．

> 日光に行きたい．8 時頃出て午前中に着きたい．でも，高速は使いたくない．

上例では，3 文によって，「行く」という述語が指定する“移動”における「目的地」「出発時刻」「到着時刻」および“「使用ルート」を構成する道路群の中の一本の「道路」”を限定している．3 文が共に同一の現象の属性を限定している，という認識は，主に，「出る」「着く」「道路を使う」という現象が，共に，“移動”現象を構成する部分現象である，という認識によると考えられる．

また，同じ概念（たとえば現象）が表面的には名詞的に表現されたり，動詞的に表現されたりすることも問題である．

> ［動詞的表現］　名古屋に出張します．
> ［名詞的表現］　今回の名古屋出張は ···

従来の述語論理では動詞表現は述語に，名詞表現はその引数に翻訳されることが多かった．いかなる言い回しでも同じものを同定するための仕組みとしてはこれらの表現の間の同一性を確保する必要がある．

上記とは異なり，元の概念は異なるが実用上同じことを指すのに使われる表現群もある．

クルマで行く．
ドライブする．

これらの同一性は状況にも依存するし，様々な他の要素が絡むので，推論で保証することにする．

9.7 機械翻訳

9.7.1 機械翻訳の歴史

機械翻訳はコンピュータの登場と同時に夢想されながら，いまだに完全には実現できていない技術である．最近ではGoogleが大量の文例を用いた翻訳エンジンを提供しているが，その完成度はまだまだ実用には及ばない．ただ，人間が折り返し翻訳（言語Aから言語Bに翻訳したものを再び言語Aに翻訳すること）を用いて，元の言語への再翻訳が自分の望むものになるように，入力文を目的言語に翻訳しやすい形に工夫することにより精度を上げることは可能である．たとえば日本語を英語に翻訳する場合には“主語”を意識的に明示するなどの工夫は効果がある．

機械翻訳を行うには，たとえば英語から日本語への変換には図9.5あるいは図9.6のような過程を経る．両方式の違いは，意味表現が言語固有のものになっているかユニバーサルなものかの違いである．後者は意味表現がすべての言語の中心にくるのでピボット方式とも呼ばれている．どちらが良いのかについては長い間議論が行われていたが，決着は着いていない．そして，その議論はオントロジー（9.7.3項，199ページ）の研究に引き継がれている．

私は「言語相対仮説」（2.4.1項，30ページ）や「日本語の視点」（9.1節，183ページ）の項・節で述べた理由で，言語体系は思考に影響を与えると考えている．したがって言語に依存しないユニバーサルな意味表現はないと考えている．

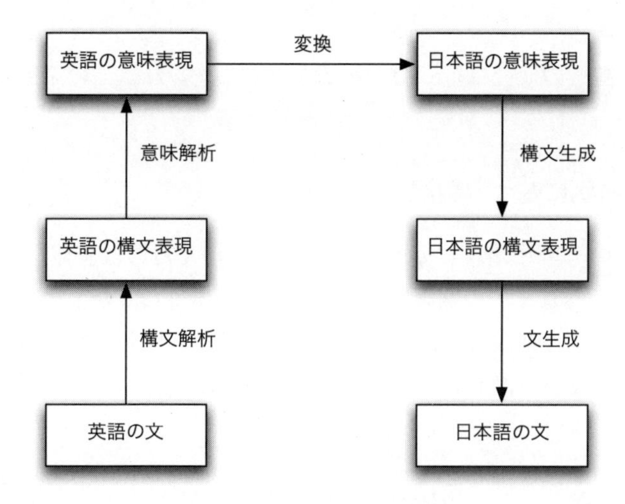

図 9.5 機械翻訳の一方式

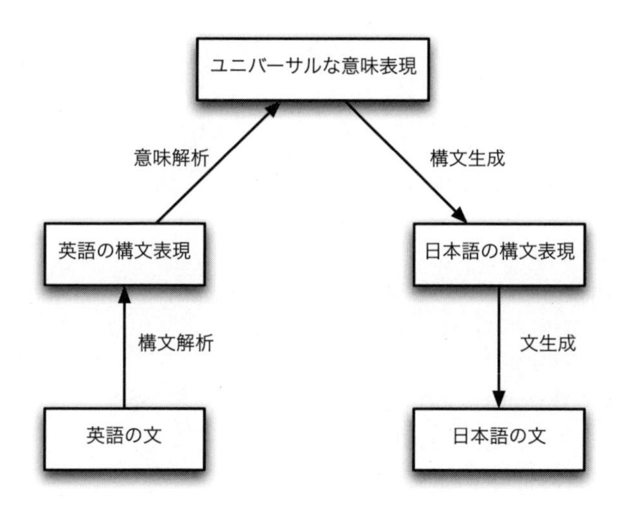

図 9.6 ピボット方式の機械翻訳

構文解析には様々な曖昧性があり，係り受けの構造等に様々な可能性があることが指摘されている．英語の例で言うと

I saw a girl with the telescope.

という文などが有名である．これは「望遠鏡を覗いて女の子を見た」と,「望遠鏡を持っている女の子を（裸眼で）見た」の二通りに解釈できる．7.2.3 項（147 ページ）で述べた Winograd Schema Challenge に使われている文も同様に曖昧である.

私は構文解析の研究は行ったことがないので，これ以上の深入りは専門書に譲りたい.

9.7.2 事例に基づく翻訳

機械翻訳の分野に事例に基づく推論を持ち込んだのは長尾 [Nag84] である [佐藤 92]. それまでの翻訳は意味表現を経由することが前提となっていたが，事例に基づく推論では構文の類似性を手がかりとして他の事例から翻訳候補を拾ってくる（図 9.7）.

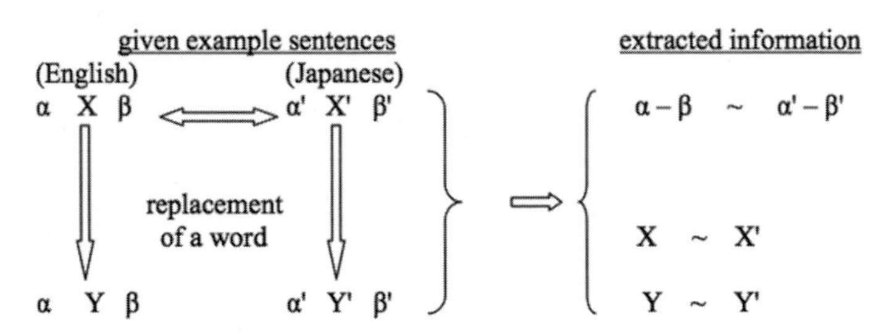

図 9.7 長尾 [Nag84] の提案した類推に基づく機械翻訳の概念図

具体例を示そう（ [佐藤 92] より[132]）:

132) 『情報処理』掲載記事は https://ipsj.ixsq.nii.ac.jp/ej/よりアクセス可能である.

［過去の翻訳例］

(1) He eats vegitables. → 彼は野菜を食べる.

(2) Acid eats metal. → 酸は金属を侵す.

［翻訳したい入力文］

(3) I eat potatoes.

［類似翻訳例の検索］

文法的に　入力文 = (1), (2)

意味的に　I ≈ he, potato ≈ vegitable

I ≉ acid, potato ≉ metal

全体として　入力文 ≈ (1)

［翻訳結果の出力文］

(4) 私はじゃがいもを食べる.

実際には過去の翻訳例は上記の例のように少ないわけではなく，大量に必要である．多ければ多いほど翻訳が正確になる．Google 翻訳は基本的にはこの方式で、Google の所有する大量のデータをベースにしている．

9.7.3 オントロジー

オントロジーとは哲学の一分野で，存在論と訳されるものである．古来より，プラトン，アリストテレスをはじめとし，ハイデガーなどの現象学に至る様々な哲学者が議論してきた．それが何故，言語の意味表現を表す分野に命名されたのかは謎であるが[133]，おそらく言語体系によらない基本的な意味の単位を同定しようとしたのであろう．

オントロジー研究は自然言語というよりは，様々な分野で用いられている人工言語を対象としている．たとえば医療カルテに記載されている様々な用語の体系間の関係，各国の統計データ間の関係，技術マニュアル間の関係などを体系化することにより，それらの相互参照を可能とすることを目的としている．特に Web オントロジーを整備すれば様々な Web 上の情報間の関係が機械的に扱えるようになる．

ただ，私には昔知識表現で議論されたことがそのまま形を変えて再現しているように見え，新たに問題が解決されたようには思えない，ということを指摘するに留めておきたい．議論の内容は本書の 6 章「知識表現と推論」で述べたことと，本質的なところでは同じだと思っているから．

133) AI の分野でこの用語を最初に使ったのは McCarthy [McC80] らしく，Wikipedia の “ontology” でも言及されているが，McCarthy は本来の存在論の意味 (“the things that exist”) で用いている．

10 複雑系と知能

10.1 複雑系という世界観

複雑系 (complex systems) というのは系（システム）のことだけではなく，世界観のことでもある．そう述べる理由は，否定を含まない複雑系の定義が存在しないからである．曰く：

> 部分に分解して理解することができないシステム．

複雑系の代表例であるカオスの定義も

> 微小な誤差が時間とともにいくらでも拡大しうるダイナミックシステム

となっている．いずれも，従来の自然科学の方法論では理解できないし，システムの動作の方程式的な解が得られないものであることを言っているが，では代わりに何があるのかを明示していない．したがって，自然科学の世界観を捨てなければいけないことを述べているが，複雑系の世界観とは何かを明確に語ったものはない．

私の知能の定義は “情報が不足した状況で適切に処理する能力” である（154 ページ）．別の言い方をすると，複雑系の中でなんとかやっていく能力のことを知能と呼びたい．つまり “知能とは複雑系を扱う能力である” と言ってもよい．

同時に，知能は複雑系である．知能を部分に分けて理解することはできない．新しいパラダイムが必要である．その一つが AI だと考えている．

ところで，皆さんは複雑なシステムを構築した経験がおありだろうか？ [Smi98] の著者であるブライアン・スミス[134] は巨大なプログラムをデバッグした経験のあるものにしか複雑系の直観は湧かないに違いないと語ったこ

134) AI 業界ではむしろ Lisp のメタインタープリタ [Smi84] で有名かもしれない．

とがある（私信）．巨大なプログラムは決して自分の思いどおりに動作しない．私も苦労した経験がある．1 箇所に原因がある場合は比較的簡単であるが，2 箇所以上で前提が異なっていることを発見するのが困難（状況依存性）である．

カオスをロボットの設計に応用している谷淳は，化学コンビナートを停止するときに一晩中パイプのあちこちで音が出ていたのを聞いて複雑系を理解したそうである．巨大コンビナートのような複雑系では，どのバルブを閉じるとどこで何が起こるかというような因果関係が必ずしも明白ではない．

人間はあまり複雑なものも処理できない．人間にとって最適な複雑さというものがあるようである．これに関しては，フラクタルの研究で面白いことが明らかにされてきた．人間は複雑なものの中に自分のスケールに合ったパターンを見いだすのが得意のようなのである．つまり，自分の処理に適した複雑さのものを自然に見い出す能力があるようである．たとえば人間は自分に合ったスケールでものの形を認識する．山の形状がフラクタルなのは知られている．異なったスケールで同種のパターンが繰り返されている．しかし，そのスケールの異なる二つのパターンを人間が同時に見ることはない．

遠くに見える山はなだらかな起伏として，近くの大地はその岩や木を別々の物体として，庭の石はその形を，というように，同じものでもどれくらいの大きさに見えるかにより，何を見るかが変化する．遠くの山も形のある岩から構成されているわけだから，岩のスケールで見れば非常に複雑なものが見えるはずである．しかし，実際にはそういうことはなく，遠くの景色はなだらかな丘陵に見えたりするわけである．

このように複雑なものの中にパターンを見る能力に似たものとして，複雑な機構の中から適切な因果関係を見いだす能力も人間特有のものである（おそらく「因果」という考え方自体も，そのようにして，複雑な機構の中の特定のパターンに付けられた概念であろう）．6.5 節に書いたように因果関係を論理的に定義することは絶望的である．

10.2　情報統合と複雑性

コンピュータで情報を処理しようと思うと，どうしてもボトムアップになる．それは画像処理だろうが，音声処理だろうが，何でも基本的にはボトムアップで，従来からいろいろトップダウンにするという試みがされてきてるが，必ずしも成功したとは思えない．しかし，情報統合を考えるとトップダウンの処理を追求しなければならない．それに関連して全体論的なプログラミングの枠組みについて述べる（10.7 節，211 ページと 10.10 節，226 ページ）．これはマルチエージェントや，協調計算の延長線上でもあり，「文殊の知恵」というキーワードで表されるように，1 台 1 台，あるいは 1 人 1 人，あるいは 1 モジュール 1 モジュールではできないような仕事を全体でまとまってやるための仕組みである．しかもモジュールの単なる足し算ではないようなことを全体としてやらせるにはどうするかが問題である．

また，計算機がネットワークで世界規模でつながっているときに，そのための処理というのは従来の 1 台 1 台の計算機が独立に仕事をしていたのとは違うと考えられる．このような全体的な意味での計算・情報統合を考える上で，複雑性というのは切り離せない概念である．たとえば「AI」には様々な定義があって「知能」というのがキーワードになっているが，結局は複雑系の情報処理をやろうとしているのではないか．少なくとも，複雑系の情報処理ということができないかぎり，知能にはならない．

複雑系を記述しただけでは不足で，処理する必要がある．この場合，情報の部分性，処理の部分性が問題となる．要するに全体の情報はわからない．従来の数学は完全情報を仮定していて，それから時間とメモリが無限にあればという前提の解析を行ってきた．「アルゴリズム」というのはまさにそういう考え方がメインになっている概念であるから，情報が部分的にしかない場合には適用できない．

処理も部分的にしかできない．メモリが足りないかもしれないし，時間が足りないかもしれない．その中で何をするのか．自分の手に余るような膨大な情報を，その必要部分だけいかにして処理をするのかというようなことが複雑系の情報処理の研究テーマである．

「限定合理エージェント」(bounded rational agent) というエージェント観 [RN95] がある．（人間を含む）エージェントは完全な合理性を持てない．情報や処理能力が限られている中で何をしていくのかという問題設定である．別の言い方をすると “神の視点から主体の視点へ” の変換が求められている．神というのは理論家あるいはプログラマーだったり，設計者だったりするが，要するに，いろいろなことがわかっている人がエージェントをプログラムするという視点ではなくて，エージェントの身になって限られた視点から見ていくとどうなるかという視点である．

10.3　複雑性の尺度

ソフトウェアの複雑性の尺度としてコルモゴロフの複雑度がある．これはいろいろな対象があったときに，それを生成する一番短いプログラムの大きさで表すというものである．プログラム言語は違っても，その大きさの差は普通は定数倍でしかない．

たとえば，ゼロを続けて出力するプログラムというのは，どんな言語で書いても大概 1 行で書けるし，π の値を計算するプログラムも多分数行で書ける．定数の列を出力するプログラムよりは長いけれども，やはり定数長である．それに対して，ある特定の（なんでもよいというわけではなく，特定の）乱数列を生成しようと思うと，乱数をそのまま記録しておくしかなくて，乱数の長さ分ぐらいになってしまうので，これはコルモゴロフの定義では複雑度が高いことになる．乱数が複雑だというのは，やはりちょっと直観に合わない．整然としたものほど単純で，乱れているものほど複雑だというのは，ある意味で複雑性のある側面をとらえているとは思うが，我々の求めているもののすべてではない．

その修正版としてベネットの論理深度というのがある．これはコルモゴロフの複雑度の拡張版になっていて，計算時間も考慮に入れる．プログラムの長さと実際に列を生み出すのに必要な計算の時間の両方で複雑さの尺度にするのである．たとえば，アッカーマン関数（コラム 9）の n 番目のような，ある特定の値というのはやはり計算時間がたくさんかかるわけである．プログラムとしては再帰的に短く書けるけれども，計算時間は長いのである程度複雑である．乱数は，データ文で長い記述を持っていなければならないけれども，その n 番目の桁を取り出す操作は 1 命令ですむので計算時間は短い．ベネットの尺度では，特定の数が並んでいるものも，完全な乱数も共に単純なことになって，その中間のある程度長く書かなければいけないし，計算時間も長くかかるというようなものが複雑だということになる[135]．

135) 中間が複雑だというのは，様々な例が示しており，かなり真理に近いように思う．音楽：規則的な音の並びと雑音の中間が音楽である．絵画：同様に規則的な幾何図形とランダムな配置の中間が絵画である．分子：規則的な結晶構造と気体のランダムな分子運動の中間に様々な分子構造が存在し，それらが生物を構成している．複雑系：ミクロスケールの単純な構造とマクロスケールの統計で扱える超多要素系の間のメゾスケールの扱いが困難である．

これらは昔からある複雑性の定義だが，やはりこれだけでは満足できない．要するに“これが複雑だ”とか“これが単純だ”と記述しただけでは，やはり処理の仕様になっていない．

別の尺度としてスケールの厚み [Hav93] という概念がある（図 10.1）．人間が設計したシステムで，しかも比較的単純なものとしてゼムクリップ（紙どめのピン）と複雑のものの例として自然の樹木を比較しよう．木はスケール

コラム 9　アッカーマン関数

その計算量が大きいという性質だけが重要な関数である．以下のように，再帰的に定義される：

$\mathrm{Ack}(m, n) =$
$n+1$, if $m = 0$
$\mathrm{Ack}(m-1, 1)$, if $n = 0$
$\mathrm{Ack}(m-1, \mathrm{Ack}(m, n-1))$, otherwise

の厚みにおいてゼムクリップより複雑であるという．スケールの厚みというのは，一方の軸にスケール（大きさのオーダー），もう一方の軸にそのスケールの有意性（そのスケールがそのものの機能にとって，どれくらい重要かという尺度）をとった場合に，どの範囲のスケールに対して有意性があるかという尺度である．クリップは cm オーダーの構造が意味を持つだけで，他のスケールの特徴はあまり意味を持っていない（表面のざらざらの度合い，要するに摩擦係数のようなものも意味があるから，もう 1 か所ぐらいになるかもしれないが）．他のスケールで見ても，このクリップの本質は見えてこない．それに対して木というのは，メートルオーダーの全体の形に意味があるし，葉の形を見ればセンチメートルのオーダー，細胞とかやその下の分子構造まで意味を持っているから，オングストローグのところまで見ないと木というものを全部理解できない．

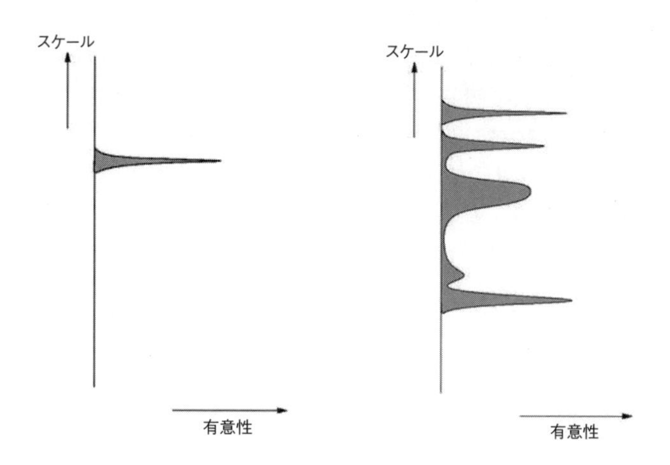

図 10.1　スケールに関して薄いシステム（左）と厚いシステム（右）

有意性の定義は多分にむずかしいのだが，(創発の尺度（10.5 節，208 ページ）でも言及するが）結局のところ，意味をつけているのはわれわれ観察者なわけである．これはフラクタルに関しても同じで，海岸線をどのスケールで見ているかは結局観察者である人間の側にある．対象はフラクタルなのであるが，我々はそれをフラクタルとして全体的に受け取ることは不可能で，特定のスケールだけに注目してしまう．森を遠くで見ると丘の稜線しか見えないが，近づくと木々が見えてくると同時に稜線が消える．さらに近づくと木々も消えて幹や葉っぱしか見えなくなる．どうもそれしかしようがない．逆の言い方をすれば，人間は適切な尺度で対象を見ることが上手である．

観察者としての定式化を明確にするためには，同じものを人工的に造ることを考えてみればよい．樹木の DNA だけ見て複製すれば（現在の科学では不可能だが仮にそれができたとしても）同じ樹がつくれるというわけではない[136)]．細胞の構造だけを取り出して研究しても，やはり樹が再生できるわけではない．ある特定の場所だけ見ていてもだめだろう．それに対してクリップと同じようなものを作ろうと思うと，多分 1 か所か 2 か所のスケールの構造を調べれば複製できる．

136) 私が気に入っている逸話（といっても小説の記述だが）に，マイケル・クライトンの『ロストワールド』の一節がある．これは『ジュラシックパーク』の続編だが，DNA から再生された恐竜たちは親がいないため，狩りを教わっておらず，集団行動が出来ないというのである．この場合，特定生物の再生にはその教育システムまで見ないといけないということである．

以上，スケールという物理量に関しての議論であったが，実際にはこの軸は何でもよい．集団を見るならその構成要素数であってもよいし，もっと抽象的な（上記の複雑度のような）尺度でもかまわない．

スケールの厚みの提唱者ハーベルは IJCAI 1993 で「知的システムというのはスケールが厚いという意味で複雑なシステムだ」ということをまず主張し，続いてそのような複雑なシステムをどうやってつくるのかという話題に言及した [Hav93]．木の例でもそうだが，細胞の形と葉の形，あるいはそれらと樹形というのは実は独立に設計はできないわけである．それぞれのレベルで意味を持っているが，やはり上下が何かの形で関連を持っていて，単独に，各層を独立に構成すればよいというわけではない．そこで彼は「創発に頼らなければいけない．しかもマルチレベルの創発が必要である」ということを主張した．

10.4 多層システムの問題

スケールに厚いシステムの代表例は生物，特に人間であろう．人間というものを理解するには少なくとも以下の層の理解が必要である．

1. 分子層：遺伝子やホルモン，免疫系，消化系などはこのレベルである．
2. 細胞層：脳神経系，筋肉など．
3. 体組織層：大脳の構造，運動のための筋骨格システムなど．
4. 個体層：個人の認知活動など．
5. 社会層：対話，集団としての振舞いなど．

各々の層[137]は独立の法則を持っており，下位層の性質に還元することができない．しかし，下位の層と独立に存在しているわけでもない．二つの層はどのような関係にあるのか？どう作ればよいのか？このような多層システムの構築に対して有効な方法論を，今のところ我々は持ち合わせていない．ハーベルの言うように創発に頼らざるをえないのかもしれない．服属アーキテクチャ（8.5 節，172 ページ）は行動におけるそのような多層システムのアーキテクチャの一例と考えることができる．しかし，これとて上記のような分子から社会システムまでの範囲をカバーすることはできない．

137) 池上 [池上 07] はこれらの，下の層に還元できない層のことを「中間層」と呼んでいる．しかし，上下に際限がある訳ではなく，分子レベルが最下層ではないし，社会が最上層でもないと思うので，中間層という言い方は私にはしっくり来ない．

上位層が下位層から説明できる場合もある．アシモフの『銀河帝国の興亡』においては，人類の未来を数学的手法で予測する「心理歴史学」(psychohistory) なるものが登場する．これは人口が非常に大きくなった社会では統計的手法が使えるというアイデアである．これは社会層を個体層の統計的性質で説明できるというものである．また最近では化学反応を量子力学的モデルで計算することも可能になっている．しかし，これらはあくまで例外だと思う．特に前者はフィクションだ．

複雑な多層システムにおける階層という概念は自明のものではない．各々の層をどのように切り出し，理解していくのかはむずかしい問題だし，それらの間の関係となるとここで述べているように現状ではお手上げに近く，創発という他人任せ，神頼みになってしまっている．団 [団 96] は生物学でも階層概念は苦手だと述べているが，階層を判定する基準[138]（階層構造の一般則）として以下を挙げている（ [団 96] pp.20–24）：

138) 生物学においては階層を作り出す方向ではなく，現存するシステムを階層に分解して理解しようとしているので，階層を切り出す基準が必要である．

1. 包含関係．ある複雑さのレベル（階層レベル）に属する階層単位がいくつか集まって，より複雑な階層単位を作る．
2. 新機能の付加．上位の階層単位は下位の階層単位には見られない，新しく，より高度な機能を持つ．

ドイチ [Deu97] は，還元論では説明できない物理現象の例としてロンドンのパーラメント広場にあるチャーチルの銅像の鼻にある銅の分子がなぜそこにあるかの説明を挙げている．これは，より単純な現象に分解しても説明不可能で，より高位の戦争，指導者，像などという概念を持ち出さねばならないとしている ([Deu97] pp.21–22)．これはなかなか面白い例で，分子の空間的位置という物理的性質の理由を説明するためにも，より複雑な社会的概念を持ち出さねばならない場合があるということである．

創発しかないとは思ってはいないものの，私は多段階創発システムの実装を目指した研究 [Nak09, 中島 13c] も行っている．しかし，これはなかなか困難である．創発とは設計・実装した層の上に想定しなかった現象が新たに発生することである．以前より（特に人工生命やセルオートマトン分野で）単純な規則から面白い現象が創発する事例が研究されている．しかしながら，これらはすべて一段階の創発を人間（研究者）が観察によって拾い上げているものである．我々の目標は，生命が分子構造から細胞を，さらに多細胞生物を創発させたように，これを多段階にすることにある．このためには人間の観察者の介在をなくす必要がある．いっそう，目に創発した現象が自ら固定化し（自己組織化），次にはその層が基本となり，さらに上の創発を起こすというシステムを構築したい．つまり，単なる現象の創発ではなく，実体を伴ったシステムの創発が必須である．

10.5　創発の尺度

創発をもう少し厳密に定義したいと思う．$cmplx(x)$ を x の複雑度，Bh を行動，Ds をデザイン，Env を環境としたときに，目標としては

$$\frac{cmplx(Bh(Env))}{cmplx(Ds)cmplx(Env)}$$

を計算したい．つまり，“行動の複雑さをデザインの複雑さと環境の複雑さで割ったもの” が創発度だという定義である．この値が大きいほど創発度が高いことになる．サイモンの蟻（3.7 節，69 ページ）の例でいうと，環境が複雑でも，蟻のデザインが複雑でも，どちらかが複雑だったら蟻の経路が複雑になるのは当然で，それは創発したとは見なせない．どちらも単純なときに，複雑な振舞いが見えたときに，それを創発と呼ぼうという定義である．創発度が 1 より大きくないと創発ではない．

次に右辺の複雑度 $compl$ を定義する必要がある．ここでは，あるモデルのもとで，その対象の記述に必要なパラメータの数で考えてはどうか：

$$cmplx(Ds) \stackrel{def}{=} nprm(Ds)$$

ここで $nprm(Ds)$ はデザインパラメータ数で，これは設計者が決めるものだが，$nprm(Env)$ と $nprm(Bh(Env))$ はともに環境や行動のパラメータ数であるからそれらの記述の仕方によって容易に変化する．しかし，モデルにとって何をパラメータとするかという判断は，モデルの良否にとって本質的な尺度である（天動説と地動説の違い，あるいはオッカムの剃刀原理）．したがって，

$$cmplx(Ds) \stackrel{\mathrm{def}}{=} nprm(Ds, M)$$

とすべきである．ここで M は記述モデルのことである．以上をまとめると

$$emg(Bh, Env, Ds, M) \stackrel{\mathrm{def}}{=} \frac{nprm(Bh(Env), M)}{nprm(Ds, M)nprm(Env, M)}$$

とすることができる. 創発度というのは環境とデザインとモデル,要するに対象の見方の関数になっていて,行動のパラメータの数をデザインのパラメータの数と環境のパラメータの数で割ったもののが創発度ということである[139]．

139) この創発度の定義は私と橋田浩一が以前考えたものであるが，妥当性を実証していないので，ここでは説明のための仮説だと思っておいていただきたい．

10.6 複雑系ダイナミクスからのアプローチ

複雑系のダイナミクス[140] を使って知能の様々な側面を明らかにしようとする研究者も多い[141]．複雑系の軌跡は状態空間上で交わることも，一点に収束することもなく無限の軌道を描く．ただし，完全にランダムではなくアトラクターと呼ばれるいくつかの節目を持つため，これが記号などに対応すると考える研究者がいるのである（具体的には [金子 98] などを参照されたい）．

140) ここでいうダイナミクスとはシステムの様々なパラメータを軸とする状態空間（多次元空間になる）におけるシステムの振舞いを時間を追って記述するものである．

141) 特に日本に多いという印象を持っている．

複雑系ダイナミクスによる創発の例として，多賀厳太郎 [多賀 97] の二足歩行モデルについて紹介しておきたい．これは非常に単純な，要するに手も頭もない，胴体と二本足だけがあるモデルであるが，足のところのダイナミクスだけは人間のそれを精密に模倣して，これに歩かせる．ほっておくと特定のリズムで歩くのだけれども，障害物があると歩幅を縮めるとか広げるとかして，それを越えて，また元の自分の特定のリズムに戻る．これにはアトラクターへの引込み現象を使っている．ニューラルネットワークによるリズム発生器 (Rythm Generator, RG) で特定のリズムを作って，それで歩行のリズムとか歩き方を決めている．それを体のダイナミクスモデルならびに姿勢制御 (Posture Control, PC) と相互作用させると歩行が創発する（図 10.2）．

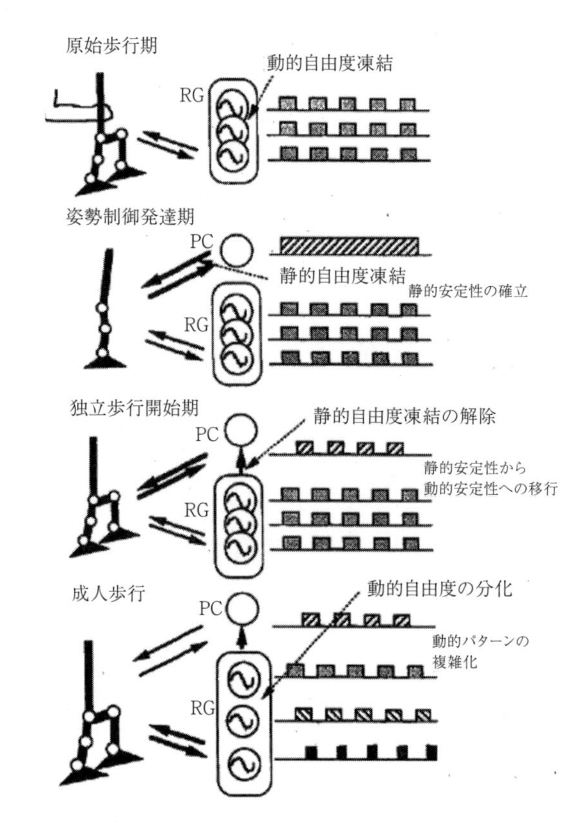

図 10.2 多賀による歩行発達のモデル（[多賀 97], p.525）

ロボットの二足歩行の実現は非常に困難であるという研究者の常識を破ってホンダのアシモが登場したことは記憶に新しいが，動力を全く使わない受動的二足歩行というのもあって，これは上記の多賀モデルを物理的に実現したものとなっている．我がはこだて未来大のロボット [兵頭 08] が受動歩行1000時間というギネス記録を樹立した[142]．これは坂道を歩いて降りるもので，実験にはルームランナーを傾斜させて使った．幼児も持っているとされる反射的歩行の実現である．アシモのように完全制御で歩くのではなく，一部はこのような体のダイナミクスにまかせた受動歩行を採り入れることにより，より柔軟な歩行が実現できるものと考える

142) それまで名古屋工業大学が持っていた13時間10分という記録を，2011年9月に大幅に更新したもので，2013年4月にギネス認定された．ギネスの審査には審査員を現地に派遣する方式とビデオを証拠として提出する方式があるが，前者は審査員の旅費等の支給が必要で高価なため，後者を選択したのだが，その結果認定までに時間がかかることになってしまった．

人工生命の研究において創発の例はいくつかある（3.8節，71ページ）が，多段階の創発の例はほとんどない．また，ほとんどが行動レベルの例であり，知能と呼べるものはまだ見当たらない．

10.7 有機的プログラミング

10.7.1 目標と概要

> 【有機的】有機体のように，多くの部分が集まって一個の物を作り，その各部分の間に緊密な統一があって，部分と全体とが必然的関係を有しているさま.『広辞苑』，岩波書店.

個々の場面記述を統合し，新しい状況に対応できるシステムの構築手法として有機的プログラミング [中島 96a] の考え方を提唱する．特に有機的システムの以下のような特性をプログラムに持ち込むことを考えている.

- ダイナミズム：構造が動的に変化すること.
- 相互作用：部分どうし，あるいは部分と全体との相互作用.

これを別の観点から眺めると，個々の部品に書かれた情報を，環境に応じて柔軟に統合することにより，その集合体としては部品の和以上の仕事をしてくれるような構成法の提案である．環境や他の部品との相互作用により自分の構造を動的に変化させ環境の変化に対応するのである.

木村敏 [木村 94] が「モノ」と「コト」の違いについて述べている．モノという言い方は critica[143] の働き，あるいは分析的な言い方である．要するに，世の中を自分＝主体とは切り離して客観的に存在するものとして見て，それを分析的に研究しようというような見方で，西洋哲学の伝統的（デカルトなどに代表される）分析のしかたである．2.4.2 項（32 ページ）で述べた「神の視点」に相当する．それに対してコトというのは，自分がそれとかかわりあって初めて明らかになる．要するに主体がそこに入ってしまうようなもので，(分析の逆の）構成的なもので，topica[144] の働きである．量子力学など，観測すると対象が変わってしまうので，ある意味で客観的にモノだけを見るというパラダイムもだんだん崩れてきて，観測者というのは系の中に入ってしまってきている.

プログラムミングにおいても対象物＝設計したいものというのが先にあって，そういうのをいかにしてインプリメントするかというのが従来の方法論であった．設計者は系の外にいる．それに対して，プログラムも設計者も何か系の中に入ってしまったような，“神の視点から虫の視点” への転換のようなことを考えていかなければいけないのではないかと思っている．木村はこ

143) critica はラテン語で「批評」を意味する．英語の critical.

144) topica はラテン語で「場」を意味する.

の違いを日本語で表現する語彙がないので，英語で actuality と reality の差として記述している．

actuality を表に出したプログラミングが有機的プログラミングである．従来の古典的なプログラムの方法論では，環境の中にある情報を中に取り込んで（内部表現をして），その内部表現を使っていろいろなプランニングを行い，それをもう一度外に行動として出すものであった．そうではなくて，外界と内界がずっとつながっているようなものを考える．

8.3.1 項で扱ったマニュアル車の運転（161 ページ）の例は，有機的プログラミング言語 Gaea [中島 98] では以下のように書く：

```
(in normal ;;; 普通の状況 1
 (=> (high-rpm)
   (shift up)
   (if (gear top) (use top)))
 (=> (low-rpm)
   (shift down)
   (if (gear low)) (use low))
 (<= (high-rpm)
   (rev *x)(> *x 3000)))
(in top ;;; トップギアに入っている状況
 (=> (low-rpm)
   (shift down) (use normal)))
(in low ;;; ローギアに入っている状況
 (=> (high-rpm)
   (shift up) (use normal))
 (=> (low-rpm) (clutch)))
```

このように，状況ごとに分けて書けば，IF 文で条件分岐する必要がない．普通の状況のときはとにかく無条件にシフトアップすればよいし，トップギアのときは，シフトアップするためのルールは必要ないから，シフトダウンのことだけ考えればよいというようになる．[145] 各モードはセルとして表現され，モード切替えはセルの取替え（use で指示される）によって実現される．この方式では 5 速のギアの位置を常に覚えておく必要はなく，三つのモードでよい．さらにどのモードか忘れた場合には通常モードに戻ればよく，その場合にはギア操作をしようとして失敗することでトップやローのモードに戻

145) 有機的プログラミングでは，これらの状況による分解をプログラマがコーディングしなければならないが，通常のプロダクションシステム風記述から自動的にコンパイルすることも可能である．状況オートマトン [Ros87] はその方式である．

ることが可能である．

なお，ここでの議論はギア位置の確認が動作を伴う高価なものであるという前提に立っている．そうでない場合（たとえばKITT[146] のようにエージェントがクルマと一体化しておりギア位置センサからの情報が常時利用可能である場合）には受動的状況遷移が使える．しかしながら，そのような利用は回路が固定されてしまい，新たな要求仕様への追従は困難である．たとえば，実際の運転では上記の条件以外に坂の登り下りなど，様々な別の条件が加味される．有機的プログラミングにおいては，これらの新しい条件も，別のセルに記述することにより容易に統合可能である．たとえばシフトのタイミングを遅くしたいときには以下のように高回転の定義を変更したセルを上に（プロセスに違い側に）追加することにより normal セルの high-rpm の定義を上書きできる．

146) TV シリーズ『ナイトライダー』に登場するクルマ．14 ページの傍注 10 参照．

```
(in down-hill
  (<= (high-rpm)
    (rev *x)(> *x 5000)))
```

これは，世の中がどうなっているかという，思込みによってプログラムを変えていることに対応する．したがって，reality，即ち外にあるもの，を毎回見るということをしないで，思込みによって動作する．現実との整合性はあとで考えればよいという態度である．何かトリガーがあったら，すぐ反射的にもう何も考えずにシフトアップをしてしまって，シフトアップをしてから「トップになったかな」というのをゆっくり考えるというプログラムである．この例は非常に単純な例であるから，変わるべきものの候補はこの三つしかないので，どういう状況で何が変わるかは完全にわれわれには把握できる．したがってあまり創発的ではないのだが，状況やその組合せが非常に大量にあって，初期状態はわれわれが設定するがそれがどんどん変わっていくうちにどうなるかわからないというようなプログラミングができると，だんだん創発的になるのではなかろうか．

以下では，まず有機的プログラミングの詳細について述べた後，ダイナミズムと相互作用について議論し，最後にその応用として複雑なシステムを構築する一手法である服属アーキテクチャの構築について述べる．

10.7.2　セル

複雑なシステムを構築するにはまずその部品を用意する必要がある．この部品がプログラムモジュールであるが，有機的プログラミングにおいてはこのモジュールを「セル」と呼ぶ．状況推論における状況の表現と考えてよい．

各セルにはプログラム片が格納され，セルを組み合わせることにより完全なプログラムとなる．このプログラムは走っているプロセスから実行時に参照される．つまり，実行前にプログラムが定まっているわけではなく，実行時に変化するセルの組合せによってプログラムが決まる．この意味で，セルの構造をプロセスにとっての環境と呼ぶ．

前項で使ったnormal，top，low，down-hillがセルである．

10.7.3　環境

有機プログラミングにおける環境には二通りのものがある：

1. プロセスにとっての環境．
   マルチ・プロセスを前提としているが，あるプロセスから見た環境とはプロセスが参照する変数，プログラム，他のプロセスなどである．
2. セルにとっての環境．
   セルにはプログラムの断片が格納されているが，そのプログラムが他のプログラムを参照している場合には，それが他のセルに存在する．

プロセスにとっての環境はセルの構造体として表現される．この構造はプログラム可能なものなら何でもよいが，最も単純なものとしてはスタックが考えられる．つまり，プロセスが参照するデータはセルのスタックとして格納されており，必要に応じてスタックを探索すればよい．たとえば，あるプログラムpの呼出しが起こったときに，pの定義はスタック内のどれかのセルに格納されているはず（でなければエラー）だから，それを探して使うのである．この考え方はクラスからプログラム（メソッド）を継承するものに近いが，環境が動的に変化する点が異なっている．

あるセルに存在するプログラム (p) が別のプログラム (q) を参照している場合，これがどこに格納されているかは実行時の環境でしか決まらない（図10.3）．

また，新しいセルをプッシュする場合，そのセルは名前で参照されるが，その名前はセルによって異なる．つまり，同じセルが別のセルからは異なる名

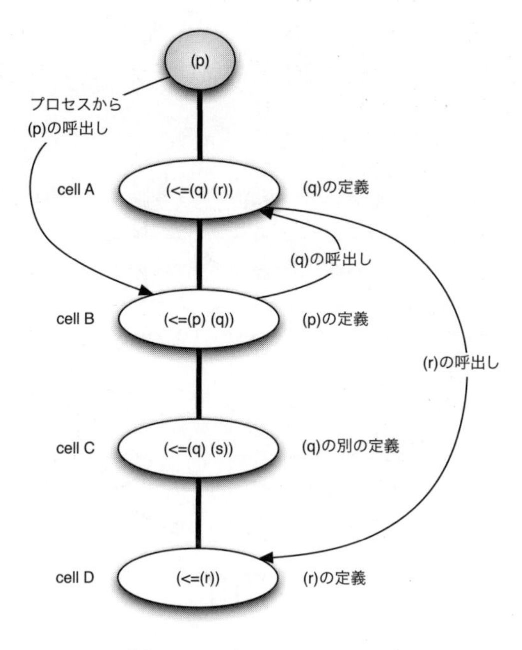

図 **10.3**　セルのスタック

前で参照されたり，同じ名前がセルによって異なるセルを参照していたりする（図 10.4）．これは一見混乱の元のような気もするが，人間同士が言葉による情報伝達を行っている場合にもしばしば観察されることである．逆に，このような名前と実体の対応を可変にしておくことにより，状況に応じた柔軟なセルの組合せが可能になると考える．

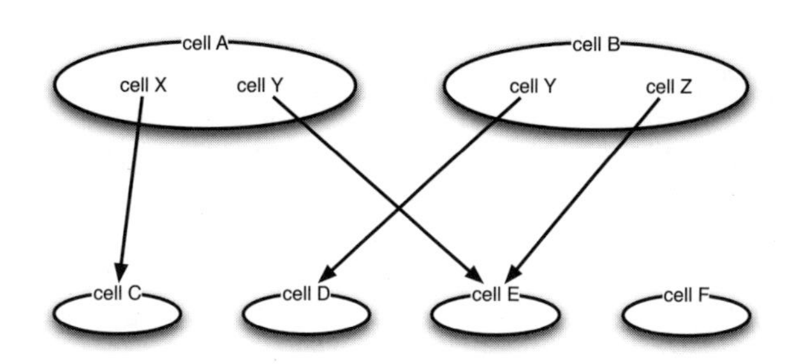

図 10.4　名前と実体の柔軟な対応．異なるセルが同じ名前で参照されたり，同じセルが違う名前で参照されたりすることがある．

環境をセルのスタックに限定した場合でも，マルチ・プロセスの間で外側の環境をシェアすることが可能であるから，一般的には環境は木構造を構成する（図 10.5）．しかし，木構造は有機的プログラミングの要請ではなく，プ

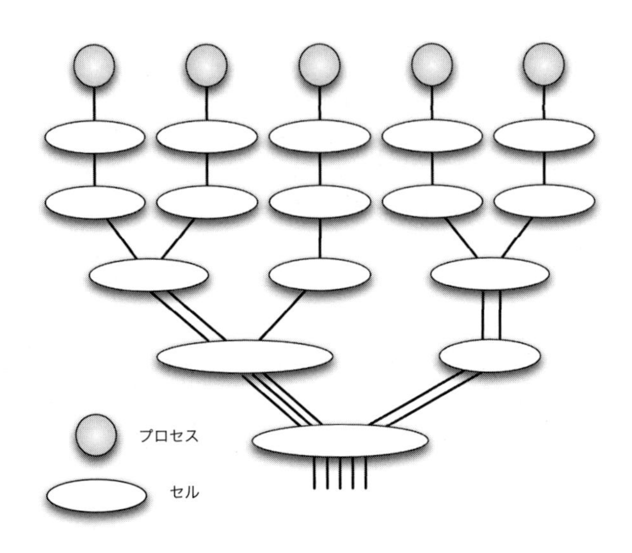

図 10.5　マルチ・プロセス間の環境

ログラムとして表現可能であれば任意の構造がとれる．たとえば図 10.6 においては一度合流した環境が再び分離したり，二つのプロセスにおいて同一のセルが異なる順序で参照されていたりする．また，自分の環境だけでなく他のプロセスの環境を強制変更することによって割込みのような機能を実現することも可能である．

10.7.4　制約

計算というのは情報を加工することである．つまり，環境の持つ情報と計算主体の情報の相互作用によって計算が進む．

複数の情報間（異なるセルに存在する場合もある）に制約がある場合，一方の情報が変化した場合にこの制約を満たすように他方も変更することはシステムの仕事である．ユーザはこの制約（これもプログラムとして与える）が守られていることを前提にプログラムすればよい．システムが提供している制約には以下のようなものがある：

1. 情報間の関係

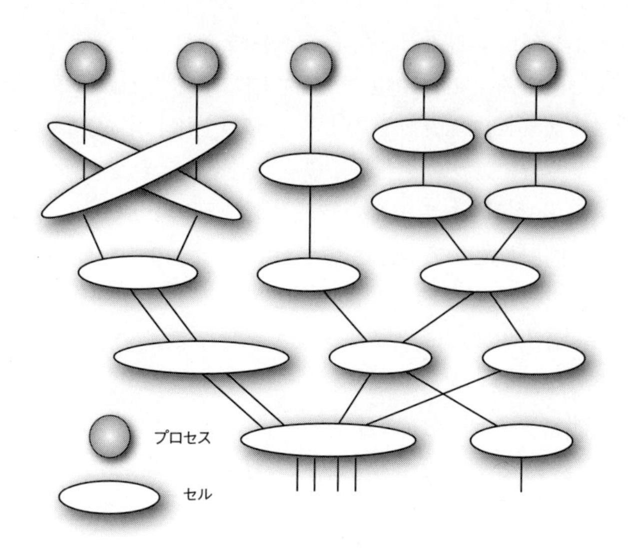

図 10.6 複雑な環境

情報の単位はどのように表現してもよい．論理型の他に関数型でも手続き型でもよいが，Gaea の場合には論理型を採用している．ここでは Gaea に準じて話しを進めるが，他の表現方式にも適用可能である．Gaea では，状況理論 [BP83] に準じ情報の単位を「インフォン」(infon) と呼ぶ．

(=> *infon1 infon2*)
(<= *infon1 infon2*)

=>は前向きの推論を表しており，*infon1* が成立しているときには *infon2* も成立していることを表す．<=は Prolog[147] と同じ後向き推論である．これらが通常のプログラムに対応する．

2. セルと情報

あるセルとプログラムの関係を表すことができる．これもインフォンである．

(in *cell infon*)

で *cell* で *infon* が成立していることを表す．

3. 特殊化

環境が特殊になればなるほど，その特殊環境内では少ない情報操作で計算が行える．なぜならその特殊な環境ではより多くの制約が成立して

147) コルメラウアらが開発した一階述語論理に基づくプログラミング言語．パターンマッチングによる呼出しと，バックトラックという探索が基本機能として組み込まれているので，AI で多く用いられた．特に自然言語処理との相性が良い．最近では遺伝子のコード（これも一種の言語である）解析に使われている例がある．日本では第五世代コンピュータプロジェクトなどで注目された．日本初の教科書 [中島 83] は私が博士課程の学生時代に書いた．

おり，それを利用することができるからである．

具体的にはあるセルの情報の一部を固定することにより，そのセルに属するプログラムに部分計算のようなものを施して固定された情報に全く言及しない新しいプログラムが構成される．これをセルの特殊化 (specialization) という．あるセルを特殊化して別のセルを作った場合，両者には情報の同一性という制約が課される．つまり，一般的なセル c にある情報 (p a b) と，この内 a を固定して作った新しいセル c/a にある情報[148] (p b)[149] の同一性をシステムとして保証する（たとえば一方から他方を導く）のである．

148) セル c の情報の c/a への投影（8.3.6 項，168 ページ）になる．

149) 従来の，引数の位置による同定法では，このような引数の除去に対応できないので，実際には各引数には役割名を付し，それで区別する．

この機能により“引数の柔軟な制御”を実現することができる．すなわち，(p x y) というサブプログラム呼出しがあったとして，y を特定の定数 a に固定することにより，これは (p x) として呼び出すことができる．これは従来のデフォルト値の概念に似ているが，デフォルトでは呼び出される側のプログラムに値が固定されていたのに対し，有機的プログラミングでは複数のプログラムを含むセルにこの情報が付加される．しかも，同一のセルに対し複数の特殊化が適用しうる場合は，そのような複数のセルが構成される．しかも，プログラム呼出し (p x) は別のセルに含まれていることが多いので，プログラムのあるセルと呼出しのセルの相互作用でこの値が決まると考えることができる．

4. 一般化

実際のプログラム開発過程や知的生物の学習過程ではこの特殊化の逆が起こっていると考えることができる．すなわち，特殊な状況にのみ通用するプログラム（知識）をまず構築し，後で一般化を考えることが多い．この場合特殊化の逆操作が必要になるが，もちろんこれは一意には定まらない．プログラマがこの部分の補充を行う（あるいは，学習機構にそれをゆだねる）必要がある．しかしながら，プログラムの仕様変更に追従させる機構としては有望であると考えている．

前述の use は 1 個のセルをどこか他のものと取り替える操作である．基本的にはセルを環境に積む push や，その逆の pop，あるいはこれらの組合せで全体を変更をするとかという操作はできるので，環境をデータ構造と見なせばリスト構造に対する操作と同じことができる．一部にループをつくってしまうことも可能である．リストではなく木構造も作れる．自然界の木が枝分かれして育っていくような状況が作り出せる．

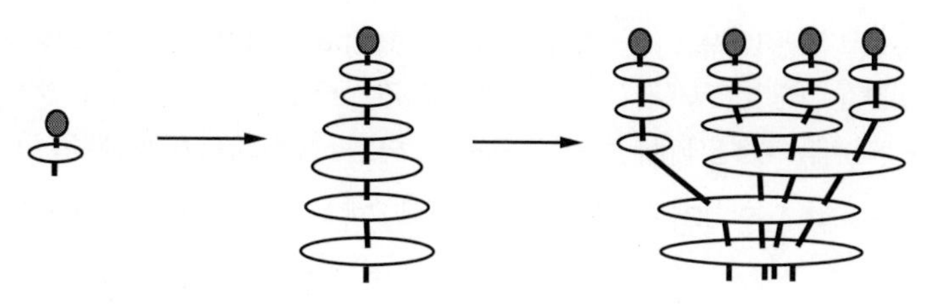

図 10.7 環境の成長（プロセスの下にセルの構造が成長して行き，プロセスも分岐する）

ギアシフトのプログラム（10.7.1 節，211 ページ）のような状態遷移方式を能動的状態遷移と呼ぶ．自分がこうなると思うからそう変わる（8.4 節，170 ページ）と言う意味である．従来方式は受動的状態遷移で，外界を観測した結果の遷移である．もちろん，両方組み合わせる必要がある．能動的状態遷移のみだと，何かハプニングがあって，外界と乖離したときには，そのままどんどん離れていってしまう．それを引き戻すような受動的状態遷移を適宜行う必要がある．サッカーのプログラム [NN98] を例にとると，受動的と能動的状態遷移の比率やタイミングが重要であることがわかる．いつも受動的に外界ばかり観測しているとリアルタイムの反応が遅れがちになる．うまく使い分けるのが設計者の腕あるいはチューニングである．

能動的状態遷移は予測である．しかし自分の態度が決まらないと，予測はできない．複雑な世界では将来何でも起こりうるわけである．主体が少なくともこういうことが起きうるだろうかというある程度の予測がないと何を観測すべきかすら決まらない．つまり潜在的に観測すべき事象はほぼ無限にあって，絞込みが必要である．ここで要求されるのが限定合理性の考え方である．この場合，その予測が必ずしも正しい必要はない．予測しなければ観測すらできないのだから，逆に観測するためには自分の態度さえ決めてしまえば，それでよいのだということにもなる．

サッカーでは何かある特定のモードに対応するプログラム群があって，たとえばとにかくパスを受けに走っていくというプログラムは，他のことは見ないでもうそれだけを動かすようにしている．そういう意味では完全に思込みだけで，ずっと動いてしまうということも可能なシステムである．しかし，それでは予測がはずれていると悲惨なことになるので，やはり外界からのフィードバックは適宜（予測によるバイアス付きで）必要である．

Gaea では，セルの操作によってソフトウェアによる割込みを実現できる（図 10.8）．二つのプロセスが走っていて，一つ (`move`) はメインのループで，たとえばドリブルに専念し，もう一方 (find-pas-route) はパスのルートが開いたかどうかを見ているというものである．find-pass-route プロセスがパスルートが開いたと判断すると，move プロセスの環境を強制的にパスするセルにつなぎ変える．move プロセスでは何が起こったかわからないのだけれども，突然勝手にパスをしてしまうというようになる．

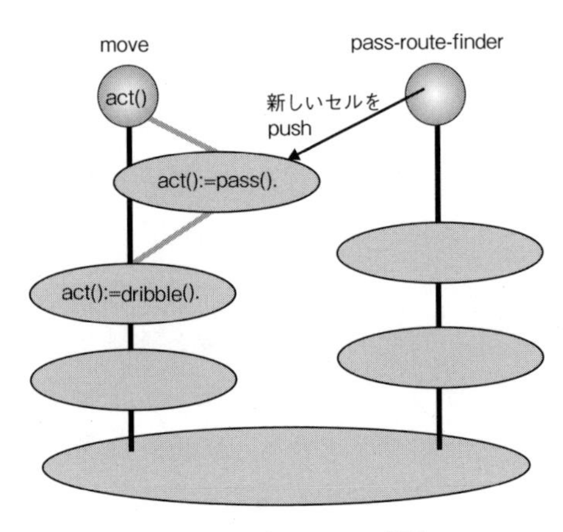

図 10.8　プロセスの割込み

図 10.8 では，move プロセスは (act) を呼び続ける．この呼出しは，セルを変えることにより，(dribble) から (pass) に変更できる．パスの方向の情報は move プロセスと find-pass-route プロセスの間で共通のセルに書き込むことによって送ることができる．

10.8　分割統治

一昔前までは，計算機の分野で複雑な (complicated) 問題[150] に挑戦する手法としては分割統治と呼ばれるものがほぼ唯一のものであった．これは，大きな敵を分断して攻めるように，複雑な問題をそれより易しい部分問題に分割し，それらの解を合成することによって全体の解を得る手法である．たとえば函館の自宅から大阪の大学に行く経路の探索を考えてみよう．この問題は函館–東京，東京–大阪，大阪–大学という三つの部分問題に分割すること，あるいは函館–大阪，大阪–大学という二つの部分問題に分割することができ

150) 複雑系と複雑な問題は違う概念である．英語では前者は “complex” system，後者は “complicated” problems と言い分けることが可能であるが，日本語ではどちらも「複雑」になってしまう．

る．ただし，各部分問題は完全に独立ではない．たとえば，東京–大阪を新幹線にするか飛行機にするかで，両端の経路は，東京駅–新大阪駅になるか，羽田–伊丹になるかの影響を受ける．3 分割案と 2 分割案のどちらを採るかは，函館–伊丹あるいは函館–関空の飛行機が適切な時刻に飛んでいるかも関係してくる．しかし，全体を無構造に探索するよりはそれでも効率が良い．たとえば函館からフェリーで青森に行くなどという経路はそもそも除外される．

分割により，どの程度探索空間が狭まるかは，元の探索空間がどのような形をしているかにも依存しているので一概には言えない．例として，平面を探索する場合を考えてみよう．そうすると，探索範囲は距離の 2 乗のオーダーで広がる[151]．元々の探索空間が図 10.9 のようなものだったとした場合，中間地点を先に決定することができれば[152] 問題を二つに分割すると図 10.10 のように探索範囲が狭くできる．距離が k の場合の探索範囲は k^2 に比例するが，これを n 分割すると各部分の探索範囲は $1/n^2$ に小さくなるから，n 個の探索範囲を集めても，最初の $1/n$ の大きさでよいことになる．通常は 2 乗より早いオーダーで探索空間が増えることが多いので，この効果はもっと大きくなる．

他にも様々な探索技法や，探索を並列に行うなどの手法もあるが，ここでは立ち入らない．

このような経路探索は探索のなかで容易な部類に属する．なぜ容易かというと，問題が部分問題に分割できるからである．分割できない問題というのは，ある部分問題の解き方が他の部分問題の解に依存するようなものである．たとえば先の経路探索の問題に，総予算の制約を加えると，函館–大坂間に何を使うかによって，両端でタクシーが使えるかどうかが変わってくる．このようにどんどん制約を追加すると問題がどんどん複雑になり，その結果，分割統治が不可能になってくる．

プランニングの例としてよく用いられる積木の問題でも，ゴールが複数になったときにそれらが独立に解けるかどうかで問題の複雑さが変化する．通常，積木の問題では一度に一つの積木しか持てないという制約をおく．図 10.11 のような問題では “A を B の上に置く” という部分問題と，“C を D の上に置く” という部分問題は全く独立に解ける．しかし，このような独立性はむしろ例外的で，積木の場合には（普通）下から 1 個ずつ積まなければならないという制約により，部分問題を解く順序には制約がある．

この順序の制約があることにより，積木のようなプラン生成問題では，その問題の性質に応じて以下のような分類ができる．

151) このように 2 乗とか，3 乗のように多項式のオーダーで増える問題は，後述のように，どちらかと言えば易しい問題に属する．

152) たとえば旅行の経路を探索する問題では先に長距離移動用の空港や駅を決定することで問題が分割できる．

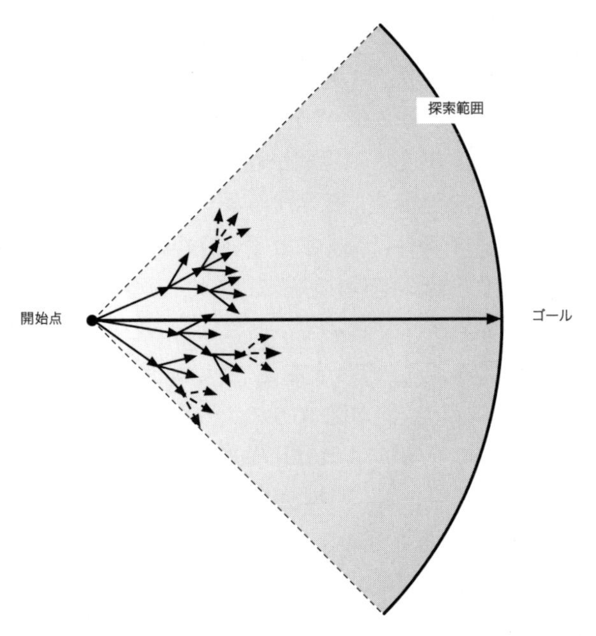

図 10.9　探索空間の例

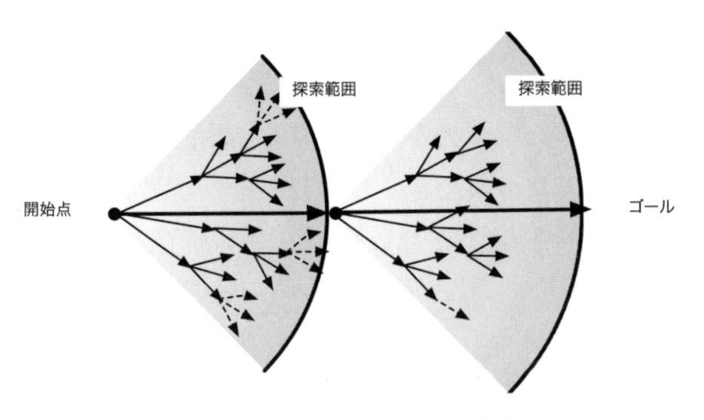

図 10.10　二分割された探索空間

- **単調問題**：部分解を結合すれば全体の解になるような問題．部分解を生成するときの条件によりさらに2分割される：
  - **線形問題**：各部分問題の解（プラン）をそのままつなげれば全体の解が生成できるような問題．各プランが全順序付きで，線形に並んでいてもよいのでこの名がある．
  - **非線形問題**：各部分問題を独立に解いたのでは全体の解にならないような問題．部分解どうしを適当な順序でマージする必要があるが，そのた

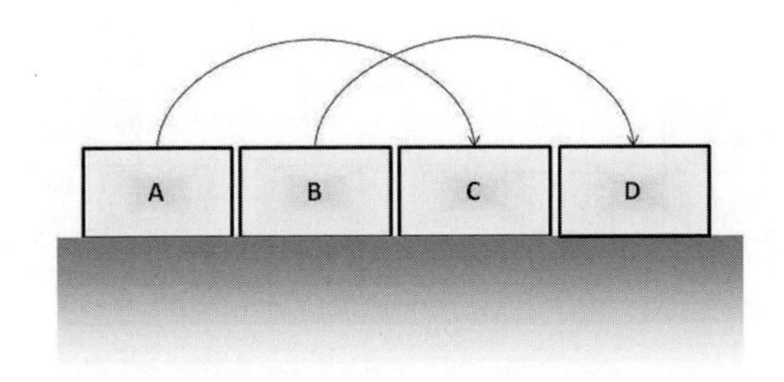

図 10.11 部分問題が独立に解ける積木の問題

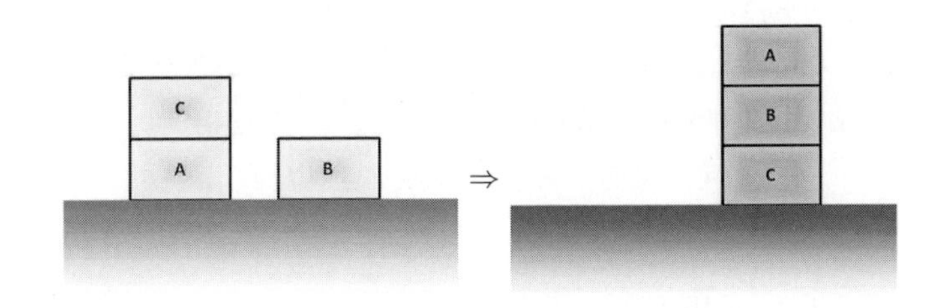

図 10.12 非線形な積木の問題

めに，各部分プランには全順序を与えず，必要最小限の順序づけだけを与えた半順序にしておく必要がある．

- **非単調問題**：部分解を結合する場合に，ある解が必然的に他の解をこわしてしまうような問題．結合により新たな部分問題が生成される．(43 ページからの非単調論理の記述も参照されたい．)

図 10.12 は非線形問題の例である．ゴールは “A を B の上に置く” と “B を C の上に置く” の二つである．“A を B の上に置く” を先に解いてしまうと，C をテーブルに置き，A を B の上に置くというプランができる．しかし，もう一方のゴールである “B を C の上に置く” を実行するにはもう一度 A をどかせなければならない．一方，“B を C の上に置く” を先に解いてしまうと，そのままの状態で B を C の上にのせればよい．こちらも，将来 A が動かせない．つまり，どちらを先に解いても駄目で，両者を混合しながら解く必要がある．このために，各々最低限の順序づけだけを与えたプランを生成し，両者を，この半順序を壊さない形でマージするという手法が採られる．

図 10.13 は非単調問題の単純な例である．ゴールは図 10.12 同様，“A を B の上に置く” と “B を C の上に置く” の二つでであるが，“A を B の上に置く”

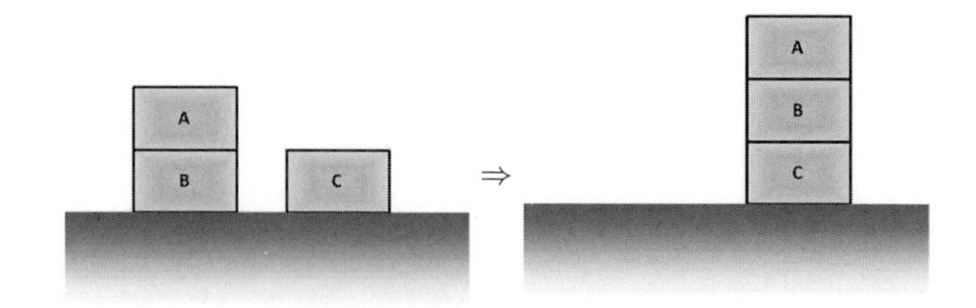

図 10.13　非単調な積木の問題

のほうが最初から達成されてしまっている．つまり，解けているサブゴールを壊さない限り最終解に到達できない．そして，この壊された状態を修復する必要があるので，部分解の結合により新たなゴールが生じてしまうわけである．58 ページの遠回りに関する記述も参照されたい．

10.9　組合せ爆発

一般的に，n 個の各部分問題を解く手間が k の場合に，分割統治を行うと全体は $n \times k$ の手間で解けるが，それを行わずに全体を一度に解こうとすると手間は k の n 乗になる．部分が組み合わされて爆発的な数になってしまう．

分割統治においては，部分問題は各々“ほぼ”独立であることが要請される．若干の情報のやりとりは必要であってもよいが，部分問題の解が他の部分問題に大きく依存するようでは，分割しても問題がそれほど簡単にならないため，分割のメリットが少なくなる．先の非線形問題はその例である．もっとひどい場合には，分割してしまうと最適解が見つからないばかりではなく，そもそも解自身がみつからない場合すらありうる．以下で述べる NP 完全問題はこの例である．

NP 完全とは計算オーダーが多項式のオーダーを超えてしまう（たとえば k^n のように指数オーダーになる）問題のクラスのことである．NP 完全問題の例にナップザック問題（図 10.14）というのがある．これは，数個のナップザックにいくつかの荷物を詰め込む問題である．各々のナップザックには，一定量（たとえば 20kg まで）の荷物しか収容できない．荷物のほうは様々な重さのものがあり，たとえば 4kg, 5kg, 8kg, 11kg, 13kg である．ナップザック

コラム 10　NP 完全

NP とは Nondeterministic Polinomial-time computability（非決定性多項式時間計算可能性）のことである．アルゴリズムに従った計算では計算時間がかかるが，非決定的な機構を使えば多項式時間で“解けることがある”という意味である．しかし，最近ではもっと直感的にわかりやすい「解の検証の容易性」を用いた定義が主流になっている [渡辺 14]．つまり，解を多項式時間で求めることは不可能（だと想定されている[153]）だが，解の検証は多項式時間以下で行えるような問題のクラスを NP という．NP 問題の中で最も困難だと分かっているものを NP 完全問題という．

153) この仮定は「N≠NP 問題」と呼ばれ，正しいことも間違っていることも本書執筆時点では証明されていない．

が 1 個しかない場合に，できるだけ総重量が大きくなるように荷物を詰め込む方法は 1 通りで，4kg+5kg+11kg であり，これが最善であることはすぐにわかる．

図 10.14　ナップザック問題（Wiki より）

しかし，ナップザックが 2 個に増えた場合には (5kg+13kg)+(8kg+11kg) とするのがベストであり，これはナップザック 1 個の解の拡張にはなっていない．つまり分割統治ができないのである．

ある意味で，分割統治可能な問題は，複雑性という尺度の上では比較的容易な問題であるということになる．分割統治不能な（すなわち，部分問題どうしが複雑に絡み合っている）問題へのアプローチが求められている（10.10 節，226 ページで述べる）．

NP 完全問題はアルゴリズミックに解こうとすると, 大きな手間がかかる(多項式のオーダーの時間では解けないということがほぼ確実視されている）わけだから，アルゴリズム[154] は諦めなければならない．それに変わるアプローチとしては，完全性を捨て，近似解でよいとするものがある．ニューラルネットワークではその成果が示されているので，10.11 節（227 ページ）で論じる．記号処理において,（アルゴリズムとは異なり）必ずしも成功するとは限らない解法のことを「ヒューリスティクス」と呼ぶ．人工知能研究というのは，複

154) 「アルゴリズム」とは解が必ず求まることを保証する手続きのことである．

雑な問題に対するヒューリスティクスの研究であるといってもよいだろう．

10.10 全体論的システムの構築

部分に分割すると全体としての本質的な性質を失ってしまうというのが複雑系の定義であった．このようなシステムでは従来の分割統治法（10.8 節，220 ページ）が使えない．分割統治というのはデカルトの『方法序説』に始まる自然科学の基本的な分析的方法論である．一方，知能の研究のような複雑系を扱う分野では全体論的 (holistic) システムに向けた構成的方法論を必要としている [中島 01b]．我々は FNS[155] ダイヤグラム[156] を用いてこの方法論 [中島 08b] の定式化を試みている（図 10.15）．これはシステムの生成，その属性の分析（従来の自然科学に相当する部分），システムの再デザイン（創記）というループを繰り返すもので，進化計算（5.8 節，103 ページ）はその特殊例と見なすこともできる．

155) Furure Noema Synthesis. 木村敏 [木村 88] のノエマとノエシスの議論がヒントになっている．

156) FNS ダイヤグラムはデザインやサービスといった構成的行為のモデル化 [NFS14] にも有効である．

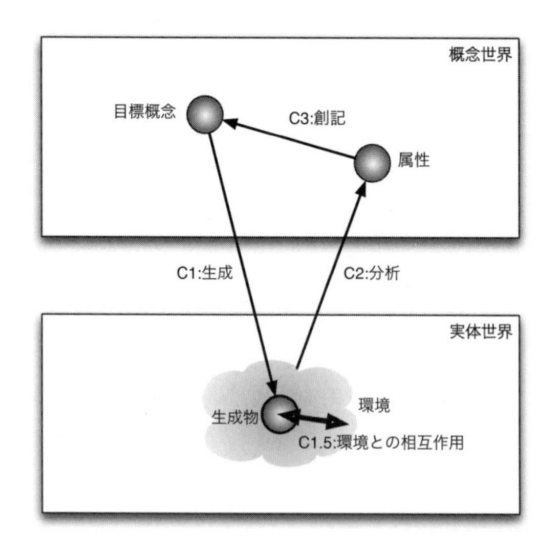

図 10.15 FNS ダイヤグラムによる構成のループ

構成のループは概念世界と実態世界にまたがるループであり，実体を観測／分析しつつ目標概念を修正していくものである：

C1： 概念から実体を生成する行為．最終目標物の生成以外に，その前段階としてプロトタイピング，モデル作成，コンピュータシミュレーションなども含まれる．幾何の問題における作図や補助線のように，外在化が助けになることも多い．

C1.5 [157]：生成された実体が起こす環境との相互作用．実際の物理現象や，主体以外のユーザとのインタラクションを含む．構成のループを回している主体の制御下にはない．これがなければ，想定どおりのものを作って終わるのだが，実際にはここで様々な予期せぬことが起こる．構成のループで最も重要な要素と考えている．

157) 初期のモデルではC1,C2,C3しかなかった．後にここが重要だと気づいたため，C1.5という中間値のまま残してある．最近では $C\sqrt{2}$ と改名することを考えている．

C2：生成したものと環境との相互作用の両方を観測し，その性質の分析を行う行為．実体から概念を抽出するもので，自然科学の分析的方法論がそのまま適用される．[158]

158) 分析と構成は逆方向の行為ではなく，分析は構成の一部である．

C3：観測されたモノと最初に想定した目標概念との差分を検出し，目標概念の修正を行う行為．概念から概念への操作である．ここは創造的行為になることが多く，アルゴリズム的定式化は困難である．問題空間の探索や，進化計算における突然変異などの技法が使える．

10.11　ニューラルネットワークと近似解

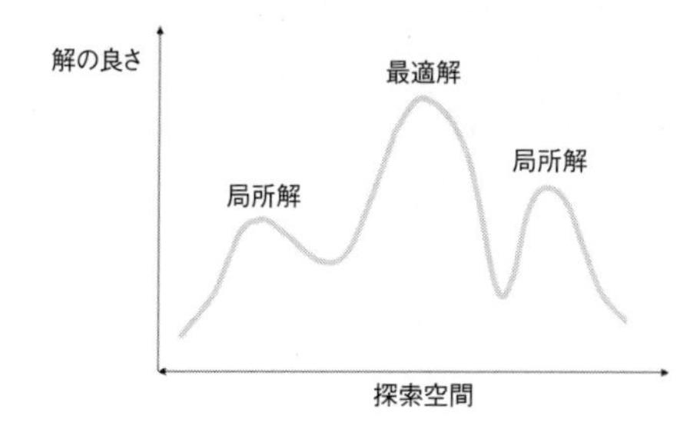

図 10.16　問題空間と解

ニューラルネットワーク（5.2節，86ページ）では，ネットワークのエネルギー（として定義された値）を減少させる方向に学習が進むという性質を利用し，問題の評価関数をうまくこれに対応させることにより，最適化問題を解くこともできる．エネルギー極小の状態が極小解に相当する．ただし，これは図10.16に示すように，必ずしも最適解を保証するものではない．局所的なくぼみ（局所最適解）に収束してしまうこともある．

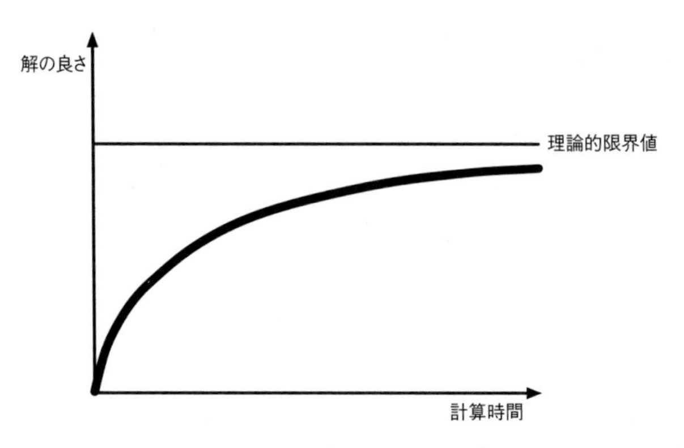

図 10.17　計算時間と解の良さ

これを避けるために，ヒントンらは物理系とのアナロジーで焼きなまし（高温の鉄などの温度を徐々に下げていくこと）という概念（イメージは図 5.5）を用いた計算法を提案し，ボルツマンマシンと呼んだ [FHS83]（図 5.8）．これは学習の機構に（温度によって決まる）ランダムさを加えたものである．温度が高いとランダムさも増加し，それにより，極小解に近いところにいても他の場所へと飛んでしまう可能性がある．徐々に温度を下げていくと変動の幅が小さくなり，最後には特定の極小解に落ち着く．しかも，温度の下げ方を十分遅く（どれくらい遅いとよいかは問題依存）することにより，最小解に到達することも証明されている．

ホップフィールドらは，NP 完全問題の例として知られる巡回セールスマン問題の近似解を得る手法を開発した [HT85]．これはボルツマンマシン上でも実行可能である．このような問題では一般に計算量（ボルツマンマシンでは温度を下げていく速さ）と解の良さ（真の最適解との差）は図 10.17 のような関係にある．つまり十分長い時間をかけると最適解になるかもしれないが，少々の誤差を許容すると計算時間は飛躍的に短くなる．

近似解という概念は，解の間の距離を伴うので，その適用範囲としては，通常は扱う対象に距離（数値）が含まれているものに限られる．たとえば前述のナップザック問題や巡回セールスマン問題などがそれである．

11 知能の未来の物語

さて，知能の物語は，やはり（人工）知能研究の未来への期待で締めくくりたい．

11.1 記号処理への回帰

AI の歴史は記号処理のできる機械（コンピュータ）の発明から始まった．しかし，近年の AI の動向は，どんどん記号処理から遠ざかっているように見える．

知能の本質は状況の分節化にあると考えている．つまり，無限のパターンのある実世界を単に無限だと感じていたのでは生きていけない．“食物” とそれ以外，“安全” と “危険” というように分節することが重要である．この分節化は必要に応じてどんどん細かくなるが，それ以上区別する必要がないところで止まる．我々は “雪” で止まってよいが，北極圏で暮らす人達にとってはそれでは粗すぎる．この分節化された結果は，それ以上内部に踏み込まずに扱ってよいので記号と対応づけることができる．そして，記号だけの操作を行うことにより様々な推論が可能になる．我々のハードウェア（大脳）はニューラルネットのような構造になっているかもしれないが，その上には記号処理装置が構成されている．

記号というのは分節化の結果を抽象化したものであるから，“二つのものの間に，同じであるかないかだけが定義された” ものであり [中島 92]，似ているという概念は存在しない．したがって，ある問題の解である／ないという概念は存在するが，近似解という概念がない．

ただし，述語や関係に数値による重みを与える拡張などは存在するするし，将来的にはパターン処理との融合も考えられているので，単純に近似の概念がないと言うわけにもいかない．また，記号というのは単独で存在してもあまり価値（使い道）のないものであり，他の記号と関係を持ったり，多くの記号が集まって大きな構造体として使われるものである．構造体の場合には，全体として同じ／異なるという判定以外に，一部が同じであるという類似度が決まるので，そのような場合は近似を云々することも可能であろう．ただし，類似度を決める良い尺度がないのもまた事実である．単純に，一致している部分構造の数を数えるとかではうまくいかない（みにくいアヒルの子の定理 [渡辺 78]，97 ページ）．というわけで，ニューラルネットワークと同じような意味での近似解を記号処理には期待できない．

では，どうするか？答えの一つは部分的な情報のみを使うことにある．しかし，単に部分的な情報を使っただけでは解とはほど遠いものになる可能性が高い．状況に依存した部分的な情報を使うのである．

旧来の情報処理では，すべての情報を計算機内に取り込んでから処理をするという大前提があった．そのようなシステムでは，問題が複雑になり，知識が増えるに従い，これまでに述べてきたように組合せ爆発を起こし，計算が実用的な時間では終わらなくなってしまう．

このような，知識表現とそれに基づくプランニングという旧来の AI モデルに対する反省から，外界とのインタラクションが強調されてきている．確かに，規則に従って行動すればよい状況ではさほど知能は必要としない．しかし，それがうまくいかない場合にどうすればよいかを考えるのが知能である．たとえば，囲碁を考えてみると，規則とある程度の定石を知っており，先読みの力があれば普通に打てる．しかし，ある石の集団が死ぬとわかったときに，これをどうするかは別問題である．振り代わるなりして，その石の死を無駄にしないのが知能であり，このあたりのプロの技は注目に値する．つまり，現在のコンピュータ囲碁の弱い部分[159]は，そのような（つまり，盤面評価が悪くなってしまった）場面をいかに回復するかの知能がない点ではないかと思っている．

もう一つ例を挙げよう．正常に働いている道具を使うのはたとえば工業ロボットにもできる．しかし，これが壊れた場合の修理には高度の知能を要する．ハンマーが壊れた場合にそれをそのように認識するには，ハンマーとは何かという表象とその操作を必要とする．

このような失敗からの脱出は知的活動の中でも最もむずかしい部類に属すると思う．外界からの刺激に反応するだけでは対処できない．記号処理をもう一度見直す必要があると考えている．初期の記号処理盲信ではなく，環境との相互作用などを考えた新しい記号処理パラダイム[160]を構築したい．

159) 2014 年時点で最強の，モンテカルロ法によるプログラム（Crazy Stone や Zen など）は，全く戦略というものを持たず，確率と統計だけに基づいて次の一手を決めている．

160) 最近 Deep Learning が，概念獲得を含めた学習ができるということで期待されている．ニューラルネットワークの枠組みで記号処理ができるということである．しかしながら，ここで議論しているような一段抽象的な推論能力，あるいは自分の知識や推論に関するメタ学習能力に関してはまだ示されていない．

11.2　状況に厚いシステムの構築

スケールの厚み（10.3 節，204 ページ）の概念において，スケールを環境に取り替えると，環境の厚みという指標ができる．これは，特定のシステムがどの程度幅広い環境に適応するかという概念である．人工物の場合，想定した環境ではないところでどのくらいうまく動けるかという，ある意味の柔軟性，あるいは知能度の定義にもなっている．AI 学会誌の「IJCAI 97 特集」[中島 96b] で我々が提唱したのはそういうことである．知的なシステムの構築においては環境に厚い，あるいは状況に厚いシステムをつくっていかなければいけないということである．我々の創発度の定義（10.5 節，208 ページ）によると創発度が 1 より小さいというのは創発ではない．創発度 1 が普通のプログラムや "サイモンの蟻" である．創発度がそれより大きいものを目指したい．ちなみに，私は最近多重創発の研究を始めた [Nak09, 中島 13c] が，枠組みは決まったものの，その実現はまだできていない．

11.3　AI は人間を超えるか

1997 年に IBM の Deep Blue がチェスの世界チャンピオン，カスパロフに勝った．2011 年には IBM の Watson [Bak11] がクイズ番組で優勝した．2014 年には日本のコンピュータ将棋がトップクラスの棋士に勝ち始めている[161)]．コンピュータ囲碁もアマチュアのトップを超えて，プロに迫りつつある．

161) 専門家の予測によると 2015 年の早い時期にトップ棋士に並ぶとされている．その後はコンピュータのほうが強くなる．

カーツワイル [Kur07] はシンギュラリティ（AI が人間を超える日）の到来が 2045 年と予測している．2014 年には，この話題が『トランセンデンス』として映画化された．

ここ数年で AI 研究が目覚ましく進歩した理由は，実はハードウェアの高速化にある．ハードは 2 年で倍の集積度になっていくというムーアの法則がずっと当てはまり続けている．20 年で 1000 倍速くなるということだ．集積度が上がって素子が小さくなると量子効果が無視できなくなって，この進歩は頭打ちになるという予測もあったが，今のところ様々な問題は別の方法でクリアされ，高速化は一向に止まる気配がない．この調子でコンピュータが速くなっていけば 2045 年頃に人間の知能を追い越すであろうと予測したのがカーツワイルである．

コンピュータが人間の知能を上回る日はやって来るのか？私としてはコンピュータが速くさえなればよいというものではなく，身体性等，本書で述べた様々な問題が残っていると思うのだが，いずれにしても，限定された場面では人間を抜くことは間違いない．コンピュータはその計算能力や検索能力においてすでに人間を凌駕しているわけだし，問題はどれほど広範囲で人間を抜けるかだろう（私はその範囲は狭いと考えているが）．Watson はクイズに勝つためにインターネットを使った．インターネットが巨大な知識源になっており，その検索はコンピュータが得意とするところだ．IBM ではこの能力を活かして，Watson を実用的な問題に使おうとしている．たとえば豊富な症例からの病気の診断や治療法の検索が可能になっており，すでに難病の症状の診断やその治療法の発見に使われている．

一番興味を惹く問題設定は，AI が，その研究能力で人間の研究者を上回ったらどうなるのだろうか？という点だ．人工知能プログラムが人間の研究者より速く，そのプログラムより優秀な人工知能を開発する．シンギュラリティ以降は人工知能の発達がムーアの法則のように倍々で加速して優秀になっていくのである．それでも人間の研究者は必要だろうか？人間だけの人工知能研究発表会が続くだろうか？答えは限りなく否定的である．そして，この優秀な人工知能プログラムは他の研究分野も一手に引き受けるようになるだろう．

人間の知力を超えるコンピュータができるようになったとき，それを作るべきか？という倫理的問題がある．人工知能研究者の間でもこの答えは半々くらいに分かれている．ちなみに，私は “そこに山があるから登る” 登山家のように，“それが作れるなら作る” という立場を採っている [中島 15]．人間が不要になるという悲観的な側面以上に，明るい側面のほうが大きい．医学が倍々で発達する．すぐに癌などの難病の治療法も見つかるだろう．安全なエネルギー源も見つかるだろう．あるいは原子炉を安全に運転できるようになるだろう．地震も予知できるようになる．天気予報だってはずれなくなる．

ただし，先に述べたように身体性の問題は残る．1980 年頃にエキスパートシステムが多数開発され，人間のエキスパートに取って代わるものだと期待されていたが，そうはならなかった．医療診断エキスパートの MYCIN は人間のインターンよりは優秀だと言われていたにもかかわらず実用化されなかった．その理由は，注射を打つと痛いというような，人間なら教わらなくても判っているような身体性に関する知識を持ちえなかった点にある．医療診断以外にも，裁判は人工知能には任せられない（任せたくない）だろう．証拠や法律を調べる助手にはなるが，最終的な判断は人生や人情というものを理解している人間にお願いしたいものである．

『未来の二つの顔』[Hog94] は同種の問題に取組んだ SF である．MIT のマービン・ミンスキーが助言しているだけあって，AI の学習場面はリアリティがある．コンピュータの知能が人間を上回るときには同時に推論能力や感情移入能力も上回っているはずだから心配ないというのが結末である．なお，それを漫画化した星野作品 [星野 02] のエンディングのほうが含みがあって良いとも思う．

11.4 日本の出番

これからの AI 研究に関して，一言でいうと日本の出番だと思う．一つには 2.4.2 項（32 ページ）で述べた視点や世界観の問題である．日本の世界観は構成的研究手法と相性が良い [中島 02, 中島 08a].

本書ではあまり述べなかったが，私はサイバーアシストの研究 [産総研 03, 中島 10] を続けてきた時期がある．情報技術でさりげなく人間の活動をアシストすることを目指していた．人間にとって自然な，つまり計算しない，インタフェース（たとえばマイボタン [中島 01a]）につながる研究を行ってきたつもりだが，こういう発想も日本ならではのものだと思っている．

12 おわりに

本書を書き始めてから20年近い時間が過ぎてしまった．この間に情報処理学会ではコンピュータ将棋「あから2010」がプロ棋士に挑戦して勝ったり，IBMのWatsonがクイズ番組で優勝するなどのイベントもあった．本書は，最初は教科書のつもりで書き始めたものだが，時間の経過に従って書きたいことが増え，同時にAIの研究も進歩してきたから，書き終わることができなかったのだ．

このままではいつまで経っても終わらないと思い，2014年の年頭あたりから新規の書き足しを止め，これまでの内容をまとめることに努力した.『知能の物語』という題名を思いついたのもその頃である．できるだけAI研究の裏にある哲学を語るようにした．個別の技術的内容は残してあるが，議論のための事例だと思っていただきたい．

また，興味を持っていながら，書けなかったことも多い．

近年,「身体知研究会」が設立されたり，身体性の問題を陽に扱う研究が盛んになってきている．古川，諏訪などの研究成果が著しい．私も従来よりこれは重要なことだと考えながら，なかなか自分では踏み込めなかった．ロボット研究者では國吉や浅田，人間のモデルに関しては多賀，開などがこの問題に取り組んでいる．

本書で“虫の視点”として述べている“一人称研究”[諏訪15]もAIや認知科学では重要である．

人間の認知の仕組みを知る一つの良い方法は，それが壊れたときの現象を観測することである．錯視の研究（[藤田13]など）も大変興味深い分野であり，もう少し引用したかった．

読書案内

入門的あるいは分野外の初学者にも易しいもの

ジェフ・ホーキンス：『考える脳，考えるコンピュータ』[HB04]

著者のホーキンスはコンピュータ技術者．大脳皮質の仕組みについて分析し，それを基に全く新しいコンピュータを提案している．

大脳は基本的には記憶とその想起を基本とするニューラルネットワークだが，7層に分かれており，ボトムアップの認識と，トップダウンの期待がうまく融合しているというのが彼の説．そして，大脳は外から入ってきた情報（ボトムアップ）と，自らが産み出した情報（トップダウン）を区別できないという主張が私には新鮮であった．（本書1ページあたり）

2014年時点では中古しか入手できないようであるが，原書の *On Intelligence* はまだ入手可能である．Kindle 版もある．

安西祐一郎：『問題解決の心理学』[安西 85]

人間の問題解決について様々な側面からアプローチした本．本書で採上げた話題（記憶，イメージ，問題解決，類推，感情など）について，人間の側から記述してある．古い著作であるが，いまだに色あせていない．

瀬名秀明他：『知能の謎』[瀬名 04]

けいはんなの研究会「社会知能発生学」の成果をまとめたもの（私も共著者の一人）．ロボット工学や認知科学などの立場から知能に迫る本．残念ながら数年前に絶版になってしまった．[162]

マービン・ミンスキー：『心の社会』[Min85]

人工知能の創始者の一人，ミンスキーがかなり長い時間をかけて書き上げた本[163]．心に関する疑問がいっぱい詰まった本で，解決はあまり与えられていない．

土屋俊他編：『AI 事典』[土屋 03]

AI の辞典ではなく読み物的な事典である．第1版は UPU から 1988 年に発行されている．当時まだ若かった私たち研究者5人が編集したもの．結構力作のつもりである．第1版には領域地図や SF の項目などもあったが，第2版では割愛された．その15年ぶりの改訂版である第2版ではわれわれも年をとっていたので，新たに若手研究者2名を加え，項目や著者の見直しを行った．

162) 私は中学生の頃からブルーバックスのお世話になったので，ブルーバックスで出版するのが夢だった．ただし，初学者にも分かり易く書くということは至難の技である．本書も最初は研究者たちが書いたので，ブルーバックス基準に達せずお蔵入り寸前の危険な状態だった．それを瀬名さんが仕上げて，出版可能な状態にしてくれた．

163) 私が MIT にいた頃 (1978–79)，執筆中の原稿のコピーが講義に使われていた．

前野隆司：『脳はなぜ「心」を作ったのか—「私」の謎を解く受動意識仮説』[前野10]

単行本は 2004 年に発行されているのだが，私はこの本を本書の校正中に初めて読んだ．著者の専門はロボット工学．この本は専門書ではなく，哲学書に近く，著者の思考が示されている．書かれていることすべてに同意するわけではないが，問題意識は共感できるものだし，なによりも本書で扱ったトピックスにかなり近い線で書かれているのには驚いた．両方を読み比べていただくと面白いかもしれない．

哲学的なもの

実は哲学と AI は切っても切れない深い関係にある．特に MIT 留学時代にそれを強く感じた．意味とは何で，どう扱うべきかという問題がむずかしく,「記号接地問題」(symbol grounding problem) などは哲学発の問題である．逆に人工知能発の哲学問題が「フレーム問題」である．また，現象学を中心とした主体と環境との切り分けあるいは一体化の議論は AI 的考え方に一番近いものかもしれない．

ダグラス・ホフシュタッター，ダニエル・デネット：『マインズ・アイ』[HD85]

AI に興味のある人の必読書の一つ．

英語原題の *The Mind's I* のほうが意味がよくわかる．心と自己に関するエッセー集．哲学的論文やエッセーの他に SF ありファンタジーありの豊富な内容を含んでいる．

チューリングテストの原著 [Tur50] もこれに収録されているし，反チューリングテスト論であるサールの中国語の部屋の議論も収録されている．デネットの「私はどこにいるのか？」や，デネットネーゲルの「コウモリであることはいかなることか？」など自己に関する哲学的エッセー，ドーキンスの利己的遺伝子の議論など盛りだくさんである．

木村敏の著作

木村敏は私の AI 研究に多くの示唆を与えてくれた哲学者の一人．けいはんなの研究会にお呼びして議論していただいたこともある．本業は精神病理学だが，その本業から得た経験を活かした現象論の哲学者としてのほうが有名．離人症の観察結果は AI にとっても興味深い．

『心の病理を考える』[木村 94] が読みやすいのでお勧めである．

『時間と自己』[木村 82] のタイトルはハイデガーの『存在と時間』[Hei27] を意識しているように思える．哲学的な側面の強い著作で，少し読みにくいが『あいだ』につながる重要なテーマが提示されている．

『あいだ』[木村 88] ではフッサールのノエマとノエシスの木村流解釈が出てくる．我々はここからヒントを得て構成のループ [中島 08b] を定式化した．

土屋賢二：『哲学論集「猫とロボットとモーツァルト」』[土屋 98]

私は哲学書であれ専門書であれ解説書は原則として読まない．原典主義である．解説は分かりやすく書かれているかもしれないが，解説者が誤解しているかもしれない（実際，一般的に流布している解説が本質をはずしている例をいくつか知っている）．

この哲学論集は一般によく知られている様々な哲学的問題に言及しているが，それは解説ではなく著者本人の思考である．そういった意味で，様々な（特に現象学に関する）哲学的問題について考えてみたいという読者にはお勧めである．

中身には本書で述べた問題に関係するものが多い．以下少しだけ紹介しておく：

- 表題にもなっている「猫とロボットとモーツァルト」の章では芸術とは何かに関する論考が行われている．AI のコンテクストで言うと，芸術を鑑賞するロボットを造ることに意味はあるか？というもので，本書ではシンギュラリティ（11.3 節，231 ページ）の議論に関係する．
- 「存在の問題の特殊性」．ハイデガー [Hei27] とウィトゲンシュタイン[164] の存在論に関する論考．
- 「時間とは何か」．プラトンとアリストテレスの時間論に関する論考．本書ではドイチ（2.1.4 項，21 ページ）や木村（6.8.4 項，134 ページ）の議論を採り上げた．
- 「何が知覚されるか」．「見る」とはどういうことなのか？「デカルト以来，少なからぬ哲学者が「物体を見る」という（中略）日常的言い方は間違っている，少なくとも無条件で正しいとは言えない，と考えてきた」（ [土屋 98] p. 165)．本書では 1.2 節（4 ページ）で採り上げた．
- どうして赤色だとわかるのか．これも 1.2 節（4 ページ）で採り上げた．

164) 本書ではウィトゲンシュタインには言及しなかったが『言語ゲーム』[Wit76] など，知識表現の基礎を考える上で重要となるような論考が多い．

デビッド・ドイチ：『世界の究極理論は存在するか–多宇宙理論から見た生命，進化，時間』(*Fabric of reality*) [Deu97]

ドイチは現在までに理解されているすべての現象を説明できる万物理論の構築を目指している．その要素として以下の四つが必須であるとして議論を展開している：

1. 量子力学 (quantum physics)
2. 認識論 (epistemology)
3. 計算論 (the theory of computation)
4. 進化論 (the theory of evolution)

量子力学以外は本書でも触れた話題であり，大変興味深い議論が展開されている．

たいへん専門的

『岩波講座 認知科学』（全 9 巻）岩波書店

1990 年代の刊行で，情報が若干古いが，本書に書いたことの専門的な解説がほしければこちらをお勧めする．（私を含め）当時の日本の認知科学や脳科学の最先端の研究者が編著者となっている．現在の最先端はもう少し進んでいるが，基礎を学ぶには良い本だと思う．現在は新品では入手できない．しかし大学の図書館には備えてあるはず．

各巻の構成は以下のとおりである：

1. 認知科学の基礎
2. 脳と心のモデル
3. 視覚と聴覚
4. 運動

5. 記憶と学習
6. 情動
7. 言語
8. 思考
9. 注意と意識

『コレクション認知科学』（全 12 巻）東京大学出版会

編集委員代表の佐伯胖「刊行に当たって」から引用：1985〜92 年にかけて刊行された『認知科学選書』I 期・II 期計 24 巻から，現時点で読み返しても今日的な意義が十分高く，改めて読み返されることで，今日盛んに展開されている認知科学研究の源流を知り，新たな方向を探るヒントを与える 12 巻を，編集委員の合議を経て，新装版として刊行したものである．

大部分が現在でも活躍中の日本のトップ研究者たちによる執筆である．第 9 巻は本文中（傍注 20，29 ページ）でも言及した戸田の理論 [戸田 92] である．各巻の構成は以下のとおりである：

1. 認知科学の方法
2. 理解とは何か
3. 視点
4. 日常言語の推論
5. 比喩と理解
6. 「わざ」から知る
7. からだ：認識の原点
8. 音楽と認知
9. 感情：人を動かしている適応プログラム
10. 心の計算理論
11. 神経回路網モデルとコネクショニズム
12. チンパンジーから見た世界

スチュアート・ラッセル，ピーター・ノーヴィグ：『エージェントアプローチ人工知能』(*Artificial Intelligence: A Modern Approach*) [RN95]

これは正統的な AI の教科書．Web[165] で常にアップデートされている．2 版まで日本語に翻訳 [RN95] されており，現在も次の版の翻訳の話がある．日本語版の題名からもわかるように，近年のエージェント研究の見方を色濃く反映したものになっている．

ダグラス・ホフシュタッター：『ゲーデル，エッシャー，バッハ–あるいは不思議の環』(*Gödel Escher Bach*) [Hof79]

ゲーデルの不完全性定理，エッシャーの騙し絵，バッハの音楽を軸に知能と情報処理について深く語る本．AI とは若干分野を異にするが，知能の計算論的側面を語る本としてぜひ読んでいただきたい．

川人光男[166]：『脳の計算理論』[川人 96]

[165] http://aima.cs.berkeley.edu/ ai.html

[166] 川人はブレイン・マシン・インタフェース (BMI) の研究もしており，鳴海章の『スーパー・ゼロ』には，BMI で飛ぶ戦闘機の開発者として彼そっくりの名前の，IER 視聴覚研究所（川人は以前 ATR 視聴覚機構研究所に所属していた）の河渡光人という研究者が登場する．

デーヴィッド・マーという若くして逝った視覚研究者の書いた *Vision*[167] を意識して書かれた本だと思う．脳の様々な活動の原理をロボティクスを併用しながら追求した本．

[167] David Marr (1981).（邦訳）デビッド・マー著, 乾敏郎、安藤広志 訳『ビジョン―視覚の計算理論と脳内表現』産業図書 (1987).

少し分野外だが参考になるもの

ジグムント・フロイト：『精神分析入門』[Fre73]

ミンスキーに多大な影響を与え,『心の社会』のアイデアの元となったのではないかと思えるのがフロイトの精神分析理論である．通俗的に言われているような夢判断や性衝動を全面に押し出したものではない．無意識のプロセスの存在を重要視した点が AI に与えた影響は大きい．

ハーバート・A. サイモン：『システムの科学』 (*The Sciences of the Artificial*) [Sim96]

原書の第 1 版は 1969 年，第 2 版は 1981 年，そして第 3 版が 1996 年に出版されている．第 3 版には複雑系の章が追加されている．

私は原書の第 2 版と第 3 版しか持っていないが，日本語題名は少しニュアンスが違うと思う.「人工の科学」あるいは「人工物の科学」という方が正確に中身を表している．自然科学だけが科学だと思うのは 20 世紀の特異現象で，それ以前は工学が学問の中心であったと論じている．ここでいう工学とは分析科学に対峙する形での構成科学のことである．デザインの重要性にも触れ，当然 AI にも言及がある．

私が学生時代に読んだときより，最近読み返したときのほうが含蓄の深さに気づいた．[168]

[168] 私は [中島 13a] で，哲学書は自分の考えたことのある内容しか理解できないと書いたが，ここでも同じことが起きている．

池上高志：『動きが生命をつくる―生命と意識への構成論的アプローチ』[池上 07]

人工生命研究の動向に興味のある人向けの本．

池上は複雑系，特に人工生命の研究者であるが，最近は AI に興味を持っている．この本は自然言語やその身体性，さらには芸術などにも言及しており，本書の興味とダブる部分も多い．方法論としても力学系やセルオートマトンだけでなく，ニューラルネットワークも使われている．昔ラングトンが言っていた，人工知能と人工生命は同じものに逆からアプローチしているのだという言葉を思い出す．人工知能は完成した知能からトップダウンに，人工生命はボトムアップに生命から知能へアプローチしているのだ．

グレゴリー・ベイトソン：『精神の生態学』[Bat00]

矛盾する二重規範の下で悩む人間像に対し「ダブル・バインド」という概念を提唱した著者による，論文や講演を集めたもの．大部分は読解が困難であるが，第一部は「メタローグ」という会話編になっていてとっつきやすい（かもしれない）．著者によるメタローグの定義は以下のとおり：

> メタローグとは，ある根本的な問題について，単に議論がなされるだけではなく，議論の構造が，その内容を映し出すようなかたちで進行していく会話をいう.（ [Bat00] p.28）

リチャード・ドーキンス：『利己的な遺伝子』[Daw91]

生物は利他的行為を見せることがある．単純な例では親がこのために犠牲になって命を捨てるような行為のことである．これは，生物個体の側から見れば自己保存に反するおかしな行為である．しかし遺伝子の側から見れば自分と同じ遺伝子を残すための最適戦略となる．

個体と遺伝子の主従関係を入れ替えることによって整合的に見える生物の振舞いの世界を説く本．ここに描かれているのは進化の本質であろう．進化は目的ではなく結果であるということがよくわかる．

団まりな：『生物の複雑さを読む 階層性の生物学』[団 96]

生物を“階層性”という観点で捉えた本．知能を考える上でも階層性の概念が重要だが，その概念自体を明確に理解するのはまだ先のことであろうと考えている．生物を知るには自然科学の方法論とは異なる，システム論的理解が必要で，それらは ALife や AI と共通している．まあ，人間も生物だし．

多田富雄：『免疫の意味論』[多田 93]

免疫系はどのようにして自己と他者を区別しているのか？という，一見単純そうだが実は奥の深い問題に取り組んだ本．体内には様々な分子や微生物が活動しており，ビヒズス菌のように有用なものもあれば害になるものもある．しかもインフルエンザウイルスのように刻々と姿を変えるものもある．それらにできるだけ柔軟に対応しながら，しかも自己由来の分子は攻撃しないという必要がある．アレルギー反応のように裏目に出ることもあるが，たいがいはうまく機能している．この仕組みを解き明かした本．

知能とは一見関係なさそうに見えるが，個々の要素ではなくシステムが大事である等，知能の仕組みと共通の問題を持っているように感じている．

岩井克人：『貨幣論』[岩井 93]

貨幣はなぜ貨幣として認められているのか？という問題に挑戦した本である．結論を言ってしまうと，皆が貨幣だと認めるから貨幣なのだという一見循環論的なことになるが，ここが本質である．還元論では捉えられない．

本文中で述べた，知識表現がなぜ知識の表現になっているのか？という問題と同形である．

ポール・エクマン：『顔は口ほどに嘘をつく』[Ekm06]

題名はちょっと煽動的だが，真面目な心理学の本．感情の役割と起源についての考察が，顔の表情を鍵に解き明かされる．感情は人間の生存にとって重要な機能で，進化によって獲得されたとしている．それを実験で実証するあたりが面白い．

ヴィラヤヌル・S・ラマチャンドラン：『脳のなかの幽霊』[Ram99]

幻肢という事故でなくした手が痛むというような一見不可思議な現象を，脳の可塑性の観点から見事に解明してみせた本．いわれてみれば非常に納得できる．簡潔な解説をして誤解を生むといけないので，ここから先はぜひこの本を読んでください．

アイザック・アシモフ：ロボットシリーズ

何といってもロボット三原則産みの親．私もときどき論文ネタに使わせてもらった（といってもロボット三原則は実装不可能という立場でだが）．ロボット三原則が引き起こす様々な問題と，それを解決するロボット心理学者などの活躍が面白い．

瀬名秀明：『デカルトの密室』[瀬名 05]

瀬名の著書のうちロボットのケンイチが登場するシリーズの第一作．チューリングテストなどの AI 的話題がバックボーンになっている．

ちなみに，私は瀬名とは個人的な知り合いで，本書にも推敲段階で（松原仁とともに）コメントしてくれている．また，氏に飛行機の操縦免許取得を勧めたのは私で，そのあたりの事情は同著者の『大空の夢と大地の旅 ぼくは空の小説家』に書かれている．

ダン・アリエリー：『予想どおりに不合理』[Ari10]

イグノーベル賞受賞者による著作．人間の判断の不合理性というか合理性が裏目に出る場合というのを実験経済学の手法で科学的に追及した本．人工知能の立場から読むと人間のプログラム的側面が見えて興味深い．様々な実験により人間の不合理性が暴露されているが，最初のほうにある例が面白い：人間は相対的比較は得意だが絶対値による比較は不得意であるということを活かした合同コンパ必勝法が書かれている．

謝辞

私の父は技術者，親戚には地主と医者が多いなかで，私が研究者になることを支持してくれたのは叔父の（故）宮川一男（物理学）ただ一人だった（私の大学入学祝いにはファインマン物理学全集を贈ってくれた．中学時代にガモフ全集を読み始めたのも彼の勧めだったかもしれない）．高校の恩師の一人，出沢茂（地学）は地学に止まらず，科学論一般を語ってくれた．私の科学的素養はこの頃に培われた．最初は理論物理を目指し，途中で AI に転向した私だが，その原点は彼らの影響にあると思っている．

大学で研究を始めてからは研究交流が始まり，様々な人から様々な影響を受けた．斉藤康己（人工知能）は私的勉強グループ AIUEO を立ち上げる中心になった．AIUEO での勉強会で学んだ AI の素地（知識や考え方）は大きいと思っている．MIT 留学時代には Marvin Minsky（人工知能）に世話になった．講義による影響はもちろんそれ以外に，午後 5 時に彼が帰った後のオフィスを使わせてもらっていた．

産業図書の（故）江面竹彦（編集者）は若手研究者を育てるために寺子屋という勉強会を開き，当時活躍していた他分野の先輩たち（哲学者など）と交わる機会を与えてくれた．土屋俊（哲学）は認知科学会設立時に知り合った同年齢（誕生日が非常に近い）の哲学者．後に CSLI 滞在時にも一年先輩として先導してくれた．科技庁からの在外研究だった CSLI での一年が単なるお客以上の成果をあげたのは彼のお陰だと思っている．CSLI の研究者たち，特に Stanley Peters（言語学），Jon Etchemendy（哲学），Brian Smith（情報学）とは様々な深い議論をすることができた．東洋と西洋の世界観の違いに気づき始めたのはこの頃である．

複雑系が盛んになった頃，津田一郎（複雑系）と深い議論をすることができたし，後に池上高志（複雑系）とも様々な議論を交わすことができた．情報処理学会の「人工知能研究会」を私の主査時代に「知能と複雑系」と改名したのはそのような複雑系の議論が元となっている．

木村敏（精神病理）のことを誰が教えてくれたのかは失念したが，彼の著書はほとんど読んだし，けいはんなの「社会知能発生学」研究会に招いて議論することもできた．現在の私の仕事には彼からの影響が大きい．同研究会での団まりな（細胞学）との議論も生命の発生に関する洞察を与えてくれた．

金谷武洋は偶然にも函館ラサール高校の出身だということがわかり，行きつけの遠山酒店の店主が同級生だったので紹介してもらい，彼が来函したときに議論できた．

これ以外にも書ききれない様々な研究者との議論が現在の私を作りあげているのだが，本書の参考文献に彼らの大部分が登場するので，ここでの名前の列挙は割愛させていただく．

本や論文の執筆は最終段階が一番時間がかかる．自分の記憶で書いている部分に誤りがないかを文献で確認する作業だ．本書でもそのような部分には参考文献を明記しておいたが，それらのうち論文ではなく一般書籍の大部分は未来大のライブラリーに揃えてあった．小さな大学なのであるが，情報系や複雑系の蔵書はかなり充実している．また，それらでも良くわからない部分は他の研究者の世話になった．特に麻生英樹には原稿の一部の誤りに対して貴重なコメントをもらった．

末筆になるが，近代科学社の小山透社長には彼が bit 編集者だった頃から世話になっている．本書の完成ももちろんだが，未来大出版会シリーズが世に出たのも彼のお陰である．

*　　*　　*

本書で“虫の視点”として述べている“一人称研究”も AI や認知科学では重要である．これに関して，我々のまとめた本 [諏訪 15] が出版されているので参照されたい．

人間の認知の仕組みを知る一つの良い方法は，それが壊れたときの現象を観測することである．錯視の研究（ [藤田 13] など）も大変興味深い分野であり，もう少し引用したかった．

まだまだ書き加えたいことや，書き換えたい記述も多いのだが，ここらで諦めることとする．今野浩：『工学部ヒラノ教授』に出てくる「工学部の教え 7ヶ条」の第 7 条：「拙速を旨とすべきこと」は非常に大事である．

参考文献

AC08) R. Axelrod and M.D. Cohen. *Harnessing Complexity.* Basic Books, 2008.

Ari10) ダン・アリエリー（熊谷淳子訳）．『予想どおりに不合理（増補版）』．早川書房, 2010.

Ash09) Kevin Ashton. That 'Internet of Things' thing. *RFID Journal*, July 2009.

Aus61) J. L. Austin. *How to Do Things with Words.* Oxford, 1961. 坂本百大訳, 『言語と行為』, 大修館書店.

Bak11) スティーヴン・ベイカー（土屋政雄訳）．『IBM 奇跡の“ワトソン”プロジェクト：人工知能はクイズ王の夢をみる』．早川書房, 2011. 金山博・武田浩一（解説）．

Bar89) Jon Barwise. *The Situation in Logic.* CSLI Lecture Notes, No. 17, Stanford, California, 1989.

Bat00) グレゴリー・ベイトソン（佐藤良明訳）．『精神の生態学』．新思索社, 改訂第 2 版, 2000.

BF95) Mihai Barbuceanu and Mark S. Fox. Cool. A langage for describing coordination in multi agent systems. In *Proc. First International Conference on Multi–Agent Systems*, pp. 17–24, 1995.

BJD85) M. Benda, V. Jagannathan, and R. Dodhiawalla. On optimal cooperation of knowledge sources. Technical Report BCS-G2010-28, Boeing AI Center, 1985.

BP83) Jon Barwise and John Perry. *Situations and Attitudes.* MIT Press, 1983. 土屋, 鈴木, 白井, 片桐, 向井訳,『状況と態度』, 産業図書 (1992).

Bra87) Michael E. Bratman. *Intention, Plans, and Practical Reason.* 1987. 門脇俊介, 高橋久一郎訳：『意図と行為』, 産業図書, 1994.

Bro91) Rodney A. Brooks. Intelligence without representation. *Artificial Intelligence*, Vol. 47, pp. 139–160, 1991. （柴田 正良 訳.『表象なしの知能, 現代思想, 18』 (3), 85–105, 1990).

CL90) Philip R. Cohen and Hector J. Levesque. Rational interaction as the basis for communication. In P. R. Cohen, J. Morgan, and M. E. Pollack, editors, *Intentions in Communication.* MIT Press, Cambridge, Massachusetts, 1990.

Cla96) William J. Clancey. *Situated Cognition.* Cambridge University Press, 1996.

Dar91) チャールズ・ダーウィン（浜中浜太郎訳）．『人及び動物の表情について』．岩波文庫, 1991.

Dar94) チャールズ・ダーウィン（渡辺弘之訳）．『ミミズと土』．平凡社ライブラリー, 1994.

Daw91) リチャード・ドーキンス（日高敏隆, 岸由二, 羽田節子, 垂水 雄二訳）．『利己的な遺伝子』．紀伊國屋書店, 1991. Richard Dawkins, The Selfish Gene, Oxford University Press, 1989.

Den87) Daniel Dennett. Cognitive wheels. the frame problem of ai. In Z.W. Pylyshyn, editor, *The Robot's Dilemma*. Ablex Publishing Co., 1987.

Des37) René Descartes. *Discourse de la méthode*. 谷川多佳子訳：『方法序説』．岩波書店, 1997, 1637.

Deu97) David Deutsch. *The Fabric of Reality*. The Penguin Press（Kindle版あり）, 1997. 林一訳.『世界の究極理論は存在するか ——多宇宙理論から見た生命，進化，時間』．朝日新聞社．1999.

DS83) R. Davis and R. G. Smith. Negotiation as a metaphor for distributed problem solving. *Artificial Intelligence*, Vol. 20, No. 1, pp. 63–109, 1983.

Ede06) ジェラルド M. エーデルマン（冬樹純子訳）．『脳は空より広いか ——「私」という現象を考える』．草思社, 2006.

Ega99) グレッグ・イーガン（山岸真訳）．『順列都市』．早川書房, 1999.

Ekm06) ポール・エクマン（菅靖彦訳）．『顔は口ほどに嘘をつく』．河出書房新社, 2006.

Fau85) Gilles Fauconnier. *Mental Spaces*. MIT Press, Cambridge, Massachusetts, 1985.

FFMM94) T. Finin, R. Fritzson, D. McKay, and R McEntire. KQML – an information and knowledge exchange protocol. In Kazuhiro Fuchi and Toshio Yokoi, editors, *Knowledge Building and Knowledge Sharing*. Ohmsha and IOS Press, 1994.

FHS83) S. E. Farlman, G. E. Hinton, and T. J. Sejnowski. Massively parallel architecture for AI: NETL, Thistle, and Bolzman Machines. In *AAAI-83*, pp. 109–113, 1983.

FP98) Middleton FA and Strick PL. The cerebellum: an overview. *Trends Cog. Sci.*, Vol. 2, pp. 305–306, 1998.

Fre73) ジグムント・フロイト（懸田克躬訳）．『精神分析学入門』．中公文庫, 1973. Sigmund Freud, *Vorlesungen zur Einführung in die Psychoanalyse*, 1917.

Gal91) Julia Rose Galliers. Cooperative interaction as strategic belief revision. In M. S. Deen, editor, *Cooperating Knowledge Based Systems 1990*. Springer-Varlag, 1991.

GH89) Les Gasser and Michael N. Huhns, editors. *Distributed Artificial Intelligence,* volume II. Morgan Kaufmann Pub, 1989.

Gib85) ジェームズ・ギブソン（古崎敬, 古崎愛子, 辻敬一郎, 村瀬旻訳）．『生態学的視覚論』．サイエンス社, 1985.

Gin87) Matthew L. Ginsberg, editor. *Readings in Nonmonotonic Reasoning*. Morgan kaufmann, 1987.

Gin92) Jonathan Ginzburg. *Questions, Queries and Facts: a semantics and pragmatics for interrogatives*. PhD thesis, Stanford University, 1992.

Gol02) David E. Goldberg. *The Design of Innovation: Lessons from and for Competent Genetic Algorithms (Genetic Algorithms and Evolutionary Computation, 7)*. Springer, 2002.

Gri89) ドナルド・R. グリフィン（渡辺政隆訳）．『動物は何を考えているか』．どうぶつ社, 1989.

Har90) Stevan Harnad. The symbol grounding problem. *Physica D*, Vol. 42, pp. 335–346, 1990.

Har91) Stevan Harnad. Other bodies, other minds: A machine incarnation of an old philosophical problem. *Minds and Machines*, Vol. 1, No. 1, pp. 43–54, 1991.

Hav93) Ivan M. Havel. Artificial thought and emergent mind. In *Proc. of International Joint Conference on Artificial Intelligence 93*, pp. 758–766, 1993.

HB04) Jeff Hawkins and Sandra Blakeslee. *On Intelligence*. Times Books, 2004. 伊藤文英訳, 『考える脳考えるコンピュータ』. ランダムハウス講談社, 2005.

HD85) Douglas R. Hofstadter and Daniel C. Dennett. *The Mind's I*. Bantam Dell Pub Group, 1985. 坂本百大監訳,『マインズ・アイ』. TBS ブリタニカ, 1992.

Hei27) Martin Heidegger. *Sein und Zeit*. 細谷貞雄訳,『存在と時間』, ちくま学芸文庫, 1994, 1927.

HM87) Steve Hanks and Drew McDermott. Nonmonotonic logic and temporal projection. *Artificial Intelligence*, Vol. 33, No. 3, 1987.

Hof79) Douglas R. Hofstadter. *Gödel, Escher, Bach: an Eternal Golden Braid*. 野崎, はやし, 柳瀬訳：『ゲーデル, エッシャー, バッハ—あるいは不思議の環』. 白揚社, 1985, 1979.

Hog94) ジェイムズ・P・ホーガン（山高昭訳）．『未来の二つの顔』．創元 SF 文庫, 1994.

HOT06) G. E. Hinton, S. Osindero, and Y. Teh. A fast learning algorithm for deep belief nets. *Neural Computation*, Vol. 18, pp. 1527–1554, 2006.

HRWL83) Frederick Hayes-Roth, Donald Waterman, and Douglas Lenat, editors. *Building Expert Systems*. AIUEO 訳,『エキスパート・システム』, 産業図書, 1985, 1983.

HT85) J. J. Hopfield and D. W. Tank. Neural computation of decisions in optimization problems. *Biological Cybernetics*, Vol. 52, pp. 141–152, 1985.

Huh87) Michael N. Huhns, editor. *Distributed Artificial Intelligence*. Pitman Publishing, 1987.

Hut94) Edwin Hutchins. Where is the intelligence in a system of socially distributed cognition?（高橋和弘訳, 社会分散認知システムにおいて知はどこに存在しているか？）. 認知科学の発展, Vol. 7, pp. 67–80, 1994.

IGN05) Toru Ishida, Les Gasser, and Hideyuki Nakashima, editors. *Massively Multi–Agent Systems I*. Springer LNAI 3446, 2005.

JL88) ジョンソン–レアード（AIUEO 訳）．『メンタルモデル』．産業図書, 1988.

Kat90) Yasuhiro Katagiri. Structure of perspectivity: A case of Japanese reflexive pronoun "*zibun*". In *Proc. of AAAI-90*, pp. 958–963, 1990.

KI93) Yasuo Kuniyoshi and Hirochika Inoue. Qualitative recognition of ongoing human action sequences. In *Proc. IJCAI93*, pp. 1600–1609, 1993.

Kur07) レイ・カーツワイル（小野木明恵, 野中香方子, 福田実共訳）．『ポスト・ヒューマン誕生：コンピュータが人類の知性を超えるとき』．日本放送出版協会, 2007. [Kindle 版]『シンギュラリティは近い ――人類が生命を超越するとき』．

Lak87) George Lakoff. *Women, Fire, and Dangerous Things.* the University of Chicago Press, 1987.

Lev09) Hector J. Levesque. Is it enough to get the behavior right? In *Proc. IJCAI 2009*, pp. 1439–1444, 2009.

Lev11) Hector J. Levesque. The Winograd Schema challenge. In *AAAI Spring Symposium: Logical Formalizations of Commonsense Reasoning*, 2011.

LM79) Hector Levesque and John Mylopoulos. A procedural semantics for semantic networks. In *Associative Networks*, pp. 93–120. Academic Press, 1979.

Lif87) Vladimir Lifschitz. Formal theories of action. In *Proc. of the 1987 Workshop on the Frame Problem in AI*, pp. 35–57, 1987.

Lor52) Konrad Z. Lorenz. *King Solomon's Ring.* Methuen and Co., Ltd., 1952. 日高敏隆訳,『ソロモンの指環 ――動物行動学入門』, 早川書房, 1987（Kindle 版あり）.

MAF+99) Toshihiro Matsui, Hideki Asoh, John Fry, Yoichi Motomura, Futoshi Asano, Takio Kurita, Isao Hara, and Nobuyuki Otsu. Integrated natural spoken dialog system of Jijo–2 mobile robot for office services. In *Proc. of Sixteenth National Conference on Artificial Intelligence (AAAI-99)*, pp. 621–627, 1999.

McC77) John McCarthy. Epistemological problems of artificial intelligence. In *Proc. of IJCAI–V*, pp. 1038–1044, 1977.

McC80) John McCarthy. Circumscription—A Form of Non-Monotonic Reasoning. *Artificial Intelligence*, Vol. 13, pp. 27–39, 1980.

MH69) John McCarthy and Pat J. Hayes. Some philosophical problems from the standpoint of artificial intelligence. In *Machine Intelligence 4* (eds. B. Meltzer and D. Michie), pp. 463–502. Edinburgh University Press, 1969.

MHM90) マッカーシー J., ヘイズ P., 松原仁. 『人工知能になぜ哲学が必要か』. 哲学書房, 1990.

McD82) Drew McDermott. A temporal logic for reasoning about processes and plans. *Cognitive Science*, Vol. 6, No. 2, pp. 101–155, 1982.

McD01) Drew V. McDermott. *Mind and Mechanism.* MIT Press, 2001.

Min75) Marvin Minsky. A framework for representing knowledge. In Patric Winston, editor, *The Psychology of Computer Vision.* McGraw Hill, 1975.

Min85) Marvin Minsky. MIT Press, 1985. 安西祐一郎訳,『心の社会』, 産業図

書, 1990.

MP69) Marvin Minsky and Seymour Papert. *Perceptrons ; an introduction to computational geometry.* MIT Press, Cambridge, Massachusetts, 1969.

MV80) Humberto R. Maturana and Francisco J. Varela. *Autopoiesis and Cognition: the realization of the living.* D Reidel Pub Co, 1980. 河本英夫訳,『オートポイエーシス』, 国文社, 1991.

MV87) ウンベルト・マトゥラーナ, フランシスコ・バレーラ（菅啓二郎訳）.『知恵の樹』. 朝日出版社, 1987.

Mon72) ジャック・モノー（渡辺格, 村上光彦訳）.『偶然と必然 ——現代生物学の思想的な問いかけ』. みすず書房, 1972.

Nag84) Makoto Nagao. A framework of a mechanical translation between japanese and english by analogy principle. In A. Elithorn and R. Banerji, editors, *Artificial and Human Intelligence*, pp. 173–180. Elsevier Science Publishers, 1984.

Nak99) Hideyuki Nakashima. AI as complex information processing. *Minds and Machines*, Vol. 9, No. 1, pp. 57–80, 1999.

Nak09) Hideyuki Nakashima. On methodology of constructing multi-level emergent systems. In *Proc. of 3rd Int. Workshop on Emergent Intelligence on Networked Agents (WEIN'09)*, May 2009.

NFS14) Hideyuki Nakashima, Haruyuki Fujii, and Masaki Suwa. Designing methodology for innovative service systems. In Masaaki Mochimaru, Kanji Ueda, and Takeshi Takenaka, editors, *Serviceology for Services, Selected papers of the 1st International Conference of Serviceology*, pp. 287–295, 2014.

NH94) Hideyuki Nakashima and Yasunari Harada. Situated dialog model for software agents. *Speech Communications*, Vol. 15, pp. 275–281, 1994.

NN98) Hideyuki Nakashima and Itsuki Noda. Dynamic subsumption architecture for programming intelligent agents. In *Proc. of International Conf. on Multi–Agent Systems 98*, pp. 190–197. AAAI Press, 1998.

NO96) Hideyuki Nakashima and Ichiro Osawa. Inference with mental situations. In *Proc. of the Second Conf. on Information–Theoretic Approaches to Logic, Language, and Computation*, pp. 153–166, 1996.

NPS91) Hideyuki Nakashima, Stanley Peters, and Hinrich Schütze. Communication and inference through situations. In *Proc. of IJCAI-91*, pp. 76–81, 1991.

NT91) Hideyuki Nakashima and Syun Tutiya. Inference *in* a situation *about* situations. In *Situation Theory and its Applications, 2*, pp. 215–227. CSLI Lecture Notes, No. 26, Stanford, California, 1991.

NKN06) Akira Namatame, Satoshi Kurihara, and Hideyuki Nakashima, editors. *Emergent Intelligence of Networked Agents.* Studies in Computational Intelligence 56. Springer, 2006.

NS72) Allen Newell and Herbert A. Simon. *Human Problem Solving.* Prentice Hall Inc., 1972.

NS76) Allen Newell and Herbert A. Simon. Computer science as empirical inquiry: symbols and search. *Communications of the ACM archive*, Vol. 19, No. 3, pp. 113–126, 1976.

PE81) Karl R. Popper and John C. Eccles. *The Self and its Brain.* Springer International, 1981.

Pei60) Charles S. Peirce. *Collected Papers of Charles Sanders Peirce*, Vol. 2. Harvard University Press, 1960.

Pen89) Roger Penrose. *The Emperor's New Mind.* Oxford University Press, 1989. 林一訳:『皇帝の新しい心 - コンピュータ・心・物理法則』. みすず書房 (1994).

Per79) John Perry. The essential indexical. *Noûs*, Vol. 13, pp. 3–21, 1979. Also available in Johon Perry: *The problem of the essential indexical*, Oxford (1993).

Pol66) Michael Polanyi. *The Tacit Dimension.* Doubleday, 1966. 佐藤敬三訳:『暗黙知の次元』. 紀伊国屋書店, 1980.

Ram99) V.S. ラマチャンドラン, S. ブレイクスリー（山下篤子訳）.『脳のなかの幽霊』. 角川書店, 1999.

Rey87) Creg W. Reynolds. Flocks, herds, and schools: A distributed behavioral model. *The proceeding of SIGGRAPH '87, Computer Graphics*, Vol. 21, pp. 25–34, 1987.

RM87) David E. Rumelhart and James L. McClelland. *Parallel Distributed Processing: Explorations in the Microstructure of Cognition.* Bradford Book, 1987. 甘利 俊一訳,『PDP モデル ——認知科学とニューロン回路網の探索』. 産業図書. 1989.

RN95) Stuart Russell and Peter Norvig. *Artificial Intelligence, A Modern Approach.* Prentice Hall, 1995. 古川康一監訳,『エージェントアプローチ人工知能』, 共立出版, 1997.

Ros87) Stanley J. Rosenschein. Formal theories of knowledge in ai and robotics. Report 87–84, CSLI, 1987. 斎藤浩文訳, AI とロボット工学における知識の形式理論, 現代思想 vol. 18, no. 3, pp. 127–139, 1990.

Sag78) カール・セーガン（長野敬訳）.『エデンの恐竜 ——知能の源流をたずねて』. 秀潤社, 1978.

Sap21) Edward Sapir. *Language: An introduction to the study of speech.* Harcourt, Brace and company, 1921. 安藤貞雄訳,『言語：ことばの研究序説』. 岩波文庫, 1998.

SBB+07) Jonathan Schaeffer, Neil Burch, Yngvi Björnsson, Akihiro Kishimoto, Martin Müller, Robert Lake, Paul Lu, and Steve Sutphen. Checkers is solved. *Science*, 10.1126/science.1144079, published online July 19, 2007.

Sea80) John R. Searle. Minds, brains, and programs. *Behavioral and Brain Sciences*, Vol. 3, pp. 417–424, 1980.

Sea86) John R. Searle. 坂本百大, 土屋俊訳,『言語行為』. 勁草書房, 1986.

Sho88) Yoav Shoham. Chronological ignorance: Experiments in nonmonotonic temporal reasoning. *Artificial Intelligence*, Vol. 36, No. 3, pp. 279–331, 1988.

Sho90) Yoav Shoham. Nonmonotonic reasoning and causation. *Cognitive*

Science, Vol. 14, pp. 213–252, 1990.

Sho91) Yoav Shoham. AGENT0: A simple agent language and its interpreter. In *AAAI–91*, pp. 704–709, 1991.

Sho93) Yoav Shoham. Agent-oriented programming. *Artificial Intelligence*, Vol. 60, pp. 51–92, 1993.

SM88) Yoav Shoham and Drew McDermott. Problems in formal temporal reasoning. *Artificial Intelligence*, Vol. 36, No. 1, pp. 49–90, 1988.

Sim96) Herbert A. Simon. *The Sciences of the Artificial.* MIT Press, third edition, 1996. 稲葉元吉, 吉原英樹訳,『システムの科学 第 3 版』, パーソナルメディア, 1999.

SIO98) Noriko Suzuki, Kazuo Ishii, and Michio Okada. Talking eye: autonomous creature as accomplice for human. In *Proc. of 3rd Asia Pacific Computer Human Interaction (APCHI'98)*, pp. 409–414, 1998.

Smi84) Brian Cantwell Smith. Reflection and semantics in LISP. In *Proc. of 11th ACM Symposium on Principles of Programming Languages*, pp. 23–35, 1984.

Smi98) Brian C. Smith. *On The Origin Of Objects.* MIT Press, 1998.

Tin51) Nikolas Tinbergen. *The Study of Instinct.* Clarendon Press, Oxford, 1951. 永野為武訳,『本能の研究』, 三共出版,1975.

Tou86) David S. Touretzky. *The Mathematics of Inheritance Systems.* Morgan Kaufmann Publishers, 1986.

Tur50) Alan M. Turing. Computing machinery and intelligence. *Mind*, Vol. LIX, No. 236, 1950. 坂本百大監訳,『マインズ・アイ』. TBS ブリタニカ (1992) に再録.

UK73) ヤーコプ・フォン・ユクスキュル, ゲオルク・クリサート（日高敏隆, 羽田節子訳）.『生物から見た世界』. 思索社（岩波文庫版 2005 年）, 1973.

Wei66) J. Weizenbaum. ELIZA–a computer program for the study of natural language communication between man and machine. *CACM*, Vol. 9, No. 1, pp. 36–45, 1966.

Wei91) Mark Weiser. The computing for the 21st century. *Scientific American*, Vol. 265, No. 3, pp. 94–104, 1991.

WF86) Terry Winograd and Fernando Flores. *Understanding Computers and Cognition.* Ablex Publishing Co., 1986.

Who93) ベンジャミン・ウォーフ（池上嘉彦訳）.『言語・思考・現実』. 講談社学術文庫, 1993.

Win72) Terry Winograd. *Understanding Natural Language.* Academic Press, 1972.

Win06) Jeannette M. Wing. Computational thinking. *Communications of the ACM*, Vol. 49, No. 3, pp. 33–35, 2006.

Wit76) ウィトゲンシュタイン（藤本隆志訳）. ウィトゲンシュタイン全集 第 8 巻『哲学探究』. 大修館書店, 1976.

YIKN05) Tomohisa Yamashita, Kiyoshi Izumi, Koichi Kurumatani, and Hideyuki Nakashima. Smooth traffic flow with a cooperative car navigation system. In *Proc. AAMAS 2005*, pp. 478–485, 2005.

ZSP+94) V. Zue, S. Seneff, J. Polifroni, M. Philips, C. Pao, D. Gokkeau,

J. Glass, and E. Brill. Pegasus: A spoken language interface for on-line air travel planning. In *ARPA workshop on Human Language Technology*, pp. 196–201, 1994.

赤池 07) 赤池弘次, 甘利俊一, 北川源四郎, 樺島祥介, 下平英寿. 『赤池情報量規準AIC ——モデリング・予測・知識発見』. 共立出版, 2007.

浅田 06) 浅田稔, 國吉康夫. 『ロボットインテリジェンス』. 岩波書店, 2006.

麻生 88) 麻生英樹. 『ニューラルネットワーク情報処理』. 産業図書, 1988.

有馬 92) 有馬淳. 類推要素間の関連性に関する論理的分析. 情報処理学会論文誌, Vol. 33, No. 7, 1992.

安西 85) 安西祐一郎. 『問題解決の心理学』. 中公新書, 1985.

安西 92) 安西祐一郎, 石崎俊, 大津由紀雄, 波多野誼余夫, 溝口文雄（編）. 『認知科学ハンドブック』. 共立出版, 1992.

飯島 90) 飯島友治編. 古典落語集 7 『正蔵・三木助』. ちくま文庫, 1990.

池上 07) 池上高志. 『動きが生命をつくる—生命と意識への構成論的アプローチ』. 青土社, 2007.

石黒 11) 石黒浩. アンドロイドによるトータルチューリングテストの可能性. 人工知能学会誌, Vol. 26, No. 1, pp. 50–62, 2011.

市川 98) 市川伸一. 『確率の理解を探る』. 共立出版, 1998.

市川 00) 市川惇信. 『暴走する科学技術文明』. 岩波書店, 2000.

今井 14) 今井むつみ, 針生悦子. 『言葉をおぼえるしくみ：母語から外国語まで』. ちくま学芸文庫, 2014.

岩井 93) 岩井克人. 『貨幣論』. 筑摩書房, 1993.

大沢 92) 大沢英一, 沼岡千里, 石田亨. サーベイ：分散人工知能小問題集. マルチエージェントと協調計算 I. レクチャーノート／ソフトウェア科学, 1992.

岡ノ谷 13) 岡ノ谷一夫. 情報としての感情と情動. 遺伝（特集：感情の起源）, Vol. 67, No. 6, pp. 646–648, 2013.

片桐 89) 片桐恭弘. 状況推論と表象システム. ディスコースと形式意味論ワークショップ論文集, pp. 151–159. ソフトウェア科学会「論理と自然言語」研究会, 新世代コンピュータ技術開発機構, 1989.

片桐 91) 片桐恭弘. 状況推論とその機構について. 日本認知科学会第 8 回大会発表論文集. 日本認知科学会, 1991.

金谷 04) 金谷武洋. 『英語にも主語はなかった』. 講談社選書メチエ, 2004.

金子 98) 金子邦彦, 池上高志. 『複雑系の進化的シナリオ ——生命の発展様式』（複雑系双書）. 朝倉書店, 1998.

神嶌 13) 神嶌敏弘, 松尾豊（編）. 連続解説「Deep Learning（深層学習）」. 人工知能学会誌, Vol. 28, No. 3, 2013–Vol. 29, No. 4, 2014 までの 7 回連載.

川人 96) 川人光男. 『脳の計算理論』. 産業図書, 1996.

川越 12) 川越敏司. 『はじめてのゲーム理論』. 講談社ブルーバックス, 2012.

川端 86) 川端康成. 『雪国』. 新潮社, 1986.

河本 95) 河本英夫. 『オートポイエーシス』. 青土社, 1995.

木村 82) 木村敏. 『時間と自己』. 中公新書, 1982.

木村 88) 木村敏. 『あいだ』. 弘文堂, 1988.

木村 94) 木村敏. 『心の病理を考える』. 岩波新書, 1994.

木村 02) 木村清一郎. 『心の起源』. 中公新書 1659, 2002.

金水 00) 金水敏, 今仁生美. 『意味と文脈. 現代言語学入門 4』. 岩波書店, 2000.

車谷 02)　車谷浩一, 野田五十樹, 西村拓一. 人間中心の知的都市基盤 - 社会システム応用. 情報処理, Vol. 43, No. 6, pp. 653–657, 2002.

小泉 11)　小泉英明.『脳の科学史 フロイトから脳地図、MRI へ』. 角川 SSC 新書, 2011.

佐々木 94)　佐々木正人.『アフォーダンス - 新しい認知の理論』. 岩波科学ライブラリー 12, 1994.

佐々木 01)　佐々木正人, 三嶋博之（編訳）.『アフォーダンスの構想』. 東京大学出版会, 2001.

佐藤 92)　佐藤理史. 実例に基づく翻訳. 情報処理, Vol. 33, No. 6, pp. 673–681, 1992.

坂原 85)　坂原茂.『日常言語の推論』. 東京大学出版会, 1985. 認知科学選書 2.

坂村 02)　坂村健.『ユビキタス・コンピュータ革命 ——次世代社会の世界標準』. 角川書店, 2002.

定延 00)　定延利之.『認知言語論』. 大修館書店, 2000.

産総研 03)　産業技術総合研究所サイバーアシスト研究センター, デジタルヒューマン研究ラボ編.『デジタル・サイバー・リアル–人間中心の情報技術–』. 丸善, 2003.

諏訪 13)　諏訪正樹, 堀浩一. 特集：「一人称研究の勧め」. 人工知能学会誌, Vol. 28, No. 5, pp. 688–753, 2013.

諏訪 15)　諏訪正樹（編著）, 堀浩一（編著）, 伊藤毅志, 松原仁, 阿部明典, 大武美保子, 松尾豊, 藤井晴行, 中島秀之.『一人称研究のすすめ ～知能研究の新しい潮流～』. 人工知能学会監修. 近代科学社, 2015.

瀬名 04)　瀬名秀明, 浅田稔, 銅谷賢治, 谷淳, 茂木健一郎, 開一夫, 中島秀之, 石黒浩, 國吉康夫, 柴田智広.『知能の謎 認知発達ロボティクスの挑戦』. 講談社ブルーバックス, 2004. けいはんな社会的知能発生学研究会.

瀬名 05)　瀬名秀明.『デカルトの密室』. 新潮社, 2005. 文庫版, 2008, や Kindle 版, 2011, も出ている.

高木 99)　高木朗, 中島秀之, 麻生英樹, 伊東幸宏, 和泉憲明, 片桐恭弘, 白井克彦. JDT: 日本語対話システム構築用ツール群の開発プロジェクト. 人工知能学会研究会資料 SIG–SLUD–9902–4, 1999.

高野 87)　高野陽太郎.『傾いた図形の謎』. 認知科学選書 11. 東京大学出版会, 1987.

高野 08)　高野陽太郎 他. 小特集—鏡映反転：「鏡の中では左右が反対に見える」のは何故か？ 認知科学, Vol. 15, No. 3, pp. 496–558, 2008.

多賀 97)　多賀厳太郎. 身体性の発達のダイナミクス. 物性研究, Vol. 68, No. 5, pp. 522–529, 1997.

多田 93)　多田富雄.『免疫の意味論』. 青土社, 1993.

団 96)　団まりな.『生物の複雑さを読む 階層性の生物学』. 自然叢書 30. 平凡社, 1996.

土屋 98)　土屋賢二.『猫とロボットとモーツァルト—哲学論集.』勁草書房, 1998.

土屋 03)　土屋俊, 中島秀之, 中川裕志, 橋田浩一, 松原仁, 大澤幸生, 高間康史（編）.『AI 事典 第 2 版』. 共立出版, 2003.

土井 07)　土井美和子, 萩田紀博, 小林正啓.『ネットワークロボット—技術と法的問題』. オーム社, 2007.

戸田 92)　戸田正直.『感情–人を動かしている適応プログラム』. 認知科学選書 24（新装版：コレクション認知科学 9, 2007）. 東京大学出版会, 1992.

中垣 10) 中垣俊之.『粘菌 その驚くべき知性』. PHP サイエンス・ワールド新書, 2010.

中島 83) 中島秀之.『*Prolog*』. 産業図書, 1983.

中島 88) 中島秀之.『時間の多重世界表現』, 14 章, pp. 302–319. 東大出版会, 1988.

中島 90) 中島秀之. 状況を対象とした推論. 人工知能学会誌, Vol. 5, No. 5, pp. 588–594, 1990.

中島 92) 中島秀之, 上田和紀.『楽しいプログラミング II, 記号の世界』. 岩波書店, 1992.

中島 93a) 中島秀之（編）.『マルチエージェントと協調計算 I』. 日本ソフトウェア科学会, 近代科学社, 1992.

中島 93b) 中島秀之, 松原仁, 大澤一郎. 因果関係によるフレーム問題へのアプローチ. 人工知能学会誌, Vol. 8, No. 5, pp. 619–627, 1993.

中島 94) 中島秀之, 三宅なほみ（編）. 認知科学の発展 vol. 7 （特集：分散認知）. 日本認知科学会, 1994.

中島 96a) 中島秀之. 情報統合のための有機的プログラミング. 人工知能学会誌, Vol. 11, No. 2, pp. 27–34, 1996.

中島 96b) 中島秀之, 有馬淳, 佐藤理史, 諏訪正樹, 橋田浩一, 浅田稔. 新しい AI 研究を目指して. 人工知能学会誌, Vol. 11, No. 5, pp. 37–48, 1996.

中島 98) 中島秀之, 野田五十樹, 半田剣一. 有機的プログラミング言語 Gaea. コンピュータソフトウェア, Vol. 15, No. 6, pp. 13–26, 1998.

中島 99) 中島秀之. 日本語対話を日本語で考える. 情報処理学会研究報告 99–SLP–27, pp. 49–54, 1999.

中島 01a) 中島秀之. マイボタンによる状況依存支援. 人工知能学会誌, Vol. 16, No. 6, pp. 792–796, 2001. 特集：「モバイル・ウェアラブルインテリジェンス」.

中島 01b) 中島秀之. 科学・工学・知能・複雑系—日本の科学をめざして. 科学, Vol. 71, No. 4/5, pp. 620–622, 2001.

中島 02) 中島秀之. AI と東洋思想. 認知科学会全国大会予稿集, 2002.

中島 08a) 中島秀之. 構成的研究の方法論と学問体系. *Synthesiology*, Vol. 1, No. 4, pp. 94–102, 2008.

中島 08b) 中島秀之, 諏訪正樹, 藤井晴行. 構成的情報学の方法論からみたイノベーション. 情報処理学会論文誌, Vol. 49, No. 4, pp. 1508–1514, 2008.

中島 10) 中島秀之, 橋田浩一. サービス工学としてのサイバーアシスト. *Synthesiology*, Vol. 3, No. 2, pp. 96–111, 2010.

中島 11) 中島秀之, 白石陽, 松原仁. 「スマートシティはこだて」の中核としてのスマートアクセスビークルシステムのデザインと実装. 観光と情報, Vol. 7, No. 1, pp. 19–28, 2011.

中島 13a) 中島秀之. 客観的研究と主観的物語. 人工知能学会誌, Vol. 28, No. 5, pp. 738–744, 2013.

中島 13b) 中島秀之. 人工知能とは (1). 人工知能学会誌, レクチャーシリーズ「人工知能とは」, Vol. 28, No. 1, pp. 139–143, 2013.

中島 13c) 中島秀之, 由良文孝, 篠田孝祐. 多段階創発システムの試み. 人工知能学会全国大会, 2013.

中島 14) 中島秀之, 小柴等, 佐野渉二, 白石陽. Smart Access Vehicle システムの実装. In *DICOMO 2014*, 2014.

中島 15) 中島秀之. シンギュラリティの向こうにあるもの. 情報処理, Vol. 56, No. 1,

2015. 特集「人類とICTの未来：シンギュラリティまで30年」.
錦見 92) 錦見美貴子, 中島秀之, 松原仁. 一般学習機構を用いた言語獲得の計算機モデル. 認知科学の発展, Vol. 5, pp. 143–185, 1992.
西田 02) 西田佳史. 無拘束呼吸モニター. 産業技術総合研究所（編）,『デジタル・サイバー・リアル ——人間中心の情報技術』, pp. 257–269. 丸善, 2002.
認知 02) 日本認知科学会（編）.『認知科学辞典』. 共立出版, 2002.
野田 03) 野田五十樹, 太田正幸, 篠田孝祐, 熊田陽一郎, 中島秀之. デマンドバスはペイするか? 情報処理学会研究報告 2003–ICS–131, pp. 31–36, 1月 2003.
萩田 08) 萩田紀博. ネットワークロボット概論 (特集：ネットワークロボット最前線). 電子情報通信学会誌, Vol. 91, No. 5, pp. 346–352, 2008.
橋田 94a) 橋田浩一.『知のエンジニアリング：複雑性の地平』. ジャストシステム, 1994.
橋田 94b) 橋田浩一, 松原仁. 知能の設計原理に関する試論–部分性・散層・フレーム問題. 日本認知科学会年報「認知科学の発展」, Vol. 7, pp. 159–201, 1994.
橋田 02) 橋田浩一. 人間中心の知的都市基盤–インテリジェントコンテンツ. 情報処理, Vol. 43, No. 7, pp. 780–784, 2002.
橋田 04) 橋田浩一. 知識循環型データベース. データベース白書 2004, pp. 265–275. (財) データベース振興センター, 2004.
林 00) 林晋（編著）.『パラドックス』. 日本評論社, 2000.
原口 86) 原口誠, 有川節夫. 類推の定式化とその実現. 人工知能学会誌, Vol. 1, No. 1, 1986.
日高 07) 日高敏隆.『動物と人間の世界認識 ——イリュージョンなしに世界は見えない』. ちくま学芸文庫. 筑摩書房, 2007.
兵頭 08) 兵頭和幸, 三上貞芳, 鈴木昭二. 倒れ込み現象を足裏形状により抑制した受動歩行の安定化. 日本機械学会誌, Vol. 74, No. 742, pp. 1514–1521, 2008.
藤田 11) 藤田一郎. 脳の風景：『「かたち」を読む脳科学』. 筑摩選書, 2011.
藤田 13) 藤田一郎.『脳はなにを見ているのか』. 角川ソフィア文庫, 2013.
星野 02) 星野之宣（ジェイムス・ホーガン原作）.『未来の二つの顔』. 講談社漫画文庫, 2002.
前野 10) 前野隆司.『脳はなぜ「心」を作ったのか』. 筑摩書房（ちくま文庫）, 2010.
松井 97) 松井俊浩. おせっかいロボットとも呼ばれる事情通ロボットの計画. *bit*, Vol. 29, No. 12, pp. 4–11, 共立出版, 1997.
松岡 08) 松岡由幸（編著）, 河口洋一郎, 山中俊治, 吉田和夫, 村上周三, 前野隆司, 門内輝行.『もうひとつのデザイン ——その方法論を生命に学ぶ』. 共立出版, 2008.
松原 89) 松原仁, 橋田浩一. 情報の部分性とフレーム問題の解決不能性. 人工知能学会誌, Vol. 4, No. 6, pp. 695–703, 1989.
松原 90) 松原仁. フレーム問題をどうとらえるか. 認知科学の発展 vol.2, pp. 155–187. 講談社サイエンティフィック, 1990.
松原 93) 松原仁, 橋田浩一. フレーム問題の疑似解決のためのヒューリスティックスとしての因果律. 認知科学の発展 vol.6, pp. 181–193. 講談社サイエンテフィック, 1993.
三上 53) 三上章.『現代語法序説』. 刀江書院, 1953. くろしお出版により 1972 復刊.
三上 60) 三上章.『象は鼻が長い』. くろしお出版, 1960.
村上 79) 村上陽一郎.『新しい科学論 ——「事実」は理論をたおせるか』. 講談社ブ

ルーバックス, 1979.
茂木 97) 茂木健一郎. 『脳とクオリア ——なぜ脳に心が生まれるのか』. 日経サイエンス社, 1997.
森山 11) 森山徹. 『ダンゴムシに心はあるのか』. PHP サイエンス・ワールド新書, 2011.
米盛 07) 米盛裕二. 『アブダクション ——仮説と発見の論理』. 勁草書房, 2007.
渡辺 78) 渡辺慧. 『認識とパタン』. 岩波新書, 1978.
渡辺 14) 渡辺治. 『今度こそわかるＰ≠ＮＰ予想』. 講談社, 2014.
和田 15) 和田雅昭 & マリンスターズ. 『マリン IT の出帆 舟に乗り海に出た研究者のお話』. 公立はこだて未来大学出版会, 2015.

索　引

著者略歴

中島 秀之（なかしま ひでゆき）

1952年，兵庫県西宮生まれ．1983年，東京大学大学院 情報工学専門課程修了，工学博士．同年電子技術総合研究所に入所．産業技術総合研究所サイバーアシスト研究センター長を経て，2004年より公立はこだて未来大学学長．人工知能，特に知能の状況依存性を生涯の研究テーマにしている．マルチエージェントならびに複雑系の情報処理にも興味を持ち，最近ではデザイン学とサービス学を中心テーマとして活動している．多趣味で囲碁，テニス，カメラ，酒，乗り物の運転（陸海空の免許を持つ）等を広く嗜む．

知能の物語

2015年5月31日　初版第1刷発行

著　者　中島 秀之

発行者　中島 秀之

発行所　公立はこだて未来大学出版会

〒041-8655 北海道函館市亀田中野町116番地2
電話 0138-34-6448 FAX 0138-34-6470
http://www.fun.ac.jp/

発売所　株式会社 近代科学社

〒162-0843 東京都新宿区市谷田町2丁目7番地15
電話 03-3260-6161（代） 振替 00160-5-7625
http://www.kindaikagaku.co.jp/

万一，乱丁や落丁がございましたら，近代科学社までご連絡ください．

ISBN978-4-7649-5552-3　**藤原印刷**

定価はカバーに表示してあります．